学前儿童心理发展

（第2版）

主　编　张永红
副主编　张　娜
参　编　唐　超　宋丽博　贾淑琴

北京理工大学出版社
BEIJING INSTITUTE OF TECHNOLOGY PRESS

版权专有　侵权必究

图书在版编目（CIP）数据

学前儿童心理发展 / 张永红主编. —— 2版. —— 北京：北京理工大学出版社，2019.11（2025.1重印）
ISBN 978 – 7 – 5682 – 7890 – 4

Ⅰ. ①学… Ⅱ. ①张… Ⅲ. ①学前儿童–儿童心理学–幼儿师范学校–教材 Ⅳ. ①B844.12

中国版本图书馆 CIP 数据核字（2019）第253656号

责任编辑：张荣君	**文案编辑**：张荣君
责任校对：周瑞红	**责任印制**：边心超

出版发行 / 北京理工大学出版社有限责任公司
社　　址 / 北京市丰台区四合庄路6号
邮　　编 / 100070
电　　话 /（010）68914026（教材售后服务热线）
　　　　　（010）63726648（教材资源服务热线）
网　　址 / http：//www.bitpress.com.cn

版 印 次 / 2025年1月第2版第2次印刷
印　　刷 / 定州启航印刷有限公司
开　　本 / 787 mm×1092 mm　1/16
印　　张 / 14.75
字　　数 / 332千字
定　　价 / 43.00元

图书出现印装质量问题，请拨打售后服务热线，负责调换

序 XU

近年，世界学前教育界已经达成了最基本的共识：幼儿生命中最初几年是为其设定正确发展轨道的最佳时期，早期教育是消除贫困的最佳保证，投资学前教育比投资任何其他阶段的教育都拥有更大回报，当然，这些成效的达成都以高质量的学前教育为前提，而幼儿园教师是保证高质量学前教育的关键。

《国务院关于当前发展学前教育的若干意见》强调要造就一支师德高尚、热爱儿童、业务精良、结构合理的幼儿园教师队伍，为此颁布了《幼儿园教师专业标准（试行）》，引导幼儿园教师和教师教育向着专业化、规范化和高质量的方向发展，这套教材正是以满足《幼儿园教师专业标准（试行）》《教师教育课程标准》和幼儿园教师资格证考试要求为理念编写的，体现了如下特点：

一、全新的教材编写理念

师德是幼儿园教师最基本的职业准则和规范。师德就是教师的职业道德，是幼儿园教师在保教工作中必须遵循的各种行为准则和道德规范的总和。对幼儿园教师而言，师德是其在开展保育教育活动、履行教书育人职责过程中需要放在首位考虑的。关爱幼儿，尊重幼儿人格，富有爱心、责任心、耐心和细心是幼儿园教师师德的重要内容。"教育爱"不仅仅是对幼儿身体的呵护，更需要幼儿园教师尊重每一个幼儿的人格，保障他们在幼儿园里快乐而有尊严地生活，为幼儿创造安全、信任、和谐、温馨的教育氛围，能温暖、支持、促进每一个幼儿富有个性地发展。由于幼儿独立生活和学习的能力还较差，幼儿园教师几乎要对他们生活、学习、游戏中的每一件事提供支持和帮助，幼儿园教师充满爱心地、负责任地、耐心地和细心地呵护，才能使学前教育能够满足幼儿个体生命成长的需要，体现学前教育对个体生命的意义与价值。

幼儿为本是幼儿园教师应秉持的核心理念。学前儿童是学前教育的主体和核心，必须尊重儿童的主体地位，学前教育的一切工作必须以促进每一个儿童全面发展为出发点和归宿，因此，珍惜儿童的生命，尊重儿童的价值，满足儿童的需要，维护儿童的权利，促进每一个儿童的全面发展，是学前教育的本质，也是学前教育最根本的价值所在。具体来说，幼儿为本要求教师要尊重幼儿作为"人"的尊严和权利，尊重学前期的独特性和独特的发展价值，以幼儿为主体，充分调动幼儿的积极性，遵循幼儿身心发展特点和保教活动的规律，提供适宜的、有效的学前教育，保障幼儿健康快乐地成长。

专业能力是幼儿园教师成长的关键。毋庸讳言，我国幼儿园教师的专业能力与学前教育改革的需要之间还存在着较大差距，在当下，幼儿园教师观察幼儿、理解幼儿、评价幼儿、研究幼儿、与幼儿互动、有针对性地支持幼儿、反思自己的教育行为等保教实践能力是其专业能力中的短板，在职教师们普遍感到将《幼儿园教育指导纲要（试行）》《3~6岁儿童学习与发展指南》中的先进教育理念转变为教育行为仍然存在困难，入职前的学前教育专业学生也需要强化正确的教育观和相应的行为，理解、教育幼儿的知识与能力，观摩、参与、研究教育实践的经历与体验。因此，幼儿园教师和教师教育应该强调在新的变革中转变自己的"能力观"，树立新的"能力观"，提高自己与学前教育变革相匹配的、适应"幼儿为本"的学前教育专业能力。

终身学习是顺应教师职业特点与教育改革的要求。德国教育家第斯多惠说过："只有当你不断致力于自我教育的时候，你才能教育别人。"幼儿园教师需要不断拓展自身的知识视野，优化知识结构，了解学科发展和幼教改革的前沿观点。因此，幼儿园教师应该是终身学习者，具有终身学习和持续发展的意识和能力。终身学习是时代进步和社会发展对人的基本要求，是人类自我发展、自我实现的不竭动力，是幼儿园教师专业发展的基本条件，也是幼儿园教师更好地完成保育教育工作的必然要求，只有不断学习与发展，才能跟上学前教育改革的步伐。

二、重实践的教材特点

这套教材的编写力图呈现以下特点：第一，内容全而新。根据《幼儿园教师专业标准（试行）》《教师教育课程标准》和《幼儿园教师资格考试大纲》的内容和要求，确保了内容的全面性和时效性。第二，重实践运用。针对学前教育专业学生的特点和实际需要，围绕成为一个合格的幼儿园教师"需要做什么"和"具体怎么做"这两个问题展开，强调实践运用。第三，案例促理解。为了帮助学习者了解幼儿园保教实践中遇到的各种问题，灵活地运用保育教育现场的各种策略，本书列举了大量的案例，并对案例进行了具体分析，增强了本书的针对性和操作性。

三、多元化的教材使用者

这套教材主要的使用对象是职业院校相关专业的学生，也可用于幼儿园新教师培训、转岗教师培训和在职幼儿园教师自学时使用。实践取向的教材涉及学前教育、儿童发展理论的相关内容，以深入浅出的解读与理论联系实践的方式阐释，提供了大量的操作案例，同时提供课件，方便教师备课和理解钻研教材时使用，也便于学生自学、预习或温习。

杨莉君

于湖南师范大学

前言
QIANYAN

　　随着我国学前教育的改革与发展，幼儿园对教师素质有了新的要求，教材建设是提高幼儿园教师培养质量的关键环节。受北京理工大学出版社委托，在湖南师范大学杨莉君教授指导下，我们这些长期从事学前儿童发展教学的老师相聚在一起，根据学前教育专业人才培养目标，结合幼儿园教师资格证考试的要求，共同编写了这本适用于三年制中等职业学校和五年制高职高专院校的学前教育专业教材。

　　在编写过程中，本教材力求突出以下特点：一是在内容的编排上充分体现时代性。我们在提供学前儿童心理基础系统知识的同时，力图更好地反映当前国内外先进的研究成果、教育理念和经典案例。二是在体例上按章设置，根据活动目标将知识学习与运用相联，设置了"本章导航""学习目标""案例""拓展阅读"等模块，在增加可读性的同时，激发学生学习兴趣，拓展学生的知识点。三是注重实践性，强调可操作性。考虑到中、高职学生的学习特点，理论知识的构建以阐述基本问题为主，以够用为度，通俗易懂，便于理解；实践能力的培养则注重通过案例，将理论知识与儿童行为紧密结合，分析学前儿童的心理特点，并初步掌握促进儿童心理发展的策略。四是与幼教机构的实际岗位相对接。了解和分析学前儿童的心理特点是幼儿园教师所必备的技能，我们在每章的操作练习中，都模拟幼儿园教师资格证考试的题型，检测学生的学习效果，为中、高职学生尽快适应幼儿园岗位，成为合格幼儿教师打下良好的基础。

　　本教材共分为七章。第一章为学前儿童心理发展概述，介绍学前儿童心理发展研究的内容、意义、方法、基本问题，以及儿童心理发展的基本理论。第二章为学前儿童心理发展的年龄特征，介绍乳儿期、新生儿期、婴儿期、幼儿期各阶段学前儿童心理发展的年龄特征。第三章至第七章，介绍学前儿童认知、情绪和情感、个性和社会性的发展。

在编写过程中，本书引用了一些专家、学者的文献资料，在此表示衷心的感谢。

　　由于编者学识水平和能力有限，本书难免存在遗漏或不妥之处，期待广大读者的批评指正。

编　者

目录

第一章 学前儿童心理发展概述 …… 1
第一节 学前儿童心理发展研究的内容和意义 …… 2
第二节 学前儿童心理发展的基本问题 …… 8
第三节 学前儿童心理发展研究的方法 …… 16
第四节 学前儿童心理发展的基本理论 …… 21

第二章 学前儿童心理发展的年龄特征 …… 37
第一节 学前儿童心理发展年龄特征的概述 …… 38
第二节 胎儿和新生儿心理的发展 …… 41
第三节 婴儿心理的发展 …… 49
第四节 幼儿心理的发展 …… 56

第三章 学前儿童认知的发展(上) …… 61
第一节 学前儿童注意的发展 …… 62
第二节 学前儿童感知觉的发展 …… 71
第三节 学前儿童记忆的发展 …… 84

第四章 学前儿童认知的发展(下) …… 94
第一节 学前儿童想象的发展 …… 95
第二节 学前儿童思维的发展 …… 106
第三节 学前儿童言语的发展 …… 116

目录

第五章　学前儿童情绪和情感的发展 …… 130
- 第一节　情绪和情感的概述 …… 131
- 第二节　学前儿童情绪和情感的产生和发展 …… 137
- 第三节　学前儿童情绪和情感的培养 …… 147

第六章　学前儿童个性的发展 …… 152
- 第一节　学前儿童气质的发展 …… 153
- 第二节　学前儿童性格的发展 …… 159
- 第三节　学前儿童自我意识的发展 …… 166
- 第四节　学前儿童发展的个体差异 …… 175

第七章　学前儿童社会性的发展 …… 187
- 第一节　学前儿童人际关系的发展 …… 188
- 第二节　学前儿童的社会性行为 …… 204
- 第三节　学前儿童性别角色的发展 …… 215

参考文献 …… 225

第一章 学前儿童心理发展概述

本章导航

当你翻开这本教材,准备学习自己并不熟悉的课程,想象即将与老师互动的精彩画面,学习时发表与众不同的观点,得到老师赞赏时的喜悦心情……这些活动中是否有心理活动的参与?有哪些心理活动的参与?人的心理到底有多么的神奇?

婴儿从呱呱坠地,就进入迅速发展的时期,很快学会看、听、摸、尝、闻、与人交往,并逐渐掌握人类的语言,进行更复杂的思维和想象活动,逐渐形成与众不同的个性。学前儿童与成人的心理到底有何不同?学前儿童的心理发展有着怎样的规律和趋势?影响学前儿童发展的因素有哪些?如何才能了解和分析学前儿童心理发展的特点?

本章将在介绍心理知识的基础上,阐述学前儿童心理发展研究的内容、基本问题、意义和方法等。通过学习,你将揭开心理的神秘面纱,走进学前儿童的内心世界,并找到探究学前儿童心理的钥匙。

学习目标

1. 在理解学前儿童发展相关概念的基础上,明确学前儿童发展研究的内容和意义。
2. 掌握学前儿童心理发展的规律、趋势,以及影响学前儿童心理发展的因素。
3. 掌握观察法、实验法和调查法等研究学前儿童心理的方法,并能初步学会运用这些方法分析学前儿童的行为。
4. 了解学前儿童心理发展的主要理论流派,培养研究学前儿童心理的兴趣。

知识结构

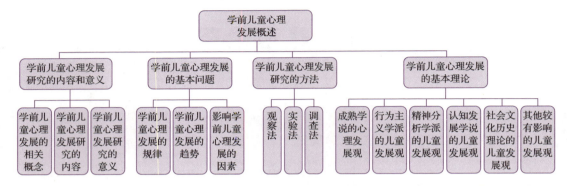

有的幼儿园老师认为：当老师最关键的是会写教案，能组织好活动，至于活动中是否关注幼儿的心理特点不重要。所以，一旦有机会参加培训或学习，就愿意选择与幼儿园课程相关的培训科目，对幼儿身心发展知识不感兴趣。那么，教师是否应该关注幼儿的心理特点？应该关注哪些心理特点？为什么要关注？

第一节 学前儿童心理发展研究的内容和意义

要探讨学前儿童心理发展是研究什么的（内容），以及为什么要研究它（意义），首先，要从相关概念谈起。

一、学前儿童心理发展的相关概念

（一）什么是心理

要把握"心理"的概念，一要了解"心理"这个概念的外延，即心理现象包含的内容；二要理解"心理"这个概念的内涵，即心理的实质。

1. 心理现象

心理现象，简称心理，是人类最经常、最熟悉，也是最复杂、最深奥的现象。心理现象分为心理过程和个性心理两大范畴。

1）心理过程

心理过程是人对现实的反映过程，包括认识过程、情感过程和意志过程。

认识过程是人脑对客观事物的属性及其规律的反映，包括感觉、知觉、记忆、想象、思维等。例如，清晨推开窗户呼吸新鲜的空气，回忆昨天经历的有趣的事情，想象将来精彩的人生，思考如何完善和超越自己。感觉和知觉是认识的起点和基础，婴儿最初通过看、听、尝、闻、摸等途径获得对周围世界的初步认识。

情感过程是基于客观事物是否满足人的需要而产生的一种主观体验。这种体验，或是愉快的、肯定的、积极的，或是不愉快的、否定的、消极的。比如久旱逢甘霖的喜悦，错失良机的懊恼，对不道德行为的憎恶，欣赏秀丽风景时的愉悦心情等。幼儿也常因为受到老师的表扬而满心欢喜，有时也会因为玩具被其他小朋友抢走而哭泣，教师应关注幼儿情感的变化，合理满足幼儿的情感需要。

意志过程是人在有目的的活动中，自觉调节自身的情感和行动、克服困难的心理过程。例如，有的同学带病坚持上课，有的老师克服家里的困难坚守岗位。

幼儿年龄小，自控能力差，意志薄弱，常常要买玩具和零食，不被满足就发脾气，教师和家长要帮助幼儿学会调节和控制自己的情绪。

认识、情感与意志这三者不是彼此孤立的，而是相互联系、相互制约的。一方面，认识是情感和意志的基础，只有正确与深刻的认识，才能产生强烈的情感和坚强的意志，"知之深，则爱之切"；另一方面，情感和意志又会影响认识活动的进行与发展，情感和意志既在人的认识中起过滤和推动作用，又是衡量人的认识水平的一个重要标志。同样，情感也会对意志行为产生推动作用，而意志行为又有利于情感的丰富和升华。

2）个性心理

个性心理是一个人比较稳定的、具有一定倾向性和各种心理特征或品质的独特组合。个性具有独特性、整体性和稳定性。个性心理包括个性倾向性和个性心理特征。

个性倾向性包括需要、动机、兴趣、理想、信念、自我意识等，决定人对认识和活动对象的趋向和选择，是个性结构中最活跃的因素。个性心理特征包括能力、气质、性格等。如有的人喜欢打篮球，有的人喜欢跳舞；有的人反应敏捷，有的人慢条斯理；有的人朴实肯干，有的人懒散拖拉等。幼儿已经表现出明显的个性差异，如有的幼儿性子慢，喜欢独处，喜欢玩很安静、有秩序的游戏；而有的幼儿性子急，上课总坐不稳，喜欢玩热闹、活动量大的游戏。

心理过程和个性心理是两个相对独立又紧密联系的部分。一方面，个性心理通过心理过程形成，它是在个体不断认识世界、改造世界的过程中逐步形成的区别于他人的特征；另一方面，已经形成的个性心理又不断影响着心理过程，使心理过程带有个人色彩。

2. 心理的实质

各种各样的心理现象是怎样产生的？它的实质是什么？心理学认为，心理是人脑对客观现实的反映。

1）心理是脑的机能

在人类漫长的进化进程中，人脑不断地发展进化，结构越来越复杂，机能越来越完善，其中大脑是最重要的心理器官。大脑的主要机能是接受、分析、综合、储存和发布各种信息。大脑的发育制约着人的心理的发展，大脑的发育成熟和神经系统机能的不断完善，为心理的可持续发展提供了必要的物质条件。如果大脑在发育过程中受到损伤或由于病毒引起病变，会引起人的部分心理机能的丧失。

幼儿的大脑正处于快速发育的阶段，需要丰富的环境刺激和充足的营养支持。一方面，成人要为幼儿的大脑发育提供充足的营养，做好幼儿的保育工作，避免其大脑在发育过程中受到病毒侵害或外力的伤害；另一方面，要为幼儿创设安全、富有童趣的成长环境，使幼儿大脑能健康发展。

2）心理是对客观现实的反映

客观现实是心理的源泉。客观现实是独立于个体之外的事物，它包括自然界、社会生活和人类的各种活动，这些都是不依赖人的心理而客观存在的事物。人在与客观事物的接触中，通过感知觉获得信息，使人的心理有了最基本的内容，在此基础上，通过想象、思维的加工，人的心理内容变得日益复杂多样。因此，如果没有客观现实，就不可能有心理。

风的形成

长沙某大班老师组织幼儿科学活动"风的形成"，在活动开始后提问："夏天，一位戴着草帽的老爷爷挑着一担粮食走在乡间路上，老爷爷满头大汗，请问：有什么办法让老爷爷凉快一些？"老师期望幼儿说出用草帽扇风，但30多个幼儿只有3个答案：吃冰激凌、开空调、吹电风扇。

我们生活的环境和参与的活动，是心理的源泉和内容。对城市中的幼儿来说，夏天降温的办法就是吃冰激凌、开空调、吹电风扇，他们更熟悉公交车等交通工具、电脑通信、动物园里的动物；农村的幼儿懂得用树叶、扇子、草帽等扇风，更熟悉农作物、家禽家畜等。因此，在活动前，教师要了解和丰富幼儿的前期经验。平时，利用带领幼儿外出旅游、参观的机会，利用新环境丰富幼儿的生活经验，为幼儿的心理发展创设必需的条件。

3）心理的反映具有主观能动性

心理反映的对象虽然是客观的，但人与动物不同，不是消极被动地反映，而是根据人在实践中的需要有选择性地反映客观世界。心理的主观能动性表现在两个方面：

一方面，表现在个人需要、情感、态度、经验等方面，使人在反映客观世界时带有主观色彩。比如"仁者见仁，智者见智"，即使是同一个人对同样事物的认识，在不同时间、地点和心境下，也会有很大差异。研究发现，在婴儿早期，他们能够辨识一群猴子中不同猴子的脸，但不能清楚地辨别他们的妈妈和其他成人的脸。但到了婴儿后期，在适应人类生活的过程中，婴儿这种辨识动物脸的能力逐步退化，而有选择地发展了专门辨别人脸的能力。

另一方面，表现在人能根据既定目的支配和调节自己的行为，改变自己和改造世界。例如，同样看到路边的一棵苹果树，喜欢吃苹果的人想的是怎样才能摘到树上的苹果；农业技术员会考虑这是什么品种的苹果、如何提高其挂果率和增强其抵御病虫害的能力；园林设计师会考虑这种苹果树是否可以用来做路边的景观树；如果是幼儿园的儿童，他们会趴着看树干上排队爬行的小蚂蚁，想办法弄清楚小蚂蚁从哪里来，要到哪里去。

由于心理具有主观能动性，因此婴幼儿在成长过程中的不同选择使其心理发展具有差异性，也表现出与成人不同的内心世界。教师应了解婴幼儿的心理特点，尊重婴幼儿的不同想法，满足婴幼儿的选择性需求，因材施教，促进婴幼儿身心健康发展。

（二）什么是学前儿童

目前，我国学前教育界和发展心理学界对"学前儿童"这一概念的认识不完全一致，存在广义和狭义之分。广义的"学前儿童"是指从出生到上小学之前（0~6 或 7 岁）或从受精卵开始到上小学之前的儿童；狭义的"学前儿童"是指从入幼儿园到上小学之前（3~6 或 7 岁）的儿童。在此，我们将正式进入小学学习阶段之前的儿童统称为学前儿童。

1. 婴儿期

婴儿到底是指哪一个年龄范围的儿童，人们在不同的历史时期，从不同的角度出发会形成不同的理解。在早期的科学文献中，把不会说话的 1 岁前的儿童称作婴儿。进入 20 世纪 80 年代以来，婴儿研究领域扩大到思维中的表象水平、言语发展和社会交往行为等方面。学者们试图把婴儿的某种水平的认知策略、同伴关系发展、个性特征的显露等方面纳入婴儿期中，于是婴儿期扩展到 3 岁。这一趋向突出反映在奥索夫斯基（Osofsky，1987）主编的《婴儿发展手册》和墨森（Mussen，1990）等编著的《儿童发展与个性》两部著作中。我国 1995 年版的《心理学百科全书》也明确界定婴儿期为"个体从出生到 3 岁以前的时期"，这也是现在在儿童心理研究和早期教育研究中被普遍接受的界定。所以我们将婴儿期定义为 0~3 岁的儿童成长期。

婴儿期又包含两个阶段：乳儿期和幼儿前期。乳儿期是指婴儿 0~1 周岁的成长期，是个体身心发展的第一个加速时期；幼儿前期是指 1~3 岁的成长期。

2. 幼儿期

对于幼儿期的定义，多年来没有任何争议，各种有关儿童心理发展的著作、教材、词典都将幼儿期定义为 3~6 或 7 岁的儿童成长期。

综上所述，本书的学前儿童概念包括 0~3 岁的婴儿期儿童和 3~6 或 7 岁的幼儿期儿童。

（三）什么是学前儿童心理发展

从横向角度，学前儿童心理发展是学前儿童发展的组成部分。学前儿童发展是指学前儿童在生长过程中生理与心理方面有规律地进行的量变和质变的过程。生理的发展是指身体形态、结构和功能等方面的生长、发育和成熟；心理的发展包括心理各种机能，如感知觉、记忆、注意力、思维、想象力、情感、意志的发展及个性心理的特征，如能力、性格、个性品质的形成与发展。

从纵向角度，学前儿童心理发展是个体心理发展的组成部分。个体心理发展是研究个体从胎儿、出生、成熟，直至衰老的生命全程中心理发生发展的特点和规律，即研究个人毕生的心理发展特点和规律。

学前儿童心理发展是研究儿童个体从出生到上小学之前（0~6 或 7 岁）心理（认知、情感、个性和社会性等）发生发展表现出来的特点和规律。

从生命一诞生，个体的心理现象就产生了，并逐渐发展和完善。例如，新生儿喜欢看红色的物体，就有了注意力和感觉；与生理需求相关的啼哭，就是情绪的表现。之后逐渐学会说话，具有想象力、思维、独立性，并形成不同的个性。学前儿童心理发展就是研究学前儿童在不同年龄阶段表现出的感知觉、记忆、思维、想象力、情感、个性特点和发展规律，为幼儿教育提供支持和帮助。

二、学前儿童心理发展研究的内容

学前儿童心理发展研究的内容主要集中在以下四个方面：

（一）阐明学前儿童心理发展的年龄特征和发展趋势

在学前儿童各年龄阶段表现出的一般的、本质的、典型的心理特征，称为年龄特征。学前儿童经历了胎儿期、乳儿期、幼儿前期和幼儿期，这些时期分别代表不同的年龄阶段，各个年龄阶段是相互连接的，同时又是相互区别的，每个阶段表现出各自独有的特征。例如，在认识过程中的思维发展，学前儿童表现出比较明显的年龄特征，婴儿期为直观行动思维阶段，幼儿期为具体形象思维阶段，幼儿晚期为抽象逻辑思维萌芽阶段。

所有学前儿童心理发展的过程都是从简单、具体、被动、零乱，向较复杂、抽象、主动和成体系的方向发展，其发展趋势和顺序大致相同。儿童出生时，只有最简单的感知和注意等活动，与生理活动难以区分，人类特有的心理活动，包括想象力、思维、情感、意志以及个性心理特征，是在出生后逐渐产生、发展和完善的。

（二）描述学前儿童心理发展的个体差异

学前儿童心理发展的个体差异主要指不同个体在心理发展过程中表现出来的心理状况、发展速度、发展水平等方面的差别。虽然同一年龄阶段的儿童无论在身体还是心理方面都存在发展的共同趋势和规律，但对每一个儿童而言，其发展的速度、发展的优势领域、最终达到的发展水平等都可能是不相同的。教师要细致观察婴幼儿心理发展的个体差异性，了解他们心理发展的水平，研究造成心理发展差异的原因，提供个性化的教育指导。

（三）揭示学前儿童心理发展的影响因素

婴幼儿心理为什么会发展？哪些因素影响心理发展？这不仅是发展心理学要研究的问题，也是幼儿教师要思考的问题。影响儿童心理发展的因素是多种多样的，大致可以分为两大类：一是客观因素，二是主观因素。在影响因素方面，关于遗传和环境问题的争论就没有停止过，存在"遗传决定论""环境决定论"和"相互作用论"等观点。目前，一般持遗传与环境相互作用的观点，这种观点认为儿童心理的发展是主客观因素共同作用的结果，主客观的相互作用是在活动中实现的。

在幼儿园，教师有时会惊奇地发现某个小朋友聊天时用到一些老师和家长都没有听说过的新词，这些词儿童是从哪学来的？为什么会对这些词感兴趣并牢牢地记住？幼儿心理产生和发展速度及结果的影响因素，一直是心理学家和幼儿教育工作者努力探讨的问题，他们采用各种方法来研究并尝试揭示其奥秘。

（四）介绍学前儿童心理发展的研究方法

教师与幼儿的日常接触时间较长，便于观察和记录幼儿的语言和行为发展的具体表现，具有发现和揭示幼儿未知心理发展影响因素的有利条件。因此幼儿教师应注重做好幼儿心理发展的观察记录，详细记录幼儿语言和行为的变化，记录当下幼儿活动的环境特征，并分析学前儿童的行为。

除观察法外，教师还要采用实验法、调查法（谈话法、问卷法、测验法、作品分析法）等探索幼儿行为变化的规律和原因，为创设更适合幼儿成长的环境和进行科学的教育指导提供依据。

三、学前儿童心理发展研究的意义

作为即将成为幼儿教师的学生，学习和研究学前儿童心理发展有着重要的意义。

（一）有利于新教师快速适应幼儿教育岗位，并探索学前儿童个别差异的适宜性教育

幼儿教师的工作是繁重、复杂的，一般幼儿园新任教师开始工作时最难以适应的就是与幼儿的沟通、交流，所以应及时了解幼儿的心理需要，及早制订应对的措施。为此，新教师开展学前儿童心理发展研究，有助于把所学的教育理论与学前儿童心理发展实际结合起来，为提高教育能力、教研能力，以及实现专业化发展奠定良好的基础。

教师每天都要面对不同幼儿的心理表现，需要应对幼儿各种各样的要求，有时教师采用的某些方法能取得良好的教育效果，但也有些时候教师在教育幼儿时会产生很强的挫败心理。幼儿心理发展研究能有效帮助教师找到幼儿教育失败的原因，科学探索有针对性的补救教育措施。

（二）有利于发现学前儿童零散心理现象的内在联系，提升教师个人教育经验的理论价值

教师通过观察发现幼儿的各种心理表现，获得幼儿心理发展规律的第一手资料，具有重要的研究价值。幼儿教师开展幼儿心理发展研究，不仅能帮助教师发现幼儿的心理规律，根据规律进行教育，使教师从纷繁复杂的工作中解脱出来，而且有利于丰富幼儿心理发展的理论。

经过一段时间的教育教学工作，教师会积累一些个人认为是行之有效的教育教学方法，但是个人的经验是否能在其他教师或班级中推广，缺乏有力的证据。因此，一些优秀的幼儿教师的教育经验不能得到有效提炼和总结。幼儿心理发展研究不仅可以帮助教师及时发现教育中存在的问题，进一步丰富其教育教学实践经验，同时还有助于教师将其记录的促进幼儿心理发展的教育过程作为科研的有力证据，提升其教育经验总结的有效性，将个人教育经验总结提升到理论高度。

第二节　学前儿童心理发展的基本问题

> 2岁的洋洋和5岁的东东是邻居，他俩常在一起。洋洋只能用简单句与人对话，而东东能给洋洋讲故事；东东总是带着洋洋玩游戏，至于玩什么、怎么玩总是由东东出主意；游戏中，东东总能坚持到最后，而洋洋常常被其他事物吸引。东东和洋洋不同的表现说明了什么问题？表现不同的原因是什么？

除了明确学前儿童心理发展研究的内容和意义，还有必要把握学前儿童心理发展的几个基本问题，为后续学习学前儿童各个方面的发展内容打下基础。

一、学前儿童心理发展的规律

儿童在心理发展上表现出典型的年龄特征，但其心理发展过程是复杂多样的，探索其心理发展过程中的规律，有助于教师了解儿童的心理，采用科学的教育方法来组织儿童的教育活动，促进儿童身心健康发展。儿童心理发展的一般规律是：

（一）发展的连续性和阶段性

儿童心理的发展是一个连续的矛盾的运动过程，是一个不断从量变到质变、由低级到高级的发展过程。即前后发展之间的联系，先前的较低级的发展是后来较高级的发展的前提，整个发展过程是连续的。同时，儿童心理发展的量的积累会引起心理的质的变化，呈现出发展的阶段性。例如，儿童每天在幼儿园和回家的路上可以观察到很多新鲜事物，听到周围的成人用新词语、句子来称呼这些新鲜事物；在品尝不同食物的同时，知道食物名称；在参与不同活动时听到老师下达一些新动作指令。基于生活与学习经验的积累，虽然儿童开始时只能理解他人对词与句的表达，但到了一定时期，儿童就会将新的词语和句子用于与他人交往中，这是儿童语言发展因量的积累而产生了质的变化。上述案例也说明，婴儿期的洋洋和幼儿期的东东在认知水平上处于不同的阶段。

（二）发展的定向性和顺序性

儿童心理的发展在正常条件下总是具有一定的方向性和顺序性。儿童心理发展的方向性和顺序性体现在以下方面：儿童心理发展是从简单到复杂，从具体到抽象，从被动到主动，从零乱到系统化，且发展不是一次完成的，而是不断完善、螺旋式上升的。例如，组织儿童参加学习活动，如果想要3岁儿童专心致志地学习，必须使教材内容对其有较大的吸引力，学习时间还必须很短；4岁以后，儿童开始懂得应该专心听讲，在教师的要求下可以约束自己的行为；5岁儿童不仅能够用一些方法使自己在学习活动中保持注意力集中，而且会把这些方法说出来，教给其他的儿童；儿童6岁以后，其注意力会在5岁的基础上向更高级、更完善的水平发展，而不会倒退到三四岁的低水平。

（三）发展的不均衡性

心理的各组成部分处于相互制约的统一发展过程中，但并不总是按相等的速度直线发展。心理发展的不均衡性主要表现在两个方面：一方面，从个体心理发展的全过程来看，各年龄段心理发展不是匀速的，而是快慢不均的，最明显的有两个心理发展的加速期，第一加速期是出生到幼儿早期，第二加速期是青春期。另一方面，心理各个组成部分发展的起止时间、发展速度、到达成熟的时期等方面都是不同的。例如，气质倾向的差异在新生儿期就有所表现，能比较清晰地分辨出活泼型、安静型、一般型的新生儿；而能力的发展，尤其是一些特殊能力的发展，可能要到青春期，甚至更晚才能表现出来。又如，3~6岁儿童思维的发展，直觉动作思维和形象思维发展较快，大部分6岁儿童都能通过动手操作或观察、情景想象来解决问题，只有较少的儿童能用逻辑推理来解决问题。

谈到发展的不均衡性，必然会涉及关键期这个概念。关键期亦称"敏感期"，是指有机体早期生命中某一短暂阶段内，基于来自环境的特定刺激，特别容易接受或掌握某一种技能的最佳时期。发展心理学家希望借用这个概念，探讨哪些能力或心理与行为品质的形成在某一年龄是最关键、最重要的，以作为儿童早期智力开发和教育的科学依据。例如，心理研究发现，2~3岁是儿童语言发展的关键期，1~4岁是儿童视觉发展的关键期，4~5岁是儿童学习书面语言的关键期，5~6岁是儿童掌握词汇的关键期。

幼儿心理发展的关键期与多种因素有关。首先，与幼儿的生理发展加速有关。脑神经研究表明，在大脑皮质神经活动发展的加速期，幼儿智力发展出现了突发现象。其次，与幼儿心理发展的状态有关。幼儿心理品质处于初步形成期，虽具备发展的条件，但还不够稳定和完善，可塑性大。最后，与心理发展的整体性有关。心理发展的各方面是相互影响、统一协调发展的，心理某方面的发展会受到其他方面发展速度和水平的影响。了解儿童发展的关键期，有助于幼儿教师把握促进幼儿不同领域发展的最佳时期，适时为幼儿关键期的发展创设有效的影响环境，满足幼儿学习的需求，促进幼儿更好、更快地发展。

蒙台梭利教学法中关于儿童发展关键期的观点

（1）语言敏感期（0~6岁）。如果婴儿开始注视大人说话的嘴型，并发出牙牙学语的声音，他的语言敏感期就开始了。因此，若儿童在2岁左右还迟迟不开口说话，应带儿童到医院检查是否有先天障碍。

（2）秩序敏感期（2~4岁）。儿童需要一个有秩序的环境来帮助他认识事物、熟悉环境。一旦他所熟悉的环境消失，就会令他无所适从。

（3）感官敏感期（0~6岁）。儿童从出生起，就会通过听觉、视觉、味觉、触觉等感官来熟悉环境、了解事物。3岁前，儿童通过潜意识的"吸收性心智"了解周围事物；3~6岁则能具体地通过感官判断环境中的事物。因此，蒙台梭利设计了许多感官教具，如听觉筒、触觉板等，以使儿童的感官变得敏锐，引导儿童自己产生智慧。

（4）对细微事物感兴趣的敏感期（1.5~4岁）。忙碌的大人常会忽略周边环境中的细小事物，但是儿童常能捕捉到个中奥秘，因此，当儿童对泥土里的小昆虫或衣服上的细小图案产生兴趣时，正是培养儿童巨细靡遗习性的好时机。

（5）动作敏感期（0~6岁）。2岁的儿童已经会走路了，正是活泼好动的时期，父母应让儿童充分运动，使其肢体动作正确、熟练，并帮助其左、右脑均衡发展。蒙台梭利更强调小肌肉的练习，即手眼协调的细微动作教育，不仅能养成良好的动作习惯，也能促进智力的发展。

（6）社会规范敏感期（2.5~6岁）。2.5岁的儿童不再以自我为中心，而对结交朋友、群体活动有了明确倾向。这时，父母应与儿童制订明确的生活规范、日常礼节，使其日后能遵守社会规范，调有自律的生活。

（7）阅读敏感期（4.5~5.5岁）。儿童的书写与阅读能力虽然产生较晚，但如果儿童在语言、感官、动作等敏感期内，得到了充分的学习，其书写、阅读能力便会自然产生。此时，父母可多选择读物，布置一个具有书香气息的居家环境，使儿童养成爱书写的好习惯，将来成为一个学识渊博的人。

（8）文化敏感期（6~9岁）。蒙台梭利指出，儿童对文化学习的兴趣萌芽于3岁，但是在6~9岁会产生探索事物的强烈需求，因此，这时儿童的心智就像一块肥沃的田地，准备接受大量的文化播种。成人可在此时提供丰富的文化资讯，以本土文化为基础，延伸至关怀世界的大胸怀。

（四）发展的差异性

所有正常的心理发展都遵循大体相同的发展模式，但对个体而言，年龄相同的儿童，在心理的发展速度、最终到达的水平，以及发展的优势领域上是有差别的。比如，有的儿童早熟、早慧，有的开窍迟；有的儿童对音乐有特殊的敏感性，有的对艺术形象有深刻的记忆表象。在性格方面，有的儿童好动、言语流畅、善于与人交往，有的儿童喜欢安静、独处，沉默寡言，不合群。例如，《爸爸去哪儿》节目中的多多、天天、王诗龄、诺一等都有各自不同的兴趣爱好、语言能力、亲子关系、性格特征等，他们在以自己独有的方式学习和与环境相处的过程中健康成长。

二、学前儿童心理发展的趋势

学前儿童心理发展的趋势表现为从笼统到开始分化，从具体到抽象，从被动到主动，而且这种发展趋势贯穿幼儿心理发展的各个方面。

（一）从简单到复杂

学前儿童心理活动是从简单逐渐发展到复杂，这种发展趋势表现在两个方面：

1. 从不完备到完备

学前儿童的心理过程和个性开始时并不完备，是在发展过程中逐步完善的。比如，许多刚入园的幼儿只会用简短的句子简单表达自己的愿望，不能完整、清晰地表达自己的想法，但到大班后，幼儿几乎都能用丰富而生动的语言与他人交流。

2. 从笼统到分化

幼儿的各种心理活动都是从混沌、笼统逐步向分化、明确发展的。比如，最初幼儿的情绪只有高兴和不高兴之分，后来逐渐分化为喜爱、愉快、高兴和痛苦、伤心、忌妒、畏惧等复杂多样的情感。

（二）从具体到抽象

幼儿心理活动是由具体向概括化、抽象化发展的。具体表现在两方面：在幼儿的认识过程发展方面，表现为从最初的感知觉的发展，到较为概括化的知觉和想象的发展，再过渡到抽象思维的萌芽；在幼儿的情绪发展过程方面，表现为最初引起情绪变化的是对某种物质需求的满足（如得不到自己想要的变形金刚玩具），逐步发展到对某些抽象事物需求的满足（如大班的幼儿会因为自己受到老师的不公正对待而感到委屈）。

（三）从被动到主动

幼儿的心理由被动逐渐向主动发展，这种发展趋势具体表现在两个方面：

1. 从无意向有意发展

开始时，幼儿的心理活动常常是无目的的，很容易受到外来影响因素的支配，因此没有意志行为。只有生活中那些幼儿从未见过的或者特征很鲜明的事物才能引起他们的关注，如果新鲜感没有了，幼儿就会把注意力转移到新的事物上。因此，幼儿早期的心理活动较零散且缺乏联系，随外界刺激变化而变化。随着幼儿年龄的增长，幼儿活动的目的性逐渐增强，开始出现自主性活动，自觉性不断增强，为了达到目的有时也能克服一些困难，出现一些意志行为。同时，幼儿开始渐渐认识自己的心理，初步形成一个整体，出现较为稳定的心理倾向，表现出自己特有的个性。

2. 从受生理制约向自主调节发展

幼儿的心理活动在很大程度上受生理的制约和局限。比如，3岁之前的幼儿即使做自己喜欢的事，注意力也不易集中，主要是由于他们生理上还不成熟。随着幼儿的生理日趋成熟，它对心理活动的制约和局限作用渐渐减弱，幼儿心理活动的自主性渐渐增强。4~5岁幼儿在做自己喜欢的事时，可以保持较长时间的注意力。在生理发育成熟的时候，幼儿心理发展的方向，甚至包括心理发展的速度，都和幼儿心理活动本身的主动性有密切联系。

（四）从零乱到成体系

儿童心理活动最初是零散混乱的，心理活动之间缺乏有机联系，而且非常容易变化。比如，七八个月的婴儿离开妈妈时，哭得很伤心，当妈妈的身影刚刚消失，阿姨和他玩一个诱人的玩具时，他立即会破涕为笑。儿童心理发展的方向是心理活动逐渐组织起来的，并形成整体，有了系统性和稳定的倾向，就会形成各人特有的个性。比如，有的儿童喜欢汽车，不论在何时何地，他的兴趣都首先集中在汽车上。

三、影响学前儿童心理发展的因素

影响学前儿童心理发展的因素是极其复杂多样的，包括遗传素质、生理成熟、环境以及儿童心理的内部因素。

（一）遗传素质和生理成熟

遗传是一种生物现象。通过遗传，祖先的一些生物特征可以传递给后代。遗传素质是指遗传的生物特征，即天生的解剖生理特点，如身体的构造、形态、感觉器官和神经系统的特征等，其中对心理发展具有重要意义的是神经系统的结构和机能特征。

生理成熟也称生理发展，是指身体生长发育的程度或水平。生理成熟主要依赖种系遗传的成长程序，有一定的规律性。

1. 遗传提供心理发展的最基本的物质前提

人类在进化过程中，解剖生理不断发展，特别是脑和神经系统高级部位的结构和机能达到高度发达的水平，具有其他一切生物所没有的特征。人类共有的遗传素质是使儿童在成长过程中有可能形成人类心理的前提条件。遗传缺陷造成的脑发育不全的儿童，其智力障碍往往难以克服；黑猩猩即使有良好的人类生活条件和精心训练，其智力发展的高限也只能是人类婴儿的水平。这些事实从反面证明了正常的遗传素质对儿童心理发展起前提作用。

2. 遗传奠定儿童心理发展个别差异的最初基础

1）遗传对智力和能力的影响

研究证明，血缘关系越近，智力发展越相似，同卵双生子是由一个受精卵分裂为两个而发育起来的，具有相同的遗传素质。研究表明，有血缘关系的儿童之间的智力相关度比无血缘关系者高，而同卵双生子的相关度最高（见表1–1）。

表1–1 不同血缘关系儿童的智力关系（陈帼眉，2000年）

遗传变量	同卵双生子		异卵双生子	非孪生兄弟姐妹	无血缘关系的儿童
环境变量	一起长大	分开长大	一起长大	一起长大	一起长大
智力相关度	0.87	0.75	0.49		0.23

除智力外，遗传素质会影响儿童特殊能力的发展。比如，音乐家、运动员、画家等能取得辉煌的成就，固然是因为后天的培养训练和自身的勤奋，但不能否认遗传在其中的作用。他们充分利用和发挥了遗传素质所提供的有利条件，取得事半功倍的效果。可以说，具有不同遗传素质的儿童，其最优发展方向是不同的。

2）气质类型影响儿童的情绪和性格的发展

从儿童出生的时候起，高级神经活动的类型就表现出差别。在产房中可以观察到，有的婴儿安静些、容易入睡，有的婴儿手脚乱动、大哭大喊……长大后，有的人情绪产生得快而强，表现非常明显；有的情绪产生得慢而弱，表现不明显；有的情绪产生得快而弱，表现明显；有的情绪产生得慢而强，表现却不明显。这些虽然不是儿童情绪和性格发展的决定条件，但对情绪和性格的发展有一定的影响。目前，有关遗传基因与儿童脑及行为的研究课题成为心理学者和生理学者的研究热点之一，但成熟的研究成果和结论并不多。

3. 生理成熟在一定程度上制约心理的发展

在遗传所提供的最初的自然物质基础上，经过胎内时期的发展，儿童出生后还要经历一系列的生理成熟过程。儿童身体生长发育的规律明显地表现在发展的方向顺序和发展速度上。

儿童身体生长发育的顺序是：从头到脚，从中轴到边缘，即所谓首尾方向和近远方向。儿童的头部发育最早，其次是躯干，然后是上肢，最后是下肢。我们知道，儿童的动作也是按首尾规律和近远规律发展的。这种顺序和动物不同，动物是先会爬行，后会看；儿童是先会看，后会四肢动作。

儿童体内各大系统成熟的顺序是：神经系统最早成熟，骨骼肌肉系统次之，最后是生殖系统。例如，儿童5岁时脑重已达成人的80%，骨骼肌肉系统的重量还只有成人的30%左右，生殖系统则只达成人的10%。儿童生长发育速度的规律，总的来说是出生后前几年速度很快，青春期再次出现一个迅速生长发育的阶段。

生理成熟对儿童心理发展的具体作用是使心理活动的出现或发展处于准备状态。若在某种生理结构达到成熟时，适时地给予适当的刺激，就会使相应的心理活动有效出现和发展。如果生理尚未成熟，也就是没有足够的准备，即使给予某种刺激，也难以取得预期的结果。上述身体各方面的成熟规律对儿童心理发展都有制约作用。美国心理学家格塞尔用双生子爬楼梯的实验充分说明了生理成熟对学习技能的前提作用。

儿童的心理成熟虽然受遗传素质以及遗传的发展程序制约，但不由遗传决定，成熟过程始终受环境的影响。遗传的东西在一定条件下也会发生变化。

（二）环境

环境对儿童心理发展的影响毋庸置疑，环境包括自然环境和社会环境。阳光、空气、水和动植物等是影响儿童心理发展的因素之一，也是保证其身心健康发展的自然环境因素。社会背景、文化素养、人际关系、生活条件和家庭状况等都是影响儿童心理形成与发展的社会环境因素，也是影响儿童心理发展的主导因素。在社会环境中，对幼儿影响最大的是家庭、托幼机构和社会文化等因素。

1. 家庭对儿童心理的发展起最直接的影响作用

家庭是儿童的摇篮，是其人生的奠基石。家庭对儿童成长的影响是长远和深刻的。研究表明，家长的抚养行为、亲子互动、家庭环境质量对儿童早期乃至一生的心理发展具有显著影响。

> **拓展阅读**
>
> **家庭环境及父母教养方式对儿童行为问题的影响**
>
> 影响儿童品行的因素有家庭矛盾性、组织性、娱乐性、成功性、亲密度及父母教养方式中母亲拒绝否认、过分干涉和过分保护；
>
> 影响学习问题的有家庭矛盾性、知识性、成功性及母亲惩罚严厉、偏爱孩子和父亲偏爱孩子；
>
> 影响心身障碍的有家庭矛盾性和亲密度；
>
> 影响冲动多动行为的有家庭矛盾性及父亲拒绝否认；
>
> 影响儿童焦虑情绪的有家庭矛盾性、知识性、亲密度、成功性；
>
> 影响多动指数的有家庭矛盾性、知识性、组织性、成功性及母亲惩罚严厉。
>
> （资料来源：关明杰，高磊，翟淑娜. 家庭环境及父母教养方式对儿童行为问题的影响 [J]. 中国学校卫生，2010（12）.）

目前，由于部分农民进城务工，出现了实际上的家庭结构不完整问题，生活在这样的家庭中的儿童在心理发展上可能也会受到一定影响。有研究表明，父母外出打工的农村留守儿童在人身安全、学习、品行、心理发展等方面都存在不同程度的问题。

家庭对儿童心理的发展具有最为直接的影响，因此，优化家庭环境是儿童发展环境中的最重要的课题之一，也是每一个家长和幼教工作者所要解决的首要问题。

2. 托幼机构对儿童心理发展起主导作用

托幼机构（幼儿园和托儿所）通过有目的、有计划、有系统的教育促进儿童发展，在影响儿童心理发展的各因素中居于主导地位。托幼机构有明确的教育目的与教育内容，教育教学的水平越高，对儿童心理发展的主导作用就越大，就越能促进儿童心理向教育所指导的方面发展。相反，如果教育不当，不仅不能促进儿童心理的正常发展，反而会抑制或摧残儿童心理的发展。

教师通过创设良好的物质和心理环境，设计并实施适合儿童年龄特点的课程，根据每个儿童不同的需要、兴趣、学习方式和智力潜能，因材施教，构建良好的师幼互动关系，注重与家庭和社区的合作，儿童心理将会得到有效、健康、和谐和有个性的发展。

此外，进入托幼机构后，儿童逐渐减少了与父母的交往，而更多地走到同龄伙伴中去，在与同伴相互作用的过程中，发展一种崭新的人际关系——同伴关系。有研究表明，4岁以后，同伴对儿童的吸引力已经赶上成人，良好的同伴交往关系直接影响儿童的社会化进程、自我意识、社会技能和健康人格的发展。

3. 社会文化潜移默化地影响儿童的心理发展

社会文化既包含当今的文化，也包括一个民族悠久的文化传统和文化遗产。民族不同，文化传统就有所差异，生活在不同民族文化环境中的儿童，心理发展就不一样。我国河北等地的一些农村，有"沙袋育儿"的习俗，我国心理学工作者采用回顾性调查的方法，对 400 名"沙袋育儿"的儿童进行过研究，沙袋养育时间不超过 1 年且 IQ ≤ 70 的儿童占 30.60%，超过 18 个月且 IQ ≤ 70 的儿童占 52.60%。可见这种文化传统妨碍了儿童的心理发展。

人类社会已进入信息时代，电影、电视、广播、书刊、报纸、计算机网络等大众传媒从不同的侧面影响儿童心理的发展。这些大众传媒具有影响速度快、覆盖面广、不受时间和空间限制等特点，对儿童心理发展起着潜移默化的作用。特别是计算机网络和电视具有视听统一的特点，生动活泼的情景对儿童具有很强的吸引力，能使儿童体验到许多自己不能亲身经历的场景。他们耳濡目染大众传媒提供的各种信息，既接受积极的影响，又不可避免地接受消极影响，这都不同程度地影响儿童心理的发展。

社会文化往往以一种潜在的、渗透式的方式潜移默化地影响儿童心理的发展，因此，为儿童提供健康、和谐的文化环境，对其智力和社会性发展将会起积极作用。

（三）学前儿童心理的内部因素

遗传和环境是儿童心理发展的条件，前者为儿童心理发展提供可能性，后者可以使可能性变为现实。但是，发展的条件不是发展的根本原因。我们知道，儿童从出生开始就不是消极被动地接受环境的影响，随着心理的发展和个性的形成，儿童的积极性越来越高。环境因素对儿童发展的主导作用，是通过儿童心理发展的内部因素来实现的。

1. 儿童自身的心理因素是相互影响的

儿童的心理活动包括许多成分，这些成分之间是相互联系的。比如，个性倾向性和心理过程、心理过程和心理状态、能力和性格、智力和非智力因素等，都是相互联系、相互影响的。

例如，儿童的兴趣和爱好影响其坚持性和能力的发展，在有趣的游戏和活动中，儿童的坚持性有明显的提高。儿童学钢琴，爱好弹琴的很快就掌握了一些基本技能，不爱好弹琴的学习起来特别费力或始终学不会。

又如，性格和气质也影响儿童心理活动的积极性。反应快、易冲动的儿童较喜欢去完成多变的任务；安静、做事迟缓的儿童有耐心，能够坚持较长时间做细致的工作。性格开朗的儿童受指责后很快就会忘掉，不会挫伤活动积极性；性格内向的儿童受批评后会长时间闷闷不乐，活动积极性不高。

2. 儿童心理的内部矛盾是推动心理发展的根本原因

儿童心理的内部矛盾可以概括为两个方面，即新的需要和旧的心理水平或状态。随着儿童的成长和生活条件的变化，外界对儿童的要求也不断变化。客观要求如果被儿童接受，它就会变成儿童的主观需要。需要是新的心理反映，旧的心理水平或状态是过去的心理反映。新旧心理反映之间的差异就是矛盾，它们总是处于相互否定、相互斗争中。新需要和旧水平的斗争，就是矛盾运动，儿童心理正是在这样不断的内部矛盾运动中发展的。例如，1 岁前的婴儿在与成人接触中，会产生表达自己简单愿望的需要，但此时的他还不会说话。这种矛盾促使他学说话。当他学会一些单词句时，就是发展到新水平。这时又会产生要讲清楚自己想法的需要，用一个词代表各种意思往往使人不理解，不能满足需要，对这种新需要来说，单词句又成了旧水平，于是又出现新的矛盾。如此不断地产生、解决、再产生的矛盾运动，使儿童的语言活动得到发展。

总之，遗传、环境和儿童心理的内部因素对儿童心理的发展都起着重要的作用。我们不能只看到遗传和环境这些客观因素对儿童心理发展的影响，而忽视儿童心理发展主观因素对客观因素的反作用，它们之间的作用是双向的。只有正确认识它们之间的相互作用，才能弄清影响儿童心理发展的原因，从而充分利用各种因素，引导和促进儿童心理健康和谐地发展。

儿童的发展是多种因素相互作用的结果，片面强调或为夸大某一方面而否认、贬低其他方面都不能科学地解释儿童的身心发展。

第三节 学前儿童心理发展研究的方法

> 中班李老师发现：天天小朋友请了几天假，回到班上后情绪很低落，不怎么说话，也很少笑，在绘画活动中，将笑脸画成了骷髅的面容。于是，李老师询问天天的妈妈这几天家里发生了什么，才得知天天的外公去世了，天天见了外公临终的样子，参加了外公的葬礼，并不断追问妈妈："人为什么要死？"妈妈一直没有搭理他。李老师终于明白天天情绪变化的原因了。

上述案例中，老师是如何了解天天的心理变化的？研究学前儿童心理的特点和规律，通常采用的方法有以下几种。

一、观察法

（一）定义

观察法是指研究者通过感官和辅助仪器，有目的、有计划地观察处于自然情境下的学前儿童在日常生活、游戏、学习和劳动过程中的表现，包括其言语、表情和行为，并根据观察结果分析儿童心理发展的规律和特征。观察法是研究学前儿童心理活动的基本方法。

（二）观察法的类型

根据研究目的、内容和手段的不同，观察法可分为不同的类型。

从时间上看，分为长期观察和定期观察。长期观察指研究者在一个相当长的时期内，连续进行系统观察，积累资料，并加以整理和分析。定期观察指按一定的时间间隔持续观察（如每周一次），到一定阶段后予以总结。

从范围上看，分为全面观察和重点观察。全面观察指在同一项研究内对若干心理现象同时加以观察记录。重点观察则是在同一项研究内只观察记录某一种心理现象。

从规模上看，可分为群体观察和个体观察。群体观察指研究者的观察对象是一组儿童，记录这一群体中发生的各种行为表现。个体观察又称个案法，是对某一特定儿童进行专门的观察。个案法是一种最简单、最直接的心理学研究方法，具有启蒙和试点的作用。

（三）观察法的实施要点

1. 做好观察的前期准备工作

确定观察目的和观察对象，制订相应的观察计划，并准备必要的观察工具，如做观察记录的表格，必要的观测仪器、录音摄像设备等。尤其是观察记录表的制作一定要详细，否则会丧失许多有用的信息，最终导致劳而无获。

幼儿情绪行为的观察计划

观察内容：幼儿的情绪行为。

观察目的：了解幼儿情绪行为的差异性，以及幼儿情绪反应的范围。

观察步骤：挑选3名幼儿，观察记录每名幼儿10~15分钟，尽可能详细记录，而且在记录时，要包括伴随情绪行为产生的身体和社会性行为，然后对每名幼儿的行为做出解释。最后比较这3名幼儿，分析他们情绪表达的范围、强度以及引起情绪反应的原因等。

记录表格如表1-2所示。

表1-2　记录表格

观察者 _____
被观察者姓名 _____
被观察者准确年龄 _____
被观察者性别 _____
观察地点 _____
观察日期 _____
开始时间 _____
结束时间 _____
观察情境简要描述：
情绪行为描述　　　　　　　解释与分析

（资料来源：施燕，韩春红. 学前儿童行为观察 [M]. 上海：华东师范大学出版社，2011.）

2. 对观察结果的记录和描述要客观

应该将观察到的幼儿的语言、表情、行为及事件发生的频率、持续时间等内容详细、准确地记录下来，不加入观察者的任何个人意见、假设或推论，只描述和记录事实，确保观察结果的客观性。如"穿黄色衣服的幼儿沮丧地靠在墙边"和"穿黄色上衣的幼儿靠在墙边，眼睛望着地板，嘴角下垂"这两种描述比较起来，后一种是客观的事实描述，而前一种包含了观察者的主观推论。就对事实的记录而言，显然后一种描述更可取。

想一想：

下列描述哪些是主观的？哪些是客观的？

他的穿着华丽；他的嘴角微笑；他满脸埋怨；他的拳头握起；他面带杀气；他沉默着；

他无可奈何;他注视着远方;他动作轻巧。

3. 对观察结果的解释和分析要全面

对观察结果进行准确记录后,下一步要做的就是对所记录的资料进行认真的思考,并做出分析、解释或推论。进行解释和分析时,应综合考虑多方面的因素,如幼儿的年龄、身体状况、家庭背景以及幼儿的生活经验等,同时还应对幼儿的身心发展特点有所了解,尤其要对观察事件发生时的现场氛围、环境等有准确的把握,这样才能做出比较合理的解释和分析。另外,观察者本人的观察能力、所拥有的知识经验、价值观、情绪状态等也有可能影响对观察结果的解释。因此,观察者应做好充分的准备,注意尽量避免掺入个人偏见,以免对幼儿做出不客观、不准确的评定。

小小营业员

一位教师在观察幼儿的区角活动时,记录下来一名幼儿在"小超市"中做"营业员",可是做了没多久,就跑到美工区去剪小纸片了,一直剪到区角活动结束。由于教师对这种现象有一种先见:学前儿童注意时间较短,很难对同一件事维持较长时间的兴趣。因此,便简单地认为幼儿因为缺乏兴趣,所以才会更换区角活动。于是,教师在解释这段观察记录时写下了"与小超市游戏相比,该幼儿更喜欢美工活动"。殊不知,第二天,该幼儿在剪下来的纸片上,写上了很多数字,做成了"小超市"中的货币,然后拿着这些货币去"超市"继续做"营业员"了。

(资料来源:施燕,韩春红. 学前儿童行为观察[M]. 上海:华东师范大学出版社,2011.)

4. 尽量消除干扰观察的因素

观察过程中很容易出现各种意外的干扰因素,致使幼儿产生不真实的行为表现。比如,观察者的突然出现可能引起幼儿的好奇或者恐惧,幼儿的行为表现将会失实。这样即使观察者如实记录所观察的结果,也不能反映幼儿的真实情况。此外,观察者本人如果有某种先入为主的成见,也容易使得到的资料带有明显的主观性,导致客观性与可靠性大打折扣,造成不同程度的误差。如某位观察者持有"农村幼儿的认知能力普遍低于城市幼儿"的观点,在观察某个农村幼儿的认知能力时,就会倾向于提高判断标准。

为此,在观察过程中应特别注意防止和控制某些误差的出现。观察时,应最大限度地减少因观察者的介入而产生的干扰作用,也可以训练多个观察者同时进行观察记录和分析,以尽可能地减少偶然因素的影响。

二、实验法

实验法,即有计划地控制各种条件,在各种条件中,特别引入或改变某一条件,来研究儿童心理特征的变化,从而揭示特定条件与心理活动之间关系的方法。实验法包含自然

第一章 学前儿童心理发展概述

实验法和实验室实验法,在幼儿园活动中,教师主要采用自然实验法研究儿童心理。

小兔子乖乖

小班老师给幼儿讲小兔子乖乖的故事,当讲到"这一次大灰狼扮成兔妈妈的模样,来到门前,也唱道'小兔乖乖,把门儿开开'"时,故意停顿下来,观察幼儿的情绪。老师发现在几分钟的时间内,有的幼儿表现出很着急的样子;有的幼儿催促老师:"老师快讲呀!"有的幼儿很耐心地等待着……

自然实验法又称现场实验法,是指在实际生活情境中,由实验者创设或改变某些条件,以引起被试儿童某些心理活动并进行研究的方法。例如,在正常的儿童游戏活动中,有意识地控制或改变条件,分析各年龄儿童的基本活动特点,从中发现儿童游戏活动的规律。自然实验法与观察法的不同之处在于,研究者可以对某些条件加以控制,避免处于被动的地位,使自然实验法兼具观察法和实验法的优点,上述的案例——"小兔子乖乖"恰恰说明这一点。正因为如此,自然实验法和观察法一样,成为研究学前儿童心理的主要方法。

自然实验法实施过程中首先要考虑实验是否会造成儿童的不良反应,影响儿童心理的健康发展。通常用自然实验法来研究测量心理活动时,只针对某一种心理状态,尽量避免引起其他心理产生的相互间干扰。

三、调查法

调查法是通过间接收集被研究儿童的各种有关资料,了解和分析学前儿童心理现象与问题的方法。调查法有谈话法、问卷法、测验法和作品分析法等。

(一)谈话法

谈话法是研究者通过与儿童面对面的谈话,在口头信息的沟通过程中了解学前儿童心理特点的方法。

谁的年龄大一些?

以下是某大班教师与5.5岁幼儿珂珂的谈话,借此可以了解幼儿判断推理的特点。
教师:"李老师与王老师相比,哪个年龄大一些?"
珂珂:"李老师大一些。"
教师:"为什么?"
珂珂:"李老师头大一些。"(原来李老师是烫了头发的)

> 教师:"王老师与张老师相比,哪个年龄大一些?"
> 珂珂:"张老师大一些。"
> 教师:"为什么?"
> 珂珂:"张老师高一些。"(原来张老师的个子很高)

谈话过程中要注意围绕某一主题进行,提问的语言应简单明了,让儿童能听懂和理解问题的内容,谈话的氛围要让儿童觉得轻松愉悦,谈话时最好用录音笔记录,谈话结束后进行整理和分析。

(二)问卷法

问卷法是通过由一系列问题构成的调查表,收集资料,测量学前儿童行为和态度的基本研究方法。问卷有两种形式:一是面向儿童家长的,经由家长填写问卷后,得知儿童在某方面心理的表现特点,如围绕"儿童的同伴关系"设计"你的孩子一般喜欢一个人独处还是与同伴交往"等一系列问题,由家长填写问卷;二是面向儿童的,儿童年龄小,不能读懂和表达文字内容,无法自己填写问卷,一般采用口头提问的方式,如围绕"儿童的独立性"设计"你在家一个人睡还是与别人一起睡"等一系列问题,由儿童回答,然后比较、分析大多数儿童对该问题的看法,以作为参考,进行比较和分析。

(三)测验法

测验法是根据一定的测验项目和量表来了解儿童心理发展水平的方法。一般是采用标准化了的项目,按照预定程序,对儿童心理发展的某个方面进行测量,并将测量的结果与常模相比,从而确定儿童心理发展的水平或特点。测验主要用来查明儿童智力发展水平和个别差异。在测验过程中,应注意对儿童心理一般采用个别测验方式,不宜用团体测验方式。测验人员必须受过训练,要善于取得儿童合作。儿童心理活动的稳定性差,不能单凭一次测验的结果作为判断儿童心理发展水平的依据。

(四)作品分析法

作品分析法是指研究者通过儿童的作品(绘画、舞蹈、泥塑、拼搭、讲故事等)分析儿童心理特点的方法。儿童作品是表达自己认识和情感的重要方式,也是他们富有个性和创造性自我表现的重要方式。在儿童成长的过程中,当他们还不会用文字来表达自己内部言语的时候,作品就成了他们内心世界最好的诠释,展示他们眼中的世界以及丰富的想象力,展示他们独特的认知和生活经验。这种方法很适合儿童的心理研究。

虽然作品分析的工作主要由研究者或幼儿教师来完成,但是,鉴于我们对儿童进行活动的初始动机、活动进程中的真实感受等内在心理状况无法准确把握,因此,对作品的分析难免停留在表面,或者只是从成人的角度进行技术层面的解释和分析,而没有真正地从儿童的角度来考虑。所以,有必要鼓励儿童参与作品分析的活动,让儿童对自己的作品进行解释,这有助于我们更为全面而准确地了解儿童的真实想法及感受。

第一章　学前儿童心理发展概述

"秋天"的画作

一位年轻的幼儿教师让幼儿画一幅题为"秋天"的想象画。她对其中一名幼儿的绘画作品评价不高。在她看来，这名幼儿的绘画作品线条粗糙、布局凌乱，无技巧可言，更无任何背景，整幅画除了一棵大树，剩下的就是用四种不同颜色画成的色块。而另一位经验丰富的幼儿教师看到这幅画后，微笑着问幼儿："你画的是什么，说给我听听好吗？""我画的是大树妈妈……"原本有些羞涩、胆怯的幼儿变得兴奋起来。原来，幼儿对歌曲《小树叶》中树叶宝宝离开树妈妈的情景印象深刻，她将自己的心愿寄托在画中。那四个色块分别代表四季的小树叶：绿色是春天的树叶，红色是夏天的树叶，黄色是秋天的树叶，而冬天的树叶是蓝色的，她希望四季的小树叶都能永远和树妈妈在一起。

（资料来源：姚梅林，郭芳芳. 幼儿教育心理学［M］. 北京：高等教育出版社，2012.）

需要强调的是，教师在研究儿童心理特点时，应将多种方法有机结合。如本节引入案例中的李老师，采取了观察法、作品分析法、与家长谈话等多种方法分析天天心理的变化，在此基础上，教师应该制订个性化的教育方案，引导天天消除不健康的情绪。

第四节　学前儿童心理发展的基本理论

家庭中的每一个育儿场景、幼儿园的每一个师幼互动场，都包含不同理论指导下的教育策略。例如，在面对新入园幼儿哭闹不止的情况时，小一班的曾老师认为，等过一段时间，他们自然就不会这样了，主张引导幼儿把注意力放在好玩的游戏及有趣的玩具上；小二班的袁老师认为：幼儿需要学习合适的入园行为，可以使用树立榜样、表扬和奖励小红花的方式来影响他们的行为表现；小三班的李老师认为，这是幼儿缺乏安全感的表现，从而致力于创造安全的环境、建立稳固的师生关系，给他们温暖、关怀，对幼儿的需要热情地回应。

她们的做法如此不同，你赞同哪一种呢？下面介绍学前儿童发展的几种理论，尝试分析曾老师、袁老师和李老师分别持哪种观点。

一、成熟学说的心理发展观

成熟学说是有关儿童发展的最古老的理论之一，其代表人物是美国儿科医生、儿童心理学家阿诺德·格塞尔。这一学说强调基因顺序决定儿童生理和心理发展。

（一）著名的双生子实验

1929年，格塞尔对一对同卵双生子（由一个受精卵分裂而成，遗传条件完全一致）进行实验研究，首先他通过观察和分析双生子T和C的行为，认为他们发展水平相当。在他们出生第48周时，对T进行爬楼梯、搭积木、运用词汇和协调肌肉等训练，而对C不做相应训练。训练持续了6周，期间T比C更早地显示出某些技能。到了第53周，当C达到能够爬楼梯的成熟水平时，对他开始集中训练，发现只要经过少量训练，C就达到了T的熟练水平。通过进一步的观察发现，在55周时，T和C的能力没有差别。

因此格塞尔断定，儿童的学习取决于生理的成熟。在儿童生理成熟之前的早期训练对最终的结果并没有显著作用。根据这一实验结果和长期的临床观察，格塞尔提出了著名的成熟学说。

（二）成熟学说的主要观点

1. 影响发展的因素

格塞尔认为支配儿童心理发展的是成熟和学习两个因素。人类的特点主要由基因决定，随着年龄的增长，儿童自然会成熟，环境对人的影响很小。成熟是推动儿童发展的主要动力，如果不成熟，就没有真正的变化。脱离了成熟的条件，学习本身并不能推动儿童发展。这是格塞尔在处理遗传与学习二者关系时的基本出发点。

根据这一理论，儿童生理和心理的发展取决于其生物学结构的成熟程度，而生物学结构的成熟取决于基因的时间表。在达到成熟水平之前，儿童处于准备状态。只要准备好了，学习能力就会产生。在没有准备好之前，成人应该耐心等待儿童成熟水平的到来。在儿童发展的过程中，成熟起着决定性的作用。发展过程不可能通过环境的改变而改变。

2. 发展的过程

1）发展方向

格塞尔指出，儿童身体动作的发展是由基因预设的，遵循由上而下、由中心向边缘、由粗大动作向精细动作发展的规律。所谓由上而下，指的是儿童的动作由头部运动（如抬头）逐步向下发展，到颈部、上肢、下肢的动作（走路）；由中心向边缘，指的是靠近躯干的部位先成熟，离躯干远的部位后成熟，如婴儿早期，肩膀、手臂的运动比手腕、手指的运动更协调；由粗大动作向精细动作发展，指的是儿童动作精细度的提高，如婴儿的抓握动作，由不能抬腕的"一把抓"到提腕的指尖对拿。

2）行为周期

格塞尔发现，儿童在发展的过程中，会表现出极强的自我调节能力。当儿童向前发展进入一个新领域后会适度后退，以巩固取得的进步，然后再往前发展，即"前进两步，后退一步，再前进两步"。因此，在儿童的成长过程中便形成了发展质量较高的阶段与较低的阶段交替出现的现象，格塞尔称之为"行为周期"。如表1-3所示。

第一章 学前儿童心理发展概述

表1-3 儿童行为周期变化表

儿童行为阶段			一般的性格特征	发展质量
第一周期	第二周期	第三周期		
年龄/岁	年龄/岁	年龄/岁		
2	5	10	稳定、整合	较高
2.5	5.5~6	11	分离、不稳定	较低
3	6.5	12	恢复平衡	较高
3.5	7	13	内向	较低
4	8	14	精力充沛、豁达	较高
4.5	9	15	内向—外向	较低
5	10	16	稳定、整合	较高

（资料来源：王振宇. 学前儿童心理学［M］. 北京：人民教育出版社，2011：183.）

从表3-1可以看出，2~5岁、5~10岁、10~16岁分别形成了儿童发展的三个小周期。每个周期都经历了"稳定—不稳定—稳定"的过程，期间儿童发展的质量也高低交替出现，这也体现了事物发展的螺旋式上升的特点。对教师和父母来说，应该理解儿童行为的阶段特征，当儿童处于发展质量较高的阶段时应该严格要求；在他们处于发展质量较低的阶段时则应该正确对待他们，耐心等待他们渡过这一阶段，不要因期待过高而失望，更不要用粗暴和急躁的行为伤害他们。

二、行为主义学派的儿童发展观

斯金纳箱里的鸽子和教室里的小红花

行为主义心理学家斯金纳自己做了一个箱子，称为斯金纳箱。当他把鸽子放进箱子后，鸽子会在箱子里东啄西啄，当鸽子啄到一处开关时，就有一粒米落在它面前。之后，只要鸽子一进箱子，就会径直去啄开关。

在幼儿园的教室里，3岁的婷婷听从老师的要求，积极举手发言，老师夸她积极举手回答问题真棒，还给了她一朵小红花。之后，只要老师一说"谁想试试，请举手"，婷婷就会高高地举起小手。

行为主义是美国心理学家华生（1878—1958）提出的，是心理学史上有重要影响的学派，其代表人物有华生、斯金纳、班杜拉。它的基本观点是：心理的本质是行为，是由环境和教育塑造的，心理的发展是量变的过程。这一学派的多数心理学家认为，儿童出生时的心理是一块"白板"，他以后在各个领域的发展（包括个性特点、职业选择、数学能力等）都是由环境决定的。

（一）华生的早期行为主义发展观

俄国心理学家、生理学家巴甫洛夫在实验室发现，经过训练，当喂食的铃声响起时，还没吃到食物的狗就开始分泌唾液了，他把这种现象称为条件反射，也就是我们常说的经典条件反射。

华生受经典条件反射实验的影响，认为人心理的本质就是行为，心理学要研究的是可观察到的行为，而不是看不见的意识或潜意识。一切行为（心理）都是刺激（S）—反应（R）的条件反射过程，是通过学习获得的。人的语言、能力、情绪（恐惧、焦虑、害羞等）也是通过学习获得的。华生否认遗传的作用，与洛克的"白板说"一致，他强调是环境因素决定了人的心理发展。他曾经有一段经典的论述：

给我十几个健康没有缺陷的婴儿，把他们放在我所设计的特殊环境里培养，我可以担保，我能够把他们中间的任何一个人训练成我所选择的任何一类专家——医生、律师、艺术家、商界首领，甚至是乞丐或窃贼，而无论他的才能、爱好、倾向、能力，或他祖先的职业和种族是什么。

华生强调了学习在心理发展中的作用，具有积极的意义。但同时他坚决否认了遗传的作用，也忽视了个人在自身发展中的主观能动性作用，是典型的"教育万能论"的代表。

（二）斯金纳的操作行为主义发展观

斯金纳从"斯金纳箱"中鸽子学习啄开关的实验出发，认为鸽子一开始并不知道存在食物奖励，只是在多次盲目尝试的过程中发现了啄开关的好处（强化，即可以带来"小米粒"），从而习得了啄开关的行为，他称之为操作性条件反射，他的观点也被称为操作行为主义。斯金纳肯定了个体的心理活动在学习中具有一定的中介作用，不再片面强调环境的作用，是新行为主义学派的代表。

1. 强化

斯金纳认为，人的大部分行为都是操作性的，例如，儿童如果因为上课积极举手发言而受到奖励，他们会经常举手；如果老师希望儿童能够在午休的时候安安静静，那么他们应该在儿童安静地躺在床上时给予鼓励。对某种行为进行鼓励和奖励就是强化，斯金纳认为强化是塑造行为的基础：儿童的良好行为一旦发生，就应该及时对其进行强化，得到强化的行为会保持下来，没有得到强化的行为很容易消退。

斯金纳将强化分为积极强化和消极强化：积极强化是指为了增加某种行为发生的概率，而加入一种强化物（如奖励）；消极强化是指为了增加某种行为发生的概率，撤销一种强化物。例如，为了培养儿童独立穿衣的习惯，当他完成穿衣的行为时，就表扬他并给他一朵小红花（积极强化）；当他不愿意自己穿衣服时，就不发给他红花，也不表扬他（消极强化）。在斯金纳看来，只要掌握了强化的方法和操作技术，就可以塑造出教育者所期望的儿童的行为。

需要指出的是，消极强化并不等同于惩罚。在儿童的不良行为矫正中，惩罚是不适当的，对于没有达到预期目的的行为，不妨视而不见。例如，一个儿童说了一句脏话后，我们最好装作听不见，一段时间之后，他的这种行为可能就减少甚至消失了；而如果我们给予惩罚，虽然一时制止了他说脏话的行为，但一旦老师不在面前，他就有可能说更多的脏话。所以在实施斯金纳的教育方法的时候，还需要有充分的爱心和耐心。

2. 分步教学

根据操作性条件反射的原理，儿童的行为只能慢慢地受到影响。因此我们在组织教学时，应该注意将内容分解为方便学习的小单元，然后分步骤地给予奖励。如果儿童做对了，就及时进行反馈，告知儿童他做对了并对其进行表扬。如在教儿童学习写字时，当儿童有意愿要写字及拿笔时，就强化这种行为。这对培养儿童的学习兴趣、促进儿童主动学习具有积极意义。

（三）班杜拉的社会学习理论

班杜拉认为，人的学习不仅发生在自身行为受到强化的时候，也发生在观察别人的行为受到强化的时候。例如，有些儿童看到别人举手回答问题并得到奖励后，也会积极举手。这就是观察学习，即观察他人（榜样）的行为及其结果而习得新行为的过程。观察学习是班杜拉社会学习理论的一个基本概念。

1. 强化的种类

班杜拉认为，在儿童行为的习得过程中，有三种类型的强化：直接强化、替代强化和自我强化。

直接强化是指对儿童的行为结果直接进行强化。如儿童按照老师的要求，认真完成了穿衣服、扣扣子的动作后，老师奖励了他一朵红花。

替代强化是指儿童因观察到榜样的行为受强化而受到强化。如看到哥哥因自己穿衣服而得到了父母表扬，弟弟也积极要求自己穿衣服。观察学习本质上也是一种替代学习。

自我强化是指儿童根据自己的标准来评价自己的行为。当自己的行为符合标准时，就给予肯定的评价，否则就给予否定的评价。例如，对于自己画的妈妈，如果符合儿童自己的标准，他就会产生成就感；如果怎么画都达不到自己的要求，就会产生挫败感。

2. 观察学习的过程

儿童的很多行为都是观察学习的结果，包括扫地、擦桌子、折纸、画画、分享行为、攻击性行为等，这种学习不需要亲自参与行为反应和强化的过程，更普遍，更有效。

1）注意过程

注意到榜样的行为，是观察学习的第一步。儿童周围充满各种各样的人物和行为，儿童的注意力放在哪个榜样行为的身上决定了他学习的内容。一般而言，对儿童有重要影响的成人和同伴的行为，如父母、教师、好朋友的行为，更容易被儿童观察模仿。儿童自身的兴趣、需要等也会影响他的模仿对象，如想要学骑自行车的儿童很容易注意到正在骑车的儿童的行为。

2）保持过程

儿童注意到一种行为后，会将其转化成某种视觉符号或者言语概念保存在记忆系统中，并进行想象的或者实际的演习。如儿童在观察别人学自行车后，会在脑中进行想象的练习，想象自己骑自行车时手的活动、脚的运动，以及如何拐弯等，这使他今后学习骑车的行为效果更好。

3）运动复现

这一阶段，儿童会将保存在记忆中的符号信息转化为实际的行为。这是一种由内到外的动作再现过程，是观察学习的中心环节。学骑车的儿童要用头脑当中保存的别人骑车的信息，指导自己的实际行动，使自己的行为不断接近榜样的行为。

4）动机过程

儿童通过观察习得的行为要不要表现出来，受到其自身动机的影响。已经学会分享的儿童，面对自己最喜欢的一小块蛋糕，可能不会表现出分享的行为；若蛋糕足够多，则可能会分享。

以上四个过程关系紧密，共同组成观察学习的过程。观察学习是生活中最常见的学习方式。儿童的很多行为（如攻击性行为）也是观察学习的结果。班杜拉曾做过这样一个经典实验：在实验室里，一组儿童在看过一个成人榜样对一个大型塑料玩偶进行拳打脚踢之后，更多地表现出了对玩偶的攻击性行为，而没看过这个成人榜样的行为的儿童没有出现这种行为。这也提示我们，平时应该注意对儿童的言传身教，多树立正面榜样，净化幼儿园环境及家庭、社区环境，尽量防止不文明行为的发生。

三、精神分析学派的儿童发展观

精神分析学派的创始人是西格蒙德·弗洛伊德（Sigmund Freud），与其他理论不同，精神分析理论只关注个性的形成，而不太关注儿童的社会性、身体、智力发展等方面。精神分析学家认为，儿童的心理健康源于解决内部欲望与外部世界压力之间矛盾冲突的能力。这种观点强调要探索儿童行为背后的潜在因素的影响，认为潜在因素是某种特定行为出现的根源。精神分析学派的儿童发展观的代表人物有弗洛伊德和埃里克森（Erikson）。

（一）弗洛伊德的精神分析儿童发展观

弗洛伊德（1856—1939）是奥地利精神病医师、心理学家，是精神分析学派的创始人。他并没有直接对儿童的成长过程做观察和研究，而是在治疗精神病人的基础上，基于对患有神经官能症的成年病人的观察和治疗，对儿童的人格结构和心理发展阶段进行了系统的阐述，并逐步发展为精神分析理论。

1. 主要观点

1）人格结构的三个层次

弗洛伊德认为人格有三个层次，分别是本我、自我和超我。"本我"是人格结构中比重最大的一个部分，有很强的生物性，是儿童基本需要的源泉。"本我"按快乐原则行事，处在潜意识层面；"自我"处在意识层面，按现实原则行事；"超我"则是意识层面中的道德成分，体现在根据情境对自我进行约束和决策选择方面。

本我、自我和超我三者的互动关系可以用这样的场景来描述：一名5岁的儿童很想要别的小朋友的玩具汽车，"本我"让他把玩具抢走；但"超我"会告诉他"抢别人的东西是不对的"，要做一个遵守规则的好儿童；同时"自我"劝他不要这么做，因为那个小朋友比他高大，可能遭到反抗，或者老师可能在附近；综合衡量，他还可以通过交换玩具、轮流玩的方法来获得玩具，所以这个小朋友没有动手去抢玩具。

2）儿童心理发展阶段

弗洛伊德根据不同阶段儿童的集中活动能力，把心理和行为发展划分为由低到高的五个渐次阶段：

口腔期（出生~1岁）：引导婴儿吮吸乳头和奶瓶的行为，如果口腔的需要未能得到适当满足，将来可能形成诸如吮吸手指、咬手指甲、暴食和成年以后抽烟的习惯。

肛门期（1~3岁）：儿童从憋住大小便然后排泄的举动中获得快感，上厕所成为父母训练儿童的主要内容之一。在这一时期，弗洛伊德特别要求父母对儿童大小便的训练不宜过早、过严，否则会对儿童的人格形成产生不利影响。

性器期（3~6岁）：自我冲突转移至性器官时，儿童会发现性刺激的快感。弗洛伊德认为3岁后的所谓"性生活"主要是指儿童依恋异性父母的俄狄浦斯情结（Oedipus Complex），即男孩产生恋母情结，女孩产生恋父情结。

潜伏期（6~11岁）：性本能消失，"超我"进一步发展，儿童从家庭以外的成人和一起玩耍的同性伙伴那里获得新的社会价值观念。儿童逐渐放弃俄狄浦斯情结，男孩和女孩开始各自以同性父母为榜样来行事，弗洛伊德把这种现象称为"自居作用"。

生殖期（12岁以后）：潜伏期的性冲动再度出现，如果前面的阶段发展得顺利，就会顺利过渡到结婚、性生活与生育后代的阶段。

（二）埃里克森的儿童心理发展阶段理论

埃里克森（1902—1994）是美国精神分析医生，1939—1944年他参加了加利福尼亚大学幼儿福利学院著名的"纵向幼儿指导研究"，他的人格发展理论观点也是在这一时期形成的。他也认为健康的个性发展在于解决内部冲突的能力，但人格的发展并不终止于青春期，而是贯穿人的一生。

埃里克森进一步扩展了弗洛伊德的理论，提出了人格发展的八阶段理论。在每一个发展阶段，人都面临着危机和冲突，只有解决这些冲突，才能够顺利发展。这里我们主要阐述学前儿童的发展。埃里克森所说的前三个阶段均涉及学前儿童面临的情绪冲突：一种是正面情绪，一种是负面情绪。学前儿童的主要任务就是解决所面临的冲突。教师和家长的任务是帮助学前儿童寻求积极的情绪，这在每一个阶段都很重要。

1. 第一阶段：信任对不信任（0~1.5岁）

这一阶段，婴儿的成长主要依靠成人的帮助，其发展任务是满足生理上的需要，发展信任感，克服不信任感，培养良好的品质。这一时期，如果母亲对婴儿的需求信号敏感，能够积极回应婴儿，对婴儿温柔、有耐心，有规律地照顾婴儿的生活，婴儿会因此对母亲产生信任，进而认为他人是可靠、可依赖的，将来可能成长为一个易于信赖他人和满足的人；如果母亲对婴儿的需求信号不敏感，经常不回应婴儿或用忽冷忽热的方式回应婴儿，会造成婴儿对母亲的不信任，认为世界是不安全的、他人是不可信赖的。信任感的建立会影响婴儿长大后的人际安全感，影响其与周围环境的互动模式。

本阶段的主要社会动因是母亲。这一阶段的发展任务如果能顺利完成，儿童将养成良好的品质，即敢于冒险、不怕挫折；如果不能顺利完成，则可能会形成胆小懦弱、没有安全感的人格特征。

2. 第二阶段：自主行动对羞耻与怀疑（1.5~3岁）

随着生理的成熟，这一阶段的儿童已经具备了自主行动的愿望和能力，其发展任务为：获得自主感，克服羞怯和怀疑心理，形成意志品质。儿童需要向家长学习独立，相信自己能够独自做事情，如自己吃饭、穿衣、上厕所，以及讲究卫生等。如果父母允许儿童自己探索，给他空间让他自己完成这些活动，儿童就会获得自主感，实现自己的意志；如果父母不允许儿童自己完成这些活动、管教过于严格、不公正或对儿童自己完成活动的结果表示不满意，则可能引起儿童对自己的能力产生怀疑，感到羞耻。

本阶段的主要社会动因是父母。这一阶段的发展任务如果顺利完成，儿童将养成良好的意志品质；如果不能顺利完成，则可能会形成自我怀疑的人格特征。

3. 第三阶段：主动对内疚（3~6岁）

这一阶段的发展任务为：获得主动感，克服内疚感，实现体验目的。这一阶段的儿童已经具备了一定的自主能力且精力旺盛，热衷于游戏，他们渴望像成人一样做事，有自己的想法，坚持自己的观点。主动性强的儿童具有丰富的想象力和创造性，应该有创造、自我表达和冒险的自由，希望与同伴一起创造、发明、冒险。如果成人鼓励这些尝试，儿童就会变得非常独立自主；如果遭受成人的批评阻止，他们就会觉得特别内疚。成功地解决这一危机需要达到一种平衡：儿童可以保持这种主动性，但是要学会不侵犯他人的权利、利益。

本阶段的主要社会动因是家庭。本阶段的发展任务如果顺利完成，儿童可能会实现体验自由的目的；如果不能顺利完成，则可能会导致儿童形成容易内疚、自责的人格品质，对自己丧失信心。

四、认知发展学说的儿童发展观

认知发展学说主要研究儿童在发展过程中心理能力方面发生的变化。认知发展理论的代表人物是皮亚杰，这一理论认为：知识是儿童主动建构的，对学习来说，积极解决问题、培养社会交往和语言能力是必要的。

（一）心理发展的实质

皮亚杰认为知识是儿童通过活动建构起来的，他的理论也常常被称为"建构主义"。他认为每个儿童生来都具备一些简单的知识结构——认知图式，之后通过他们自身的活动不断去同化外界的事物，如果外界的事物不能被同化进原有的图式，儿童就会调整和扩充自己的图式，以顺应外界的新鲜事物，最终使自己的认知图式与外界事物重新达到平衡。

皮亚杰认为，同化是指儿童运用现有图式来解释新经验，并将新现象纳入现有图式的过程，是量的变化；顺应是指儿童改变已有的图式，以纳入和适应新经验，是质的变化。他认为儿童心理发展的实质就是个体在和环境发生不断的交互作用中，对环境的适应过程，也就是打破旧平衡、建立新平衡的过程。

案例

暑假，不满2岁的婷婷跟着爸爸妈妈第一次来到了乡下老家，这里有很多事物都让她觉得很新奇。有一次，她看到了一只动物从邻居家的院子里跑了出来，大声地喊："爸爸，看，狗！"爸爸转头一看，原来是一只羊，以前婷婷从来没看到过羊，爸爸决定趁此机会让婷婷认识一下。他们跟着羊来到村子后面的草丛里，仔细观察起来。婷婷发现这只动物跟狗不一样，它会吃草，会发出"咩咩咩"的叫声，头上还长了角。婷婷的脸上露出困惑的表情，仿佛在问"这是什么？怎么跟狗狗不一样呢？"爸爸随后告诉她："这是羊。"这时，婷婷露出了满意的笑容，大声地说："羊！"

在这个故事中，婷婷第一次见到羊，她努力地在自己的原有的认知图式中寻找相似的动物，她见过狗，知道狗也有四条腿、相似的身材，所以决定把它叫作狗，这是一个同化的过程。可是后来她发现这种动物会发出"咩咩"的叫声，头上还有角，这与她原有的对狗的认知图式不符，她感到很困惑。"这是什么呢？好像跟狗有点不一样呀！"这意味着她原有的图式被打破了，需要调整自己的原有图式去顺应"羊"这种动物的存在。在爸爸告诉她这是一只羊后，她的调整后的认知图式与外界事物相符，重新达到了认知的平衡。

（二）影响学前儿童认知发展的因素

1. 成熟

成熟指的是儿童生理成熟，主要指儿童神经系统和内分泌系统的成熟。儿童认知的发展离不开大脑发育的成熟度，一个刚出生的婴儿无法理解1+1=2的含义；但生理成熟也并不代表儿童认知能力的发展，一个5岁的儿童如果没有自身活动的经验和社会环境的影响，可能同样无法理解1+1=2的意义。因此成熟是儿童认知发展的基础因素，但只有成熟不足以促进儿童的认知发展。

2. 经验

这里的经验指的是儿童在与外界环境互动过程中获得的知识。经验是影响儿童认知发展的重要因素，因为新的认知图式就是在他们与环境的交互活动中建构起来的。皮亚杰特别重视儿童的数理逻辑经验及物体经验的发展。物体经验源于物体，指物体的体积、重量等抽象属性；数理逻辑经验源于儿童作用于物体的动作，比如通过自己的活动儿童认识到：物体（如橡皮泥）的体积与它是什么形状（球状还是饼状）没有关系。

3. 社会环境

儿童生活在一个有组织、有规则的社会中，社会生活、语言和教育都影响着儿童的认知发展过程。皮亚杰认为，语言和教育对人的心理发展的作用是以个体的认识结构为前提的，只有这种作用被儿童的认知结构接受时才有用。语言和教育可能会延缓或促进儿童的认知发展，影响认知发展的速度而不起决定性作用。如一个从来没有接受过知识教育的7岁儿童可能在他感兴趣的木工活动领域达到具体运算阶段的认知发展水平，而接受过知识教育的7岁儿童可能在许多活动中都比较多地表现出这种水平。关于社会环境的作用，与皮亚杰同时代的社会文化学派则认为，社会文化因素是儿童发展中的重要因素，不仅影响儿童认知发展的速度，还会影响儿童的思维方式，他们认为社会文化对认知发展起着很重要的促进作用。这点在下一节将会详细论述。

4. 平衡

平衡是指不断成熟的内部组织和外部组织的相互作用，它是同化作用和顺应作用两种机能的平衡，是一种具有自我调节功能的动态平衡。皮亚杰认为，平衡是儿童认知发展的决定性因素，它可以调节成熟、经验和社会环境三方面的作用。儿童打破旧平衡、建立新平衡，不断发展着的平衡状态，就是心理发展的过程。

（三）学前儿童认知发展的阶段

皮亚杰把儿童的认知发展分为四个阶段：感知运动阶段、前运算阶段、具体运算阶段、形式运算阶段。这四个阶段是连续的，每个阶段都有其独特的结构，按照由低到高的次序出现，前一阶段是后一阶段的基础，两个阶段并非截然分开，而是互有交集的。

1. 感知运动阶段（0~2岁）

这一阶段的儿童对语言的使用较少，早期主要依靠感知觉来探索外界事物。主要通过身体的动作，通过看、听、闻、触、尝等感官来探索事物。对婴儿来说，知识就是通过运动和感知获得的他们所需要的东西。后期，儿童开始出现智慧动作，能够在新情境中解决问题。

2. 前运算阶段（2~7岁）

这一阶段的儿童已经掌握了语言，在感知运动阶段的基础上，能够使用大量的词汇或符号来表征他们所遇到的事物。比如"苹果"一词就涵盖了苹果所具有的形状、颜色、味道等各种属性。语言的出现使儿童能够经常使用符号来代替外界真实的事物，具有形象思维。比如这一阶段的儿童在"过家家"游戏中，可能会把一块木板当作电话。皮亚杰之所以把这个阶段称为前运算阶段，是因为他认为学前儿童的思维受知觉形象的束缚，思维具有表象性和具体性，还没有获得逻辑思维的运算图式。皮亚杰所做的大量的守恒实验证明，儿童还没有掌握守恒的概念，如图1-1所示。

阶段1　　　　　　　　　　　　阶段2

"这两排扣子的数量是一样多　　　"现在我在做什么？"
还是不一样多？"　　　　　　（主试将第二排扣子间的距离拉大）

阶段3

"现在这两排扣子的数量一样多还是不一样多？"

图1-1　皮亚杰的守恒实验

3. 具体运算阶段（7~12岁）

这一阶段的儿童开始具有逻辑思维和运算能力，通过对体积、数量和重量进行推理，获得守恒性和可逆性的概念；把概念体系用于具体事物；逐渐能够运用守恒原则。

4. 形式运算阶段（12岁以上）

这一阶段儿童不再依靠具体事物来运算，能够脱离具体事物进行抽象概括，能够做出几种假设推测，并通过象征性的操作来解决问题；达到认知发展的最高阶段；同成熟的成年人的思维能力相当。

五、社会文化历史理论的儿童发展观

案例

2岁多的铭铭和琪琪住在同一个小区，经常在一起玩。有一天，琪琪正在玩扭扭车，铭铭带着新买的玩具汽车来找她玩。琪琪看到铭铭的玩具汽车很漂亮、很好玩，突然就伸手去抓。铭铭拼命抓紧汽车不给她，琪琪哭了起来。铭铭的妈妈赶紧走了过来，抱起琪琪："琪琪怎么了？"

"铭铭不给我玩汽车……"琪琪哭着说。

铭铭气呼呼地说："她抢我玩具！"

铭铭妈妈对琪琪说："你并不是想抢哥哥的玩具，只是想玩一会儿对吗？"

琪琪说："是的，我想玩一会儿。"

铭铭妈妈说："铭铭，琪琪只是想玩一会儿，一会儿就还给你，你能借给她玩一会儿吗？"

铭铭说："我还想玩呢。"

铭铭妈妈说："你们都想玩这个玩具汽车，那么轮流玩怎么样？"

铭铭说："嗯……不要……不给她玩。"

铭铭妈妈说："那你们交换玩具怎么样？你看琪琪的扭扭车还会发光呢！你不是最喜欢这样的扭扭车了吗？琪琪，你愿意跟哥哥交换玩吗？"

琪琪："嗯，好。哥哥，我们交换吧？"

铭铭："好吧。"

琪琪拿着玩具汽车在凳子上玩了起来，铭铭则开着扭扭车到处跑，不一会儿两个儿童又快乐地一起玩了起来。

社会文化历史理论最著名的代表人物是苏联心理学家维果茨基（Vygotsky，1896—1934），该理论认为儿童通过活动建构知识，但它认为儿童的学习是一种社会活动，成人和同龄人在儿童学习中具有重要的作用；学习受语言、社交和文化的影响，而不像皮亚杰所说的是内化的、通过个人探索发现实现的。

（一）心理发展的实质

维果茨基把人的心理机能分为两种：一种是低级心理机能，它是人类在适应自然的过程中进化而来的，如感知觉、不随意注意、情绪等；一种是高级心理机能，它是人类在社会生活历史中发展出来的，如随意注意、抽象思维、高级情感等。

维果茨斯基认为，人类心理发展的实质就是在环境与教育的影响下，由低级心理机能转化为高级心理机能的过程。在这个过程中，语言是重要的中介工具，语言的使用使人的心理机能由低向高发生了质的变化。

（二）教学与发展的关系

社会文化历史理论认为，成人和同龄人影响着儿童的学习行为，而社会影响学习的内容和教学的方式。正如前文中"铭铭和琪琪"的案例所述，铭铭和琪琪的行为学习受到了社会文化的影响，我们的文化期待人与人之间和谐相处、交换分享，这种期望表现为铭铭的妈妈教给了他们合适的行为方式——轮流和交换。在教学与发展的关系方面，维果茨基提出了几个重要观点：最近发展区、最佳学习期和支架式教学法。

1. 最近发展区

最近发展区是维果茨基最具特色的概念，他把儿童面临的任务分为三种，第一种任务儿童能够独立解决，不需要老师的帮助；第二种任务范围（最近发展区）超出了儿童的现有水平，但是可以在成人或老师的帮助下完成；第三种任务对儿童来说太难，儿童根本无法独立完成，需要教师或"有经验的"同伴直接干预。

对儿童的学习来说，最近发展区是教学最能取得效果的地方。所有的教学都应该针对学生最近发展区的上限，通过合作或教师的指导，帮助学生获得独自解决问题的能力。

2. 最佳学习期

维果茨基认为，儿童的各种学习都有最佳时期，如果错过了最佳时期，对儿童智力的发展是极为不利的。真正合适的教学应该以儿童的发育和成熟为基础，建立在开始发展但尚未形成的心理机能之上，走在心理机能形成的前面。

3. 支架式教学法

支架式教学法是指改变帮助的技巧。在教学过程中，老师或有经验的同伴根据学生当时的表现水平来调整辅导的量。对话是最近发展区中实现支架式教学法的重要工具。比如一名正在玩七巧板的儿童被一块板的位置难住了，如果他通过自己的尝试解决了这个问题，那么老师可以不去帮他，维果茨基认为教育的最终目的就是独立思考；如果他被彻底难倒了，那么老师或家长可以直接告诉他应该怎么放，或者给他换一个简单的拼图玩具；如果他即将完成拼搭（最近发展区），那么家长可以提示他："看看这里，这边是不是长一点……这边呢？是不是短了一点……再看看有没有办法调一个面……"

六、其他较有影响的儿童发展观

（一）生态系统理论的儿童发展观

生态系统理论是由美国心理学家布朗芬布伦纳在1979年提出的，与先前各学派理论的视角不同，该理论更直接地关注儿童在大社会中的发展。生态系统理论批评心理工作者和教育者不应该只关注个人的成长和行为，而忽视儿童成长的生态系统；它强调儿童所处的众多社会机构和环境对其发展产生的影响，如社区、学校以及政治体制。

布朗芬布伦纳把影响人类发展的环境和机构称为生态，人类生活在多重生态组成的大系统之中。他把生态系统比喻成俄罗斯的嵌套娃娃，每一个娃娃都嵌套在下一个当中，儿童处于系统的中心。如图1-2所示。

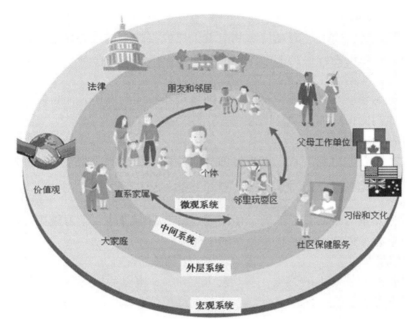

图1-2 布朗芬布伦纳的"生态系统"

第一层是微观系统，它最直接地影响着儿童的发展。微观系统由儿童直接接触的环境中所有的机构、经历和影响组成，包括家庭、学校、社区等。

第二层是中间系统，微观系统中的机构相互影响，如学校影响家长，家长又反过来影响学校。两个或多个微观系统环境之间的相互联系和彼此作用产生了中间系统，如家庭与学校的关系、学校与社区的关系、家庭与同伴的关系等。根据生态系统理论，如果微观系统之间建立了稳固的支持性的联系，就会促进儿童的发展。

第三层是外层系统，这个系统间接影响儿童的发展，是由不直接参与儿童生活却对儿童生活经历有影响的人或机构组成的。如父母的工作环境、学校的整体计划、社区经济情况等因素。

第四层是宏观系统，包括社会的总体价值观、世界观、法律及风俗习惯，它规定如何对待儿童、教给儿童什么，以及儿童发展的目标。有研究发现，在尊重和关爱儿童的文化中，虐待儿童的现象比较少见。

最后，布朗芬布伦纳还提出了时间维度。时间维度强调了儿童的发展变化。生态环境的任何变化都影响着儿童的发展方向。如父母离婚对儿童会有很大的打击，儿童可能会有负罪感，而且幼儿的负罪感会比青少年更强一些。

（二）中国儿童心理学家的儿童发展观

1. 陈鹤琴的儿童发展观

中国儿童心理学的研究开始于陈鹤琴（1892—1982）的儿童教育工作。他认为，儿童不同于成人，作为一个独立的个体，不同儿童有各自的身心特点，有自己的需要、兴趣、情感和性格。

1) 好奇

儿童具有强烈的好奇心，对新鲜事物有着天然的兴趣。好奇心使他们善于发问、善于思考，随着他们接触的新鲜事物的增多，他们的知识得到扩展。

2) 好动

儿童感知觉的发展与其动作密不可分，随着动作技能的发展，而自制力还不完善，强烈的好奇心使他们变得更加好动。

3) 好模仿

模仿是儿童学习的重要方式，许多行为习惯都在儿童的模仿中养成，因此成人应该为儿童树立良好的榜样。

4) 好游戏

陈鹤琴认为儿童的游戏是天然的，他们通过游戏锻炼身体、学习规则、丰富精神以及发展智力、想象力、创造力，游戏是儿童的工作。

5) 好群体活动

儿童很早就产生了对人的感觉，喜欢与人互动。3岁以后更喜欢跟同伴一起玩，孤独对他们来说很难忍受。

6) 好野外生活

如果儿童整天待在家里，就会闷闷不乐，到处"惹是生非"，破坏力十足；一旦走出家门，就兴奋不已。尤其当他们到了野外，来到大自然当中，更是会充分展现出生机勃勃、充满活力的特性。

2. 朱智贤的儿童发展观

北京师范大学教授朱智贤（1908—1996）曾师从陈鹤琴学习儿童心理学，后来他根据自己多年的研究，设计了一套完整的儿童心理学体系，对中国的儿童心理学发展产生了深刻的影响，也受到了国际心理学界的关注。

朱智贤创造性地使用唯物辩证法来系统地探讨儿童心理发展的基本问题。

1) 先天与后天

朱智贤认为先天来自后天，后天决定先天。先天的条件奠定了儿童发展的生物学基础和发展的可能性，而后天的环境和教育为这种可能性提供了实现的条件，决定了儿童发展的内容和方向。后来他自己及其他人的研究都证实了这样的观点。

2) 内因与外因

朱智贤认为在实践中，儿童的已有水平和新的心理需要之间会产生矛盾，这个内部矛盾（即内因）是心理发展的动力，外部的环境和教育（外因）必须通过内因才能产生作用。

3）教育与发展

朱智贤认为儿童向哪方面发展，以及如何发展，不是由外因机械决定的，也不是由内因单独决定的，而是由适合内因的某些外部因素（主要是教育）决定的。但教育不是万能的，只有适合儿童的内因才能起作用。

4）年龄特征与个别特点

儿童心理发展产生质的变化，会通过年龄特征表现出来。年龄特征具有稳定性，也具有可变性，表现为普遍性和特殊性的统一。

检测你的学习

1. 单项选择题

（1）学前儿童所指的儿童年龄阶段是（   ）。
A. 0~3 岁　　　　　B. 0~6 或 7 岁　　　　C. 3~6 或 7 岁　　　　D. 1~3 岁

（2）研究学前儿童最常用的方法是（   ）。
A. 调查法　　　　　B. 实验法　　　　　　C. 观察法　　　　　　D. 临床法

（3）婴幼儿最早、最快发展的是感知觉和动作，想象和思维在 2 岁左右才出现，个性形成得更晚，这说明儿童心理发展具有（   ）。
A. 个别差异性　　　　　　　　　　　　B. 不均衡性
C. 方向性和顺序性　　　　　　　　　　D. 连续性和阶段性

（4）照料者对婴儿的需求应给予及时回应，是因为根据埃里克森的观点，在生命中第一阶段的婴儿面临的基本冲突是（   ）。
A. 主动对内疚　　　　　　　　　　　　B. 信任对不信任
C. 自我统一性角色混乱　　　　　　　　D. 自主行动对羞耻与怀疑

（5）按皮亚杰的观点，2~7 岁儿童的思维处于（   ）。
A. 具体运算阶段　　　　　　　　　　　B. 形式运算阶段
C. 感知运动阶段　　　　　　　　　　　D. 前运算阶段

（6）教育万能论是（   ）提出的。
A. 华生　　　　　B. 斯金纳　　　　　C. 埃里克森　　　　　D. 皮亚杰

（7）格塞尔认为支配儿童心理发展的两个因素是（   ）。
A. 成熟和实践　　　B. 实践和学习　　　C. 成熟和学习　　　D. 成长和学习

2. 简答题

（1）俗话说："有其父，必有其子。"说明遗传在幼儿心理发展中起决定作用。你同意这一观点吗？请用所学的理论知识进行分析。

（2）如何运用观察法来研究学前儿童的心理特点？

（3）有人认为：组织好幼儿园五大领域的教学和游戏最重要，关注幼儿心理特点为其次。你怎么看待这一观点？

（4）结合班杜拉社会学习理论的主要观点，谈谈你对幼儿攻击性行为的看法。

（5）结合埃里克森关于婴幼儿阶段的人格发展学说，你认为学前儿童教育的重点有哪些？

3. 材料分析题

（1）请分析下列材料中教师观察记录和分析的优缺点，并提出修改建议。

观察记录（观察对象：小一班黄点点）

第一天上午，我请每个小朋友都说一首儿歌，点点坐在座位上哭了，问了半天也没说话，可能是不会说。

第二天中午，上床午睡脱衣服时，点点又哭了，原来是不会脱衣服。

第三天中午，午餐吃牛肉时，点点又哭了，原来是不爱吃牛肉。

观察分析：点点是从小班升上来的儿童，按理说，应该已经适应幼儿园生活了。可在班上，一整天也听不到他讲一句话，遇到问题总是哭。向家长了解后得知，点点是奶奶带大的，3岁了才会讲话，再加上胆子小、内向，所以只要遇到问题就会哭。今后我要多注意他的语言培养，给他提供更多的表达机会，积极与家长进行沟通，在提高点点语言表达能力上做些努力。

（2）《爸爸去哪儿》中5岁的杨阳洋和3岁的"姐姐"照顾几个月大的婴儿，3岁的"姐姐"一直哭着找爸爸曹格，而5岁的杨阳洋一个人坚持照顾婴儿并完成了任务。

请结合材料，分析学前儿童心理发展的规律和趋势。

（3）4岁的当当来到建构区，另外两个儿童正在搭积木。他进去以后，其中一个儿童大喊："当当不能来玩！"当当没理他，走到他们正在搭建的城堡旁边，他从刚刚那个叫喊的儿童头上抓起那顶塑料的消防员帽子。这个儿童抗议："不行，还给我！"当当使劲把他推倒在地上。这个儿童大哭起来，向老师求助。

试从不同的理论观点出发，思考：老师该如何应对？她会对当当说什么？她会对另一个儿童说什么？她应该如何教育才能使当当学会与同伴交往？

第二章 学前儿童心理发展的年龄特征

本章导航

学前儿童的发展是一个持续、渐进的过程，同时也表现出一定的阶段性特征。从在妈妈子宫内孕育的胎儿到呱呱坠地的新生儿，从蹒跚学步的婴儿到能写会画、能说会想的幼儿，从坐、爬、站立到行走，从牙牙学语到流畅说话，从不谙世事到成为一个独立的自知自省的个体……人类在人生的前几年中，会经历奇迹般的变化和成长。总体来看，学前期的儿童是从无知、无能的生物个体转化为具有一定思想认识和独立的社会个体。

专业的学前教育工作者必须掌握每一个年龄阶段学前儿童的心理发展特点，了解学前儿童不同阶段的一般特征，以更好地促进儿童生理和心理全面、健康地发展。本章将结合理论研究和生动案例，具体阐述自出生到入学前的儿童在乳儿期、幼儿前期、幼儿期三个年龄阶段心理发展的典型特征。

学习目标

1. 了解学前儿童心理发展年龄特征的相关概念及特点。
2. 了解乳儿期儿童心理发展的一般特征。
3. 掌握幼儿前期儿童心理发展的一般特征。
4. 掌握幼儿心理发展的一般特征。

知识结构

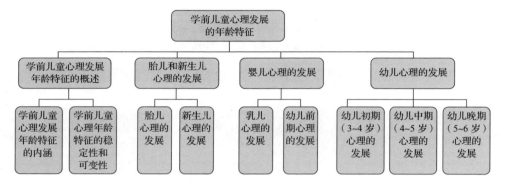

第一节 学前儿童心理发展年龄特征的概述

一、学前儿童心理发展年龄特征的内涵

学前儿童心理发展的年龄特征是指在一定的社会和教育环境下，儿童在每个年龄阶段中形成并表现出来的一般的、典型的、本质的心理特征。具体包括以下含义：

（一）儿童心理发展的阶段，一般以生理年龄划分为标志

年龄是个体生长发育过程中的纵向标志。在一定的社会环境和教育条件下，儿童自出生到6岁入小学，大约经历了这几个重要时期：胎儿期、乳儿期、幼儿前期、幼儿期。这些时期的划分主要依据的是儿童不同的年龄阶段。一方面，儿童的生理年龄特征是其心理年龄特征形成的自然前提。因为在儿童发育的最初几年，先天生理条件对其的心理发展水平影响较大，遗传影响及先天的身体发育水平会制约儿童出生后认识世界的方式。另一方面，不同的划分方式将每个年龄阶段划分为不同的时长，有的是几个月，有的是一年，有的是两三年，这些阶段之间既相互联系，又有各自的特征，新的年龄阶段会取代旧的阶段，它们之间不会等待、调整，更不会倒退。儿童在不同的年龄阶段接触和认识世界的方式不同，其心理发展特征也是在前一个阶段的基础上得到进一步的延伸和强化。

但要注意的是，在考虑儿童心理发展的年龄特征时，从生理发育的因素考虑是必要的，但不能将儿童的心理年龄特征与实际年龄划分完全一一对应，因为每一年龄期的长短和心理表现特征大体上是稳定的，但现实中个别情况会有出入。

（二）儿童心理年龄特征是在一定的历史条件和社会环境下形成的

儿童的发展是在其所处的社会环境中，通过环境提供的活动和交往的机会，逐渐对历史经验和人类文化的同化及顺应。因此，维果茨基提出了儿童发展的历史主义原则和在活

动中发展的两个原则。他认为，儿童的年龄分期和每个时期的特点、内容取决于其生存的具体的历史条件和社会环境，社会组织或个人提供的教育教学影响儿童的发展。社会科技文化的进步和生产力水平的提高都改善着教育机构及成人的教育教学内容和水平，儿童需要预留更多的时间来学习知识经验、生活技能，为将来参与社会生产劳动做准备。因此，社会生活的飞速变化也影响着儿童的心理发展，儿童心理的年龄特征也随之发生改变。儿童每一时期的心理发展变化都是内部条件与外部环境相互作用、融合的结果，这些内部条件和外部环境会在相应的年龄阶段制约儿童的心理发展动态，也制约在某阶段结束时形成的新的、独特的心理发展产物。另外，儿童在每一个特定的年龄阶段都有特殊的行为活动方式，这些活动方式会影响儿童性格特点的建构，并且影响下一阶段认知发展的可能性及新的主导活动。

（三）强调心理发展的年龄特征

这里所说的年龄特征主要指心理发展的年龄特征，区别于生理发育的年龄特征。学前儿童的心理年龄和其实际年龄并不是完全对应的。例如，有的儿童发展较快，他的心理年龄可能比实际年龄大；相反，有的儿童的心理年龄可能小于其实际年龄。儿童的心理年龄常常和实际年龄有所出入。

总之，儿童的年龄特征不会随着年龄的增长而自发形成，每一年龄阶段的主导活动都促使个体产生与之相符合的品质特点，当从一类主导活动转入另一类主导活动时，标志着儿童年龄阶段的更替。

（四）学前儿童心理发展年龄阶段的划分

现有的研究对年龄阶段的划分还存在一定的争论，总结已有研究资料可以发现有以下几种划分标准：将生理发展作为划分标准；将智力发展作为划分标准；将个性发展作为划分标准；将活动特点作为划分标准；将生活事件作为划分标准。我国现在通用的划分标准是依据儿童心理学研究结论和教育实践经验提出的，将儿童心理发展阶段划分为胎儿期（受精至出生）、乳儿期（0~1岁）、幼儿前期（1~3岁）、幼儿期（3~6岁）、学龄初期（6~12岁）、少年期（12~15岁）和青年初期（15~18岁）。

参照我国学制对儿童发展阶段的划分，学前儿童是对正式进入学校教育阶段前的儿童的统称，包括胎儿期（受精至出生）、乳儿期（0~1岁）、幼儿前期（1~3岁）、幼儿期（3~6岁）四个时期，如表2-1所示。

表2-1 学前儿童心理发展的年龄阶段划分

阶 段	年龄分期
胎儿期	受精至出生
乳儿期	新生儿期（0~1个月）
	1~12个月
幼儿前期	1~3岁
幼儿期	3~6岁

二、学前儿童心理年龄特征的稳定性和可变性

一般来说,在一定社会环境和教育条件的影响下,儿童心理年龄特征具有一定的稳定性和普遍性。如阶段的顺序,每一阶段的变化过程和速度大体上都是稳定、一致的。但由于社会环境和教育条件在儿童身上所起的作用不尽相同,儿童心理年龄特征又具有可变性。

(一)学前儿童心理年龄特征的稳定性

学前儿童心理年龄特征是在一定的社会环境和教育条件下,对各年龄阶段儿童心理发展共性特征的描述和概括,如阶段发展的顺序性,各阶段变化的过程和速度大体上是稳定、相似的,有规律可循。儿童心理年龄特征具有稳定性的原因是:儿童的心理发展是在与人类的知识经验和社会活动的相互作用中循序渐进的,心理机能经过了一个又一个量变到质变的过程,从而实现和提高自我。

首先,儿童大脑的机能和结构的发展要经过一个特定的顺序和过程,而个体神经系统的关联和完善也是有一定次序的。

其次,人类流传下来的知识经验,其因果关系、难易程度也是有顺序性的,儿童要学习并掌握这些知识经验也要循序渐进,不能跳跃或是揠苗助长。

最后,儿童从感知、学习到逐步掌握人类的知识经验,进而促进心理机能发生变化,也是个不断尝试、提高、从量变到质变的过程。

(二)学前儿童心理年龄特征的可变性

由于儿童所处的社会环境和教育条件不尽相同,加之个体的先天遗传因素不同,因此儿童心理发展的过程和进度存在个体差异。儿童心理年龄特征具有可变性的原因是:儿童心理年龄特征的形成既受个体先天条件的影响,又受后天的社会环境和教育条件的制约,因为儿童后天所经历的教育氛围和生活水平是各不相同的。

首先,不同种族、不同社会文化、不同国家的儿童,他们的价值观、社会道德是不完全相同的。另外,儿童在漫长的成长成熟过程中,难免会遇到一些家庭、生活中的重大变故,如父母离婚、亡故,自然灾害,身体伤害事故等,这些都可能对个体的心理健康发展造成不同程度的影响。

其次,由于不同地区、民族、国家的经济发展水平有差距,因此对教育的重视程度和能提供的条件也不同。此外,经济发展还影响着教育的科学研究及教学方法的改进。如果教育教学改革的发展能充分考虑受教育对象的认知规律和特点,设计出符合儿童需求与能力水平的课程内容,就能在最近发展区的基础上更快地促进儿童学习和心理的发展。反之,教育理念落后,教学设计不科学,儿童的心理发展速度也会受到严重影响。

第二章　学前儿童心理发展的年龄特征

一对分开抚养的同卵双生子

美国明尼苏达双生子和收养研究中心主任布查德及其同事曾经研究了一对同卵双生子，他们的名字分别是奥斯卡·史特和杰克·耶夫。像很多同卵双生子一样，他们既有一些明显不同的性格，也有很多让人难以置信的特征或行为倾向。他们具有不同的政治立场和信仰，杰克目前是一位政治自由主义者，奥斯卡则是保守主义者。

然而，他们也有一些引人注目的相似之处。在年轻时，两人都擅长运动，而且数学学习都有困难；他们有相似的怪癖，都有心不在焉的特点；他们都喜欢吃香辣的食物和喝甜酒，都喜欢搜集戴在手腕上的橡胶箍环，都有如厕前冲水的习惯。

（资料来源：谷传华. 儿童心理学［M］. 北京：中国轻工业出版社，2010.）

需要注意的是，儿童心理年龄特征的稳定性和可变性都是相对的，而不是绝对的。表现为社会文化和教育条件对儿童心理年龄特征的影响是在一定的范围内作用的，在整体框架的系统性和稳定性上，有一定程度的浮动。由于年龄特征的稳定性，关于心理发展年龄特征的科学研究结论具有跨地区、跨种族、跨文化的相似性和共同表现。而在一定范围内的可变性，又揭示了我们可以从社会文化和教育进步的角度研究促进儿童心理健康发展的方法。所以，在研究和教学实践中，不能过分片面地强调稳定性或可变性，要全面、辩证地看待两者在儿童心理发展中的作用和关系，这样才能科学地把握儿童心理年龄特征的实质。

第二节　胎儿和新生儿心理的发展

个体的生长发育是从一个受精卵开始的，胎儿期的发育作为个体生理和心理发育的基础阶段，对了解出生后乳儿的心理发展具有重要意义。乳儿出生后的第一年是个体生理和心理发育最为迅速的时期，这一时期的心理发展程度和水平对个体今后的发展具有长远的影响。

一、胎儿心理的发展

受精卵也称为合子，是由卵子和精子结合组成的。胎儿的宫内发育时间，从孕妇末次月经的第一天开始，一般以 40 孕周，即 280 天左右为孕期。受精卵形成后的 38 周所经历的变化可分为胚种期（0~2 周）、胚胎期（3~8 周）、胎儿期（9~38 周）三个阶段。每一个人都要经历一段漫长的从受精卵、胚胎孕育到出生的过程，胎儿的发展发育既是起点，也是人生中生理、心理发育过程的奠基阶段。

拓展阅读

绘本"小威向前冲"

小威是个小精子，他和3亿个小精子住在一起，他们都住在布朗先生的身体里。在学校里，小威的数学实在不好，不过，他可是个游泳高手！眼看着游泳冠军赛的日子一天天近了，小威每天都认真地练习，3亿个小精子也一样。冠军只有一个奖品，就是一个美丽的卵子，这个卵子住在布朗太太的身体里。

上课的时候，老师问："有3亿个小精子参加比赛，你总共要打败几个精子才能得到冠军，赢得卵子？"小威回答："10个！"他的数学实在不好，不过他可是个游泳高手！

游泳冠军赛的日子终于到了！老师分给每个小精子一副蛙镜，一个号码牌，还有两张地图。一号地图是布朗先生的身体地图，二号地图是布朗太太的身体地图。那天晚上，布朗先生和布朗太太亲密地在一起。老师大喊："出发！"游泳冠军赛开始了！冲啊！小威拼尽全力往前冲，好像他的一生就看这次的表现了。他的好朋友小布也在拼命向前游。小威还真是个游泳高手！耶！第一名！卵子长得很可爱，身体软绵绵的，小威越靠越近……最后，不见了！

接下来，奇异的事情发生了，有个东西开始成长。它不停地长啊长，长得比卵子还大，长得比布朗太太的肚子还大。就这样，布朗太太的肚子开始变大，直到……小宝宝诞生了！是个小女孩，爸爸妈妈叫她小娜。

研究结果证明：到妊娠第5周，胚胎能够分出前脑、中脑、后脑三个主要部分。到妊娠第8周末，神经系统的大体结构已基本形成。神经系统和脑的结构不断发育，为胎儿心理机能的形成提供了物质基础。

（一）感觉的发生

生理学家的研究证实胎儿具有五种感觉：视觉、听觉、嗅觉、味觉和肤觉。胎儿最早形成的是肤觉，其次是听觉。正是因为胎儿具有这五种感觉，才使胎教具有可行性。妊娠第4个月，胎儿的耳朵、眼睛等感觉器官逐渐形成和发展起来，此时胎儿对外界的声音、光线和动作不再无动于衷，而是逐步有了反应。

1. 视觉

妊娠第7周，眼睛形成；妊娠第10周，出现连接眼球和大脑的视神经；妊娠第12周，出现眼睑；妊娠第28周，眼睑打开。

胎儿在4个月时，如果母亲进行日光浴，胎儿就可能有所察觉，表明胎儿已经对光线很敏感了。用胎儿镜观察发现，当胎儿入睡或体位改变时，他的眼睛活动次数就会增加。

在妊娠后期，如果将光线送入子宫内，胎儿的眼睛活动次数也会增加；而多次强光照射会使胎儿安静下来。在光线照射后用脑电图监测，可见胎儿脑部对光线照射有反应；用电光一闪一灭地照射母体腹部，经过B超监测会发现胎儿心率出现剧烈变化。

2. 听觉

大量的生理学、心理学研究发现，孕4个月时，胎儿的听觉系统已经建立。有人认为，孕4个月时食物经过孕母消化道产生的肠鸣音、有节奏的呼吸、心脏持续节律的跳动，以及每次心脏收缩血液快速流进子宫的声音，胎儿都能听到。同时，胎儿可听到宫外的声音。研究人员曾把一只微型话筒经阴道插入子宫，听里面的声音，结果吃惊地发现，胎儿生活的空间竟十分吵闹。首先，我们可以想象，怀孕期间母亲腹腔内的子宫是一个非常吵闹的环境。子宫内有波动的羊水，子宫壁上附着巨大的胎盘，在胎盘和胎儿之间又有包裹着两条动脉和一条静脉的脐带，当血液从胎盘流至胎儿时势必会不时发出微微的流动声。其次，母体的腹腔内还会产生从胸腔传来的有节奏的心音，有来自胃肠道不断发出的蠕动声。最后，母亲生活的外界环境更充满了各式各样的声音，其中既包括音响里播放的悦耳的音乐声、电视里传出的各种对话，也包括街道上嘈杂的汽车喇叭声、摊贩的叫卖声，还包括家庭里的各种对话和开门、关门的声音等。这些声音都会传入胎儿的耳内。如果加以分析、比较，在这些声音中，最为嘈杂的当属母亲胃肠道发出的咕噜咕噜的蠕动声，最为动听并能支配胎儿所处环境的声音，是母亲富有节律的心跳声。如果其节奏正常，胎儿就会知道一切正常，胎儿会因感到所处环境安全而无忧无虑。可见，在胎儿的整个发育过程中，听觉给胎儿带来的影响最大。因此，在胎教中，利用胎儿的听觉对胎儿实施教育也相应占据重要的地位。

到孕28周以后，胎儿的听觉已经发育得较好，对外界的声音刺激较敏感，会有喜欢或讨厌的反应及面部表情。胎儿最喜欢、最熟悉的声音是母亲的心跳声。当胎儿听到强烈的音响，如摇滚乐时会使劲地踢脚，而听到优美舒缓的乐曲时会安静下来。听阈（能听到的声音强度）在孕27~29周约为40分贝。孕8个月时，胎儿能听出音调的强弱与高低，能区别声音的种类且反应敏感（能分辨出父亲或母亲的声音，并对较低频的父亲的声音更敏感）。

3. 嗅觉

嗅感觉器位于上鼻道及鼻中隔后上部的嗅上皮。孕6个月时，嗅觉开始发育，胎儿能够嗅到母亲的气味并记忆在脑中。孕8个月时，味觉感受性增强。但是，由于被羊水所包围，胎儿虽然已经具备了嗅觉，却无法一展身手，因此其嗅觉功能也就不可能得到较大的发展。尽管如此，胎儿的嗅觉在一出生时就能派上用场，新生儿在吃奶时能闻出母体的气味，而且只要一接近母亲就能辨别出来。

4. 味觉

胎儿12周时舌上出现味蕾，味觉在孕26周形成。从孕30周开始，胎儿已经有了发达的味觉，对羊水的味道有一定的鉴别力。新西兰科学家艾伯特·利莱（Albert Lilly）通过一个简单的实验证明胎儿的味觉在4个月时已经出现。他发现，当用不同的气味或味道的物质测试胎儿的反应时，其面部表情发展水平与成人一样。将糖水注入羊水中，可见胎儿的吸吮次数明显增多；将味道苦涩的油性液体脂醇注入羊水中，胎儿吸吮的次数明显减少。

5. 触觉

触觉的发育比视觉的发育相对早一些。妊娠早期，胎儿就能在羊膜内滑动；当自己的手触到嘴时，他的头会歪向一侧，并张口，这表明触动他的体表后他有感觉。妊娠后期，当隔着母体摸胎儿的头部、臀部和身体的其他部位时，胎儿的反应相对早期的表现有较大进步，他可以用嘴去吮手，表明胎儿对触觉有着灵敏的反应。用胎儿镜直接观察发现，用一根小棍接触到胎儿的手心时，能观察到胎儿的手指会紧握拳头；碰到胎儿足底时，其脚趾也会动，膝和髋还可以屈曲，有时连嘴都会张开。这些结果表明：胎儿不仅有触觉，而且接受刺激后会有不同反应。这种能力为开展胎教奠定了基础。

 拓展阅读

健康妊娠中应该做什么与不该做什么

应该做什么	不该做什么
在怀孕前接种能预防对胚胎和胎儿有危险的传染病（如风疹）的疫苗。在孕期接种大多数疫苗都是不安全的	未向医生咨询前不要服用任何药物
发现可能怀孕要马上去医院检查，并在整个孕期坚持定期检查	不要吸烟。如果你是个吸烟者，要减少吸烟数量或最好戒烟。避免二手烟，如果家中有其他人吸烟，让他们戒烟或到外面去吸
怀孕前和怀孕期间的饮食要均衡，并根据医生的意见补充维生素和矿物质，逐渐增加体重	从决定怀孕开始戒酒
适度运动，保持身体健康，最好能参加孕妇锻炼班	不要到可能使胎儿受影响的危险环境（如辐射或污染）中参与活动
避免情绪波动、压力过大	不要参与可能使胎儿受到传染病（如儿童期疾病、弓形体病）损害的活动
充分休息。过度劳累有患妊娠并发症的危险	不要吃未煮熟的肉。不要处理猫的排泄物，不要收拾经常有猫活动的花园，这些行为都会增加患弓形体病的危险
从医生、图书馆和书店等处获取一些关于孕期发育和保健的资料。就所关心的事情询问医生	不要在怀孕期间节食
和配偶或同伴一起参加妊娠和分娩教育课程。如果你们知道该期待些什么，分娩前的9个月将成为人生中最快乐的时光之一	不要在孕期增加太多体重，体重过重与并发症有关

（资料来源：劳拉·E·伯克. 毕生发展心理学（第4版）[M]. 陈会昌，等，译. 北京：中国人民大学出版社，2013.）

（二）记忆的形成

胎儿的记忆从何时开始呢？某些研究人员声称胎儿从第6个月开始就有记忆，也有一些研究人员认为是第8个月。不管是哪种观点，有一点是肯定的：胎儿在出生前就有记忆力，并能存储。胎儿的大脑在第20周左右形成。孕5个月时，大脑的记忆功能开始工作，胎儿能够记住母亲的声音并产生安全感。孕7~8个月时，大脑皮质已经相当发达。妊娠32周，胎儿大脑已如新生儿，脑电波能清楚地分辨胎儿的睡眠状态和觉醒状态，这是胎儿意识的萌芽时期。以下两个实验证明了这一点。

一是荷兰科学家指出胎儿在子宫中就在学习掌握短期记忆和长期记忆。马斯特里赫大学医院的范赫特朗领导的医学小组使用一种无害的振动声音刺激器来测试25名胎儿的反应。这些胎儿的胎龄在37~40周。这种刺激器每隔30秒放在孕妇肚子上，并且停留1秒，总共做24次。这样的试验在10分钟之后及24小时之后再做一次。胎儿的反应用超声波扫描仪记录。如果胎儿的躯体在感到振动的1秒之内移动，这就可以当成积极反应。

在25名接受测试的胎儿中，有19名在10分钟之后再进行测试时反应速度比第一次快。24小时后再做这项试验时，胎儿对这种刺激的反应速度也像第二次那样快。但是如果胎儿的肢体对刺激没有反应，就表明胎儿对这种现象已经熟悉了。范赫特朗曾说："胎儿能够记住刺激，尽管他们或许需要不止一种刺激才能形成对刺激的认识。"研究人员强调，整个试验过程都遵守了各种安全规则，以避免对胎儿造成伤害。胎儿的心脏得到了监护，并且这个试验在伦理委员会的监督下进行。

二是美国北卡罗来纳大学的狄加斯柏的一个实验。狄加斯柏对16名离预产期还差一个半月的妇女进行观察。先请母亲为胎儿朗读一本名为《帽中的猫》的书，并进行录音。母亲分娩后，他设计了一个实验，让新生儿吸一个奶嘴，奶嘴上接上录音机。如果用一长一短的吸法，就可以听到母亲朗读《帽中的猫》的录音；如果用长短不同的吸法，就可以听到母亲朗读另一本读物的录音。结果表明，大部分新生儿会选择一长一短的吸法，这说明胎儿可能有一定记忆能力。正是因为胎儿具有感知和记忆两种能力，所以胎教才有意义。

胎儿在宫内用大脑接收大量的信息，能判断其是否重要，并决定对哪一类信息做出反应，还要将某些信息传递的记忆储存起来，这就是记忆在工作。例如，胎儿对母亲的声音感到熟悉而产生安全感，是因为胎儿反复听到母亲的声音而产生了记忆。

二、新生儿心理的发展

形形是剖腹产出生的，当妈妈看到这个大眼睛的小精灵时，感受到生命是如此的神奇。医生拍打着他的小屁股，随着"哇"的一声哭喊，妈妈也留下了幸福的泪水。当妈妈想拥他入怀时，她困惑了，不知道怎样的姿势宝贝才感觉舒服。在医院的几天时间里，形形除了吃奶就是闭着眼睛睡觉，拉了大便就嗷嗷大哭，好像提醒大人要给他清理。出生后十几天，当妈妈把手指放在他的掌心上，他会抓得很牢。形形对妈妈的声音也越来越敏感，哭的时候，母亲的一声"宝贝，妈妈来了"就可以稳定他的情绪，偶尔还回复一个可爱的微笑！他看到颜色鲜艳、有响声的玩具就会瞪大眼睛看着。随着一天天长大，他伸直身体的动作越来越频繁，每伸长一次就感觉他的个子又增高了一点。

从出生到满月称为新生儿期。从胎儿到新生儿，个体经历了从寄居转变为独立个体的巨大环境变化，他们必须学会适应新的生活，而在适应新生活的过程，他们的心理也在不断地发展与完善。

（一）心理活动产生的基础——惊人的本能

过去，人们以为儿童刚出生时是无能的，什么也不会，可是近年来的研究材料表明：儿童先天具有应付外界的许多本领。天生的本能表现为无条件反射。这是人类为了生存遗传下来的先天本能，种类比较有限，只能对固定的几个刺激做出相应的反应，基本上是皮质下中枢的活动。无条件反射是条件反射的基础。因此新生儿为适应变化的环境，主要依靠神经系统的低级中枢控制的无条件反射。这些无条件反射是生物生存的本能反应，随着个体的成长，有些具有生存意义的会被保留，有的会逐渐消失。新生儿的无条件反射主要有：

（1）无条件食物反射。当手指、纱布、奶头等接触到新生儿的嘴唇或脸颊时，新生儿会立即转向物体方向，做出吃奶或觅食的动作，如吸吮反射、觅食反射。

（2）防御反射。当气流、强光、物体刺激眼皮、睫毛时，新生儿会眨动眼睛，或闭上双眼，或转向别处。

（3）定向反射。当新生儿感受到强烈的刺激，如强光、鲜艳的色彩时，会自动把目光朝向刺激的来源，或暂时停止当下进行的活动。

（4）抓握反射。又叫达尔文反射，将手指或其他物体放在新生儿的手掌中并按压，他会立刻紧握不放，甚至可以利用这股力量将身体悬挂起来。

（5）巴宾斯基反射。轻轻触碰新生儿的脚掌心，会刺激他的脚趾呈扇形张开，然后脚会向内蜷曲。这种反射会在8~9个月时消失。

（6）惊跳反射。又叫摩罗反射，当新生儿突然受到高声刺激或身体突然失去支撑时，会立即做出"拥抱"的姿势，背部呈弓形，头后仰，双腿蹬直，双臂伸开或向胸部回收。这种反射会在5~6个月时消失。

（7）击剑反射。又叫颈强直反射，当新生儿仰卧时，若将他的头部偏向一侧，他会伸出头所偏向侧的手臂和腿，而将另一侧的手臂和腿弯曲，类似击剑的姿势。

（8）游泳反射。托住新生儿的腹部，使他肚子朝下，他就会仰头、伸腿、摆动手臂做出游泳的动作。这种反射一般在5~6个月时消失。

（9）行走反射。成人双手扶住新生儿的两侧腋下，使其竖直站立，脚底接触一个平面，他的两腿会随即交替抬起，做出行走的动作。这种反射一般在2个月左右时消失。

新生儿的无条件反射有各自不同的性质：①有一些对新生儿维持生命和保护自己有现实的意义；②有一些对新生儿的生存没有实际意义，但它们在人类进化的历史上有着自己的意义，如抓握反射，人类祖先需要抓握、攀爬树来保护和维持生命；③有许多先天的无条件反射，在婴儿成长到几个月时，会相继消失，如行走反射。

阿普加新生儿评分

生命信号	分数		
	0	1	2
心率	微弱	低于100次/分	高于100次/分
呼吸能力	微弱	呼吸慢或呼吸没有规律	良好的啼哭,强有力的呼吸
肌肉张力	软弱的或柔软的	虚弱的,有一些手足弯曲动作	积极运动,强有力的手足弯曲动作
反射兴奋性	几乎无反应	微弱的啼哭、面部表情、咳嗽或打喷嚏	有力的啼哭、面部表情、咳嗽或打喷嚏
肤色	青紫,苍白	身体粉红,手足紫色	全身粉红

(资料来源:[美]Newman.发展心理学(第8版)[M].白学军,等,译.西安:陕西师范大学出版社,2005.)

(二)心理活动的产生——条件反射的出现

新生儿明显的条件反射出现在出生后2周左右。由于新生儿的大脑皮质和分析器有一定的成熟度,因而可能在外界刺激的影响下,在无条件反射的基础上形成条件反射。

新生儿最初的条件反射是由母亲的喂奶姿势引起的食物性条件反射,在这种条件反射形成以后,每当母亲把他抱在怀里时,他就会积极地寻找母乳,于是母亲高兴地说:"小家伙知道要吃奶了。"这种最初的条件反射是很低级的,适应性很差。但对新生儿来说是一个新的事物,是由大脑来实现的一种信号机能,它反映和揭示了刺激物的意义,从而使人能根据事物的信号和意义来调节自己的行为。因此,可以说条件反射的产生是新生儿心理发生的标志,标志着作为个体的人的心理、意识的最原始的状态。

新生儿的条件反射具有一些特点:①形成速度慢。新生儿的条件反射常常需要条件刺激物和无条件刺激物经过多次结合之后才能形成,有时甚至超过100次。②形成后并不稳定。如果不继续练习,就容易消失。③不易分化,容易泛化,对相似刺激都会做出同样反应。条件反射的出现,预示着个体心理活动的产生,如并非对母亲的各种抱的姿势都产生条件反射。

(三)认识世界的开始

大部分足月胎儿出生时就发育良好,具备完整的感觉器官,为个体感知觉和神经系统的发展做了必要的准备。胎儿与母体脱离联系之后,感知觉就成为新生儿与照顾者及周围环境之间新的纽带，以及其获取环境信息、应对刺激的重要方式。

新生儿不但会看眼前的物体，而且会对看的物体有选择性。他们爱看颜色鲜艳、轮廓清楚的东西，最爱看人脸。视觉训练：让新生儿采取仰卧位，在其胸部上方20~30cm，用红颜色或黑白对比鲜明的玩具吸引其注意，并训练其视线随物体做上下、左右、圆圈、远近、斜线等方向运动，来刺激视觉发育，发展眼球运动的灵活性及协调性。

新生儿也会听，他们爱听柔和的声音、优美的乐曲，最爱听人的声音，特别是妈妈的声音。出生后2~3天，新生儿会对某些声音做出把头转向声源的动作，最初的动作是非常轻微的，以后逐渐加强和发展。

新生儿最发达的感觉是味觉。据观察，出生1天的新生儿，就能分辨出不同的味道。甜的水，他会用力去吸；而味道比较淡的水，新生儿吸吮力量会减弱。出生2~3天的新生儿，吸蔗糖水的时间长，吸时停顿次数少，停顿时间短。新生儿也能辨别奶的味道。刚出生4天的新生儿，如果在医院吃惯了牛奶，就不要人奶了；如果在医院吃的是某种品牌奶粉冲成的奶，回家后，就只接受这种奶，而拒绝别的奶。成人在喂新生儿吃东西时，如果新生儿拒绝吃什么东西，必须立即引起警觉，检查食物的质量。

新生儿的嗅觉与味觉相比稍有逊色。但从出生起，其对不同气味就有反应。新生儿会把头转向发出气味的方向，去闻某种气味，或者把头转向离开发出气味的方向，避开另一种气味，同时心率加快，有时会出现全身性运动，如踢脚等。从出生后6天左右开始，新生儿就能够敏锐地嗅出妈妈的奶的气味，夜里醒来，还闭着眼睛，就把头转过去，用嗅觉找妈妈的奶。许多新生儿白天可以由别人照顾，但夜里必须找妈妈。

视觉和听觉的集中是注意发生的标志。明显的注意发生，是在满月之前（出生后2~3周时）。这时新生儿可以对出现在眼前的人脸或手注视片刻。再大一点的新生儿，会用双眼跟随慢慢移动的物体，但如果物体移出他的视野，就不再去看了。同样，在出生后2~3周时，新生儿听到拖长的声响，会停止一切活动，安静下来，直到声音停止。到出生后第4周，成人对新生儿说话，也会引起同样的反应。

注意的出现表明新生儿不是被动地接受外界刺激，而是对外界的刺激会做出选择性反应。这种选择性反应，正是人的心理对客观世界有能动性反应的最初表现。

（四）人际交往的开端

儿童从出生时就表现出和别人交往的需要，这是人类特有的需要。新生儿和别人的交往是通过情绪和表情来实现的。出生后第1个月内，新生儿逐渐和母亲用"眼睛对话"，或称眼神交流。在吃奶时，他的眼睛会时不时地看看母亲，虽然对母亲的凝视是非常短暂的，但十分宝贵，这是充满亲情的交流之始。长大一些后，在吃饱睡足时看见人脸会产生愉快的情绪反应；在困倦或饥饿时，看见人脸也会暂时产生愉快的情绪反应。新生儿最初的愉快情绪反应，并不是像成人或大一些的儿童那样，对人微笑，而是拍动手腿的动作反应。新生儿的笑，更多属于生理性的笑。新生儿出生后1周左右，吃饱睡足，或听见柔和悦耳的声音时，脸上会有类似微笑的表情，但那是自发性的笑；出生第3~5周，在清醒的时间内，会有诱发性的笑。例如，轻轻地抚摸新生儿的脸颊，他会微笑，这是反射性的笑。新生儿更多的情绪表现是哭，其中大量的是生理性的哭，反映他身体的各种不舒适，

第二章　学前儿童心理发展的年龄特征

如饿了、渴了等。新生儿也会养成一种条件反射，需要成人陪伴，需要成人抱，这也是其要求与人交往的情绪表现。

第三节　婴儿心理的发展

一、乳儿心理的发展

发展心理学将出生1个月至1周岁的这一时期称为乳儿期。由于大脑重量在迅速增加，大脑皮质也开始发展，脑的基本结构已经具备，因此，这一阶段的婴儿心理发展十分迅速，动作也开始发展起来，活动范围明显扩大，言语开始萌芽，并对主要抚养者产生依恋。

> 形形出生后第2个月的时候，开始发出"啊""哦"的声音，当家人挑逗他时，他会对着家人笑，头也开始随意地左右转动，好像是在寻找什么。半岁后，他胖嘟嘟的小身体开始反抗，不喜欢躺在婴儿车内，看到自己喜欢的东西会伸手要，小手放在嘴巴里不停地嚼着。由于他活泼好动，玩一会儿就要补充体力，因此每天吃奶的次数越来越多，量也越来越大，妈妈担心他营养不够，增加了一些容易消化的辅食喂他。形形七八个月时，长得又胖又壮，妈妈十分辛苦，他想学走路，也会不停地爬高，还会支配大人达到自己的目的。喂奶的时候，他会把乳头当成磨牙器，时不时地咬一下，看妈妈的反应，然后调皮地笑着，把妈妈搞得哭笑不得。宝贝时刻都在变化，每分、每秒、每天、每月都会给父母意想不到的惊喜。

（一）动作的发展

动作发展是儿童活动发展的直接前提，因为从心理方面来说，活动是由动作组成的，儿童在出生后的第一年里，在动作的发展上会取得非常大的进步。特别是作为人类特有的动作——手的动作和直立行走的出现，标志着人与动物的本质区别。

1. 动作发展的一般规律

乳儿期是儿童动作发展最迅速的阶段，其发展是按照一定的顺序和规律进行的。

（1）从整体动作到分化动作。最初乳儿的动作是全身性的、笼统的、散漫的，以后才逐步分化为局部的、准确的、专门化的动作。

（2）从上部动作到下部动作。让乳儿俯卧在平台上，他首先做出的动作是抬头、抬胸、俯撑，随着不断成长慢慢发展到翻身、坐、爬、站立、走。

（3）从大肌肉动作到小肌肉动作。乳儿首先出现的是躯体大肌肉动作，如头部、躯体、双臂、腿部等，以后才是灵巧的手部小肌肉动作，以及准确的视觉动作等。

（4）从无意动作到有意动作。乳儿的动作起初是无意的，当他做出各种动作时，既无目的也不知道自己在干什么。6个月以后乳儿会逐渐做出有目的的动作。

2. 乳儿躯体和四肢动作的发展

遵循以上动作发展的规律性，乳儿全身大动作发展的顺序是：3~4个月时能自如地转动头部，会俯卧抬头和翻身；5~6个月时尝试竖直的独自坐，开始时坐不稳，需要用手扶着作为支撑；7个月时可以独自坐，同时6~8个月时是学习爬行的敏感期，这一时期坐和爬的动作交叉发展；8~9个月时学会独自爬行，能从卧位自主地坐起来；从第10个月左右开始，尝试用手扶着站起来，可以在成人的搀扶下迈步；12个月时是学习独立站立、行走的关键期。

乳儿身体大动作的发展，不仅标志着他身体发展的健康水平，还有利于调节乳儿身体和四肢全面的协调活动，扩大他接触、感知这个世界的活动范围。在这一时期，乳儿开始脱离成人的怀抱，并且逐渐缩短了睡眠时间，这给他提供了更多时间、精力及认识角度去探索这个新奇的世界，这对他的社会技能及心理能力的发展具有巨大的作用。

3. 乳儿手部动作的发展

乳儿自出生后约3个月起，手部就开始了无意抚摸的阶段，无任何目的和方向性，当他的手偶然触碰到被褥、玩具或亲人的身体时，会无意地抚摸，有时也会抚摸自己的另一只手。这时乳儿的小手大多只是轻拍或沿着物品的边缘移动，抓住东西时也不是运用手指的技巧，而是五指处于同一方向，手像钩子那样把物品大把抓起，所以这时五个手指还未进行分工协作。4~5个月之后，手部抓握动作的精确性提高，乳儿可以根据物品的位置有目的、有方向地抓握，还可以将物品从一只手传递到另一只手上，或者一只手抓住另一只手摆弄物品。这一时期乳儿可以竖直坐起，视线的范围与手部活动的范围重叠，有利于手眼协调能力的发展。6个月之后，乳儿用两只手配合取物、拿物的能力继续提高，喜欢反复地摆弄眼前的物品，逐步学会将大拇指和其余四指分开做出抓握动作，更紧地抓住物品，还可根据物体的体积、位置和形状有目的地变换姿势来抓握，从而提高准确率和效率。

（二）听觉和视觉的发展

乳儿对声音有一定的敏感度并且产生不同的偏好后，随着年龄的增长，其听觉的感受力也不断增强。2~3个月大的乳儿可以用目光追随声源，他只要听到人的声音或玩具的声响，就会把身子和头转向声源。曾经有一项研究，研究者将6~8个月大的乳儿放在一个黑暗的房间里，并将一些可以发声的物体先后放置在被试乳儿伸手可以够到，但肢体触摸不到的位置，或者放置在被试乳儿双耳中线的左侧和右侧，以此检验乳儿听觉的反应能力。最终发现乳儿不仅能准确地将身体调整到声音发出的方向，同时还对听起来离得比较近的物体做出努力抓取的动作。

视觉方面，乳儿已能够对包括物体运动、色彩、亮度、明暗对比、轮廓、复杂度、深度和距离等很多视觉对象做出反应。这有利于乳儿不断增强对周围环境的兴趣，并且根据物体的特征和位置来指引自己的行为。2~3个月的乳儿已具备了深度和空间知觉的能力，到了8~12个月的时候，乳儿的知觉恒常性进一步发展，拥有了客体永久性的能力，一件物体即便从视野中消失不见了，乳儿也知道去寻找，而不是认为它消失不见了。

(三) 语言能力的萌芽

乳儿真正的语言发展是从1岁左右开始的，在这之前，乳儿虽然说不出清楚的、能被理解的词，但他已经具备了初步的分辨和理解成人语言的能力，并针对成人的一些简单指令做出相应的反应。

乳儿6个月之后，喜欢发出各种声音，开始牙牙学语，会重复地发出"妈"或者"爸"等声音，但这时候的发音是无意识的，不具有任何意义。9个月以后，乳儿能听懂一些成人的词语，例如，成人说"飞吻一个"，他会做个飞吻的动作；成人说"欢迎欢迎"，他会拍拍双手。10个月以后，乳儿会主动发出一些特定的声音来表达他的要求，想要引起成人的注意和获得帮助。1岁左右时，乳儿会使用少量的单词称呼，如"妈妈""爸爸"。

(四) 记忆的产生、发展

由于操作性条件反射的建立和发展，新生儿末期就开始产生长时记忆的能力，这时记忆的表现主要是对事物的再认，并且是无意识记忆。研究发现，3个月大的乳儿对操作性条件反射的记忆时间可以达到4周，5~6个月大的乳儿可以再认出母亲，但此时再认保持的时间很短，只能再认相隔几天的人和物。这就是乳儿开始认生的原因，即便你在1个月前曾跟这个乳儿进行过亲密友好的相处，但再次见面的时候，乳儿还是会一脸警惕的表情看着你，仿佛从未见过你。这说明随着记忆的发展，乳儿先熟悉并再认与他朝夕相处的亲人，慢慢地再到周围的环境、物体。

在一项研究中，研究者让2~3个月的乳儿躺在小床上，在小床上方挂上一些吸引人的玩具，然后用带子将玩具与乳儿的脚连在一起，在几分钟之内，乳儿就学会了通过踢腿让玩具摇晃起来。也就是说，在踢腿的动作与玩具的摇动之间建立了条件反射。研究发现，2个月的乳儿在3天后看到摇动的玩具时仍会做出踢腿动作，而3个月的乳儿在1周后看到摇动的玩具时仍会做出踢腿动作，但这时乳儿的记忆保持时间仍较短。

(资料来源：谷传华. 儿童心理学[M]. 北京：中国轻工业出版社, 2010.)

(五) 依恋关系的发展

新生儿主要通过哭闹引起周围人对他的关注，还不能针对特殊的人建立特殊的关系。满月后直到8个月左右，乳儿对周围环境的反应强度和敏锐度增加，并且可以依远近、熟悉程度对不同的对象做出不同的反应。对熟悉的人，如母亲，会慢慢建立起一种特殊的关系，并更愿意与之亲近，能忍耐与抚养者的暂时分离，也能接受陌生人的注意和照顾，这时处于依恋关系的建立阶段。8~12个月时，乳儿对熟人和陌生人的偏爱程度变得更明显，离开抚养者身边时会显得焦虑不安，对陌生人表现出防御和警惕的态度。当他由兴趣引导想要去探索和发现环境时，也要与抚养者保持一定的安全距离，即在一定的范围内活动，当遇到不确定的危险时会及时回到抚养者身边。

二、幼儿前期心理的发展

幼儿前期也称为幼儿早期，这一时期是学前儿童真正形成个性心理特点的时期，是进一步开阔视野，更广泛地认知世界、探索世界的过程。学前儿童在这个时期学会自己走路，开始说话并与人交流，自我意识逐步提高，出现表象思维和想象等。这一时期是学前儿童心理发展最为迅速的时期，其心理变化及所获进步非常明显，这一时期的心理发展水平和质量对整个童年期，乃至更长的时间都有重要的、深远的影响。

（一）动作的发展

1. 学会走、跑、跳

从1岁左右开始，幼儿开始尝试独立行走，但直到1.5岁以前，他们还不能走得很稳。最开始，他们可能要借助一些工具，如"学步车"，或者成人用双手对其进行搀扶保护。这时他们的步子迈得很小心，显得较为僵硬，由于头重脚轻，幼儿的身子容易向前倾斜，所以为了保持平衡，他们会将双臂平摊开，或借助桌椅沙发的边沿及扶手保持身体的平衡。学步时期的幼儿容易摔跤，如果成人不能加以引导和鼓励，会使幼儿产生胆怯的心理。

幼儿在学习自由走动的同时，也在发展着全身的各种动作。他们会手脚并用地爬楼梯、爬台阶，不仅会向上爬，还会以倒退的方式向下爬，年龄大一点后会双手扶着楼梯栏杆或由成人牵着手上下楼梯。2岁左右时，幼儿的动作协调性更加灵活，不仅能够原地跳起、学会跑，还能站立着抛球和踢球、俯身捡球，这时就很少跌跤了。幼儿这时的动作幅度逐步加大，在走路的过程中，遇到一个水坑就想跳过去，发现一个小山坡就想往上爬，在家里时更是调皮地爬上蹦下，好像不知道危险。到了3岁，幼儿不仅会单独上下楼梯，像小兔子一样并着脚蹦蹦跳跳，还会单脚跳及越过小的障碍物等更有难度的动作。幼儿自由地按照自己的意愿活动，不断扩大他们的认知范围和增强空间知觉能力，浑身透着一股探险精神，非常兴奋。

2. 手部动作

除了躯干和四肢大动作的发展，1~3岁幼儿小肌肉的灵活性也在不断发展，他们能逐渐地依据物体的性质、形状和功能，把它们当作工具并掌握一些使用方法和经验。例如2岁以后，他们会自己用勺子舀饭、端起杯子喝水、一层层地搭积木，也会慢慢学习自己脱衣服、洗手、擦脸等等。在幼儿学习使用工具的过程中，一般会经历这样几个由低级到高级的阶段：

第一，完全不按照工具的功能、性质做出动作。一开始，幼儿对于接触到的物品并不知道它的作用，也不会使用，只是当作探索周围环境的一个媒介或自己手的功能的延续。例如，他可能把勺子当作一个击打能发出声音的工具，也可能一会拿着勺子一端，一会拿着中间来摆弄观察，还可能用勺子去舀食物并学着送到嘴里，但是没到嘴边就洒落大半。这个阶段，幼儿不断变换着工具的使用方式，去体验和探索，即使偶然出现一些有效的动作，也稍纵即逝，难以巩固并稳定下来。

第二，发现有效动作并重复尝试的时间有所延长。幼儿偶然发现了某一工具的有效使用方式后，就会小心地多尝试几次，像发现了新大陆一样，不会再无目的地连续变换新的方式。例如，幼儿发现用勺子比用手更容易够到食物，并且只要慢慢端平送到嘴巴的位置，就可以尽量防止食物洒落，慢慢地他就会更熟练地掌握这一方法。

第三，愿意主动地重复有效动作。当幼儿逐渐掌握了一些工具的有效使用方法时，他不会再被动等待有效动作的偶然出现，而是在适当的情境下主动地展示相应的工具和动作方式。但也有些时候，幼儿会先入为主地坚持某种动作方式，即便这种方式不是最直接和最简单的，或者他遇到了阻碍和遭到失败，也不愿意轻易放弃或改变。

第四，能够按照工具的性质功能来使用，并且依据使用时的随机条件及客观情境自由地更换动作方式，在遇到阻碍或发生错误时也会及时纠正。

拓展阅读

促进儿童精细动作发展的亲子游戏

儿童精细动作的发展不仅可以促进其运动机能的发展，而且与认知能力的发展有着密切的联系。精细动作能力不仅是早期发展的重要方面，也是个体其他方面发展的重要基础。

有研究者设计了一系列针对1~3岁儿童手部动作的亲子游戏，通过经常动手来促进儿童的发展。辽宁师范大学的陈颖提出了7项动作训练及相应的亲子游戏，具体如下：

（1）塞物的游戏。对于9~12个月的儿童，家长可以为其提供一个有洞的小桶和一些核桃，然后指导儿童将核桃放入小桶内。随着儿童年龄的增长，可以为其提供更小的东西，如豆子、牙签等，逐步增加对儿童的挑战。

（2）舀（使用勺子）。这主要是训练儿童的手指灵活性，为拿筷子、书写做准备。在儿童1~2岁时，家长可以指导其用勺子将一个碗中的豆子舀到另一个碗中。到2岁时，可以为儿童提供不同颜色的铃铛。家长也可以指导儿童在水中捞小球。

（3）穿和缝。这主要是训练儿童的手眼协调能力。在儿童2岁时，家长可以指导儿童玩穿大珠子的游戏，在儿童经过练习能成功地把珠子穿在一起后，家长可以鼓励儿童将同一颜色或不同颜色的珠子穿在一起。随着儿童动作的熟练，家长可以鼓励儿童穿小珠子或是穿线板。

（4）卷。主要是训练儿童手腕的灵活性和双手的配合能力。在儿童20~22个月的时候，家长可以指导其卷小毯子。在儿童23~26个月的时候，家长可以为其提供小毛巾，在儿童27个月以后，家长可为其提供彩纸，供其练习卷毛巾和卷纸。

（5）按。训练手指灵活性。家长可以为儿童提供图钉或是纽扣及带抓手的嵌板。

（6）套。锻炼儿童手眼协调性和手的灵活性。在儿童11~14个月时，家长可以拿着小棒，让儿童拿着彩色的塑料套环套到小棒上，边套家长边说颜色。在儿童15个月以后，家长可以为其提供大小不一样的杯子，并指导其按从大到小的顺序依次套好。家长可以为儿童准备一套套娃，让儿童进行一个头和一个身子的配对练习。

（7）贴。训练儿童的手眼协调能力和空间感知能力。在儿童2岁时，家长先在各种颜色的纸（除了白色的纸）上画出各种图形，再剪出这些图形，一只手拿着蘸了胶水的棉签，把胶水抹在被剪出的图形的一面，让被剪出的图形和画好的图形对准然后贴上。之后，让儿童学着做。

当儿童在做上述游戏时，家长一定要在旁边陪伴。在儿童有困难时，家长要适时适量地给予帮助，这样既能满足儿童的心理需要，也能促进亲子关系。

（资料来源：李燕，赵燕，许玼. 学前儿童发展［M］. 上海：华东师范大学出版社，2015.）

（二）认知的发展

1. 言语的发展

婴儿期言语的发展正处于一个准备阶段，到了幼儿前期，儿童才能开始真正掌握本族语言，所以，通常把幼儿前期儿童言语的发展称为"最初正式掌握本族语言期"。言语发展的阶段如下：

1）单词句阶段（1~1.5岁）

这时期的儿童能听懂许多话，但是说得不多，有的儿童基本上不开口说话。这时期的儿童最初所说的都是单词，但是这个单词在交往过程中，往往会表达一个完整语句所包含的意义。例如儿童喊"咪咪"，成人可根据儿童当时说话的情境及儿童的表情来判断它的含义，所以，儿童所说的一个单词代表着一个句子，是"以词代句"。正是由于这个特点，所以把这个阶段言语的发展称为"单词句阶段"。

2）多词句阶段（1.5~2岁）

1.5岁以后，由于儿童掌握的词汇迅速增加，到2岁，已能掌握200~300个词，而且掌握的词逐渐具有概括的意义，所以这时期是儿童突然开口说话的时期，一下子说得很多、说得很好。但在这个时期，儿童通常用几个词组成的话来表达自己比较复杂的意思，例如"饼饼，买，帽帽"，意思是说"饼干没有了，戴着帽子上街去买"。正是由于这个特点，所以称这个阶段为"多词句阶段"，称这种言语为"电报式的言语"。

3）简单句阶段（2~3岁）

2~3岁的儿童掌握的词汇更多，能掌握300~700个词，所以，他们和成人交往时已能够运用一些合乎语法的简单句来进行交谈。同时，这个阶段的儿童非常喜欢模仿大人说话，这时期有的儿童偶然学会了一句骂人的话，有的家长不但不加以制止，反而觉得好玩，导致儿童见人就骂，弄得家长和他人都哭笑不得。因此，从儿童开始学说话，就应该

第二章 学前儿童心理发展的年龄特征

给他们树立正确的榜样。

2. 思维的发展

幼儿前期儿童在摆弄各种物体时,有时拼合,有时分开,使他们的分析综合能力在实际操作中得到锻炼。另外,当儿童在生活中遇到一些困难时,逐渐会在实际行动中尝试加以解决。例如:拿不到桌子上的玩具,他会踩到一把小椅子上去取,这表明幼儿前期儿童逐渐认识了事物之间的关系,会利用原有经验解决面前的问题,也表明幼儿前期儿童能对事物、行为进行初步的概括,出现了思维。当然这时期儿童的思维是非常具体的,明显地带着行动性,具体表现在思维是以行动为基础的,所以我们把这个阶段的思维称为"直觉行动思维",也就是说,思维和行动密切联系。因此,对于这个年龄阶段的儿童,在教育时要结合具体事物给他讲道理,切忌生拉硬拽或是动辄以"打"来威胁。

3. 想象的发展

2岁左右的儿童在游戏中已经能够拿着物体进行想象性的活动。当然,幼儿前期儿童的想象活动还很简单,只是实际生活中某些活动的简单改造和重现。

到此,儿童的认识活动从感觉到思维都已形成,因此,我们说"幼儿前期是人的认识活动逐渐完善的时期"。

(三)社会性的发展

1岁左右,儿童的自我意识逐渐萌发,开始认识自我和物体的主客体关系,开始认识自己的存在与周围人、事、物的关系,开始认识并叫出自己身体各部位的名称并知道它们都是自己身体的一个组成部分。儿童知道自己的名字,并学成人的样子称呼自己为"宝宝",他会说:"这是宝宝的鼻子""宝宝想出去玩"。直到2~3岁的时候,儿童开始掌握代名词"我",标志着儿童自我意识的萌芽。随之产生的是儿童对自我的维护和与成人意愿的对抗,所以争取独立是这一时期儿童的突出表现。

案例

> 2岁2个月的宝宝正处在自我意识的敏感期,他会抱着毛巾被说:"这是我的。"会指着自己的包说:"这是我的。"他也拒绝跟别人分享妈妈为他带来的分享物。他对成人未经允许触摸他也极度愤怒,他以尖叫、踩脚、推拒来捍卫自我,他以这样的方式向成人宣布:"我的身体是属于我的!"
>
> (资料来源:孙瑞雪. 捕捉儿童敏感期[M]. 北京:中国妇女出版社,2013.)

独立性是这个阶段儿童的共同表现,表现为固执己见、不听从成人的建议,具体表现为:成人不允许他做的,他偏要去做;成人盼咐他完成的,他偏不随你的心意。独立性的强弱因人而异。争取独立是儿童心理发展中非常重要的一种表现,这种现象是正常的,但是如果成人引导教育不当,就会更加造成儿童的逆反心理;一味纵容就会使儿童形成任性、目中无人的性格;而一味地严厉要求会打击儿童的自信心,可能导致儿童形成退缩、胆怯的性格。

第四节　幼儿心理的发展

儿童在 3~6 岁，正是进入幼儿园学习的时期，所以可称这一时期为幼儿期。在这一时期，儿童心理发展变化很大，以下从三个阶段来描述儿童心理发展的年龄特征。

一、幼儿初期（3~4 岁）心理的发展

（一）生活环境的改变提高了儿童的活动能力

这一时期的儿童离开家庭进入幼儿园小班接受有计划、有目的的幼儿园教育。生活环境的变化，生活范围的扩大，使儿童生活的圈子从只局限于和亲人的接触转向和更多的同龄人及成年人接触。这些变化对儿童心理的发展产生了极大的影响，表现在以下几个方面：

一是儿童的体质增强，身体的组织结构和器官的功能不断完善。儿童不再像以前那样容易生病，体重有所增加，身体也比以前更加结实。神经系统的发育，表现在大脑皮质细胞在形态上的组织分化功能逐渐成熟，并且在 3 岁时基本定型。儿童可以有更多的时间连续活动，每天大约有 5.5 小时，这为保证儿童更好地参与活动奠定了基础。

二是骨骼肌肉系统较婴儿期有了进一步发展，控制大肌肉的能力不断完善，大脑调控能力有所增强。儿童躯体动作的发展与婴儿期相比，灵活性与协调性都有所提高。这个时期的儿童行走时能够保持正确的姿势，如上体正直，摆动双臂，学会两臂屈肘在身体两侧。在幼儿园教学中会看到，他们在音乐的伴奏下，会踩着"蒙氏线"走，还会采用正确的姿势跑步等。

三是在幼儿园的教育和训练下，3~4 岁儿童双手动作的协调性与灵活性有了进一步发展。他们在幼儿园教师的帮助下，能穿脱衣服、鞋、袜。在美术课上，能够使用彩色笔绘一些简单的图形，如他们把"下雨"的情景，画成由上向下的直线条；把"大马路"画成从左到右的横线条；把"皮球"画成圆圈等。但他们手的绘画动作还很不熟练。从儿童动作发展的规律来看，手的动作发展较躯体动作要晚。在促进手的动作发展的活动中，教师要注意控制时间，不能让儿童运用手腕、手指等小肌肉群的活动时间太长。

（二）认识活动伴随着行动进行

3 岁以前的儿童不能在行动之外思考，只能在行动中思考。3~4 岁的儿童在一定程度上还保留着婴儿期的这些特点，即他们的认识活动还是要借助动作和运动。例如，让幼儿园小班儿童说出盘子里有几个苹果，他们必须用手一个一个地数，才能弄清（4 岁左右的儿童可以在心里默数）。再比如，在捏橡皮泥之前，幼儿初期的儿童往往说不出自己想要捏什么，当捏好之后，才突然有所发现，说像"太阳"或"大饼"。这说明幼儿初期的儿童不会计划自己的行动，更不能预见行动的结果，只能先做再想，或边做边想，不会想好了再做。

第二章　学前儿童心理发展的年龄特征

（三）心理活动直接受情绪的左右

3~4岁儿童的心理活动常常受情绪支配，不受理智控制，在各方面活动中难以控制自己的情绪，表现出很强的情绪色彩。具体表现为：高兴时听话，表现很乖；不高兴时，什么也听不进去，情绪很不稳定，容易受外界环境影响。在幼儿园小班里常看到，一个小朋友哭，其他的小朋友都跟着哭。还有的小朋友看见别的小朋友手里拿着吃的东西，就想起让妈妈也去给自己买那个小朋友吃的东西，其实有的小朋友在家里根本就不愿意吃这种东西。

（四）爱模仿

儿童在3岁以前，就具备了模仿的能力，但受心理发育水平的限制，这个时期的模仿水平较低，能够模仿的对象还很少。3~4岁的儿童由于动作和认识能力都比以前有所提高，因此模仿的对象也明显增多。他们看见别人做什么，自己就想做什么，看见别人有什么，自己就想要什么，他们想要别的小朋友手里拿着的东西，想做别的小朋友正在做的事情。因此，幼儿园小班教师在投放玩具材料时，要注意投放数量足够的同类玩具，玩具的种类不要太多。

二、幼儿中期（4~5岁）心理的发展

4~5岁正是在幼儿园中班学习的年龄，也称幼儿中期。这个时期儿童的心理发展比3~4岁儿童的心理发展迅速，并且主要表现在认识活动的概括性和行为的有意性方面。

（一）活泼好动

一方面，4~5岁儿童大脑皮质的兴奋过程与抑制过程发展不平衡，兴奋过程占优势，整个抑制机能发展相对较差。例如，坐久了，儿童会感到疲劳，打哈欠，伸懒腰，左右摆动，不断搞小动作。因此，让他们安静下来比较困难。另一方面，儿童的骨骼比较柔软、有弹性，脊柱还没有定型，肌肉的收缩能力比较差。如果让4~5岁的儿童长时间保持同一种姿势或动作，就会使有关肌肉群负担过重，影响骨骼的生长发育。4~5岁儿童骨骼肌肉生长发育的特点，决定了儿童只有不断地活动，促进机体的血液循环，才能满足骨骼肌肉系统发育所需的营养，以更好地发展。

4~5岁儿童活泼好动的特点在整个幼儿期特别突出，常看到幼儿中期的儿童不再像幼儿初期的儿童那样听话、顺从，他们有了自己的主意，让教师觉得不像小班儿童那样"好带"。产生这种现象的原因，一是这个时期儿童动作的发展比幼儿初期灵活自如，认识客观环境的能力有所提高，做事情有了自己的想法；二是这个时期儿童已经有了一年的幼儿园生活经历，习惯了幼儿园生活环境和基本的作息制度等，掌握了一些与人交往的生活经验，不再像以前那样胆小，敢于对周围的事物进行大胆的探索。

（二）思维活动带有明显的具体形象性

具体形象思维是幼儿期思维的基本特点，幼儿中期的儿童这个特点表现最为典型。幼儿中期的儿童在活动中很少依靠行动来思维，他们的整个思维过程要依靠实物的具体形象作支柱。如常看到幼儿中期的儿童能说出2个苹果加3个苹果是5个苹果，也知道7块糖

给小弟弟 3 块，还剩 4 块，但是如果直接问 2 加 3 等于几，7 减 4 等于几，这时他们很难回答出来。

具体形象的特点不仅表现在幼儿中期儿童的思维活动中，在注意、记忆等方面也都能够反映出这一特点，因此，在幼儿园教学中，教师要尽可能采用直观教具，创设教育情境，运用儿童能够理解的语言进行教学。

（三）开始接受任务

4~5 岁儿童的思维概括性和心理活动有意性的发展，使他们理解任务意义的能力也不断增强。心理学者在实验室分别对 3 岁组和 4 岁组儿童做了一项这样的实验：要求他们看见"红灯"出现时，去按手里的电钮；看见"绿灯"出现时，不能按手里的电钮。实验结果是，3 岁组儿童不论是看见红灯出现还是绿灯出现，都去按手里的电钮，他们不能根据老师的要求形成对红绿灯的分化反应；4 岁组儿童大多数能够按照老师的要求去做，形成对红绿灯的分化反应。实验表明，幼儿中期儿童初步具备理解成人的要求和接受任务的能力。

（四）初步具有规则意识

4~5 岁儿童由于心理控制能力的增强，对自己的行为有了一定的约束，能够初步遵守一些日常生活中的基本规则，如在教室不乱喊乱叫，进餐前要洗手，上厕所要排队，在集体活动时听从老师的安排，上课时不随便离开座位，发言要举手等。规则意识的建立，有助于培养儿童的合作意识和促进社会性的发展，特别是对提高儿童的游戏水平有着重要的影响。

（五）自己组织游戏，并结成同伴关系

游戏是儿童的主要活动方式，4 岁左右是儿童游戏快速发展的时期。4~5 岁儿童不但爱玩，而且会玩，他们不但能够自己组织游戏，而且会自己确定游戏的主题，自己分配任务。不仅如此，他们在游戏中还逐渐结成伙伴关系。他们不再像幼儿初期那样，总是跟着成人转，他们更多的时候是跟小朋友在一起游戏，共同活动。尽管儿童在这一时期结成的伙伴关系还很不稳定，只是初级形态，却标志着从这个时期开始，儿童的人际关系开始发生重大变化。

三、幼儿晚期（5~6 岁）心理的发展

（一）好问、好学

5~6 岁的儿童不再满足于通过直接的感知和具体的操作去了解事物的外部特征与联系，开始尝试探索事物的内部联系，并表现在智力活动的积极性上。他们对周围事物的探索总是追根究底，提出一连串的"为什么"，表现出强烈的求知欲望和认识兴趣。这个年龄阶段的儿童提出的问题各种各样，常常把大人问得无可奈何。对于这个年龄阶段的儿童，老师和家长既要有足够的知识满足他们的求知欲望，又要掌握回答问题的技巧。

（二）抽象思维能力萌芽

5~6 岁儿童的思维虽然仍以具体形象思维为主，但抽象的逻辑思维能力已经开始萌

芽，主要表现在对熟悉的物体能简单分类。实验表明，儿童能把一些画有车、船、桌、椅、苹果、梨、白菜、西红柿、茄子等物体的图片，按交通工具、家具、水果、蔬菜加以分类，而4岁以前的儿童往往不具备这个能力。这个年龄阶段的儿童会对事物的关系做出判断并正确排出顺序，有了初步的顺序的概念。如5~6岁的儿童能理解年龄大小和出生顺序的关系，4~5岁的儿童不能理解两者之间的关系。5~6岁的儿童还知道车辆包括卡车，卡车是车辆的一个组成部分，了解整体与部分的包含关系，即有了逻辑思维。

由于大班儿童的抽象思维能力已经萌芽，因此这个时期在教育内容上要增加具有科学性的知识，并给予科学启蒙教育，引导他们去发现事物间的各种内在联系，促进智力发展。

（三）开始掌握认知规律

5~6岁儿童初步掌握调控自己心理活动的方法，在认知活动中，表现在观察、注意、记忆、思维、想象等方面。

儿童在观察图片时，能沿着一定的方向和顺序，从上到下，从左到右，有规律地看，不再像以前那样胡乱地看。他们能按老师的要求对两幅图片加以对比，找出两幅图片一一对应的部分，说明他们已经掌握了一定的对比方法。儿童在各项活动中，为使自己更好地集中注意力，会主动采用一定的方法。如他们能自觉地把眼睛盯在注意对象上，把手放在腿上或用双手捂住耳朵防止杂音干扰；在读书时，感到周围环境吵闹，自己会找安静的地方。总之，5~6岁儿童在各项活动中，都表现出掌握了一定的认知方法，这种初步的认知方法为他们进入小学接受系统化的教育奠定了基础。

（四）个性初具雏形

5~6岁儿童对事物有了自己比较稳定的态度，个人的兴趣、爱好有所显露，对人对事表现出相对稳定的行为方式。如有的儿童热情大方，有的儿童寡言少语；有的儿童活泼好动，有的儿童文文静静；有的儿童喜欢唱歌，有的儿童喜欢跳舞。幼儿园自由活动时会看到有的小朋友总愿意去"娃娃家"，有的小朋友喜欢踢球，有的小朋友喜欢凑在一起讲故事。儿童的活动表现出一定的兴趣倾向。

在5~6岁时，儿童的个性开始形成。但这个时期儿童的个性只是处于初步形成时期，还具有相当大的可塑性，家庭、幼儿园等教育因素对儿童个性的形成还起着相当大的影响作用。

 检测你的学习

1. 单项选择题

（1）儿童心理发展的年龄特征是指儿童在每个年龄阶段形成并表现出来的（　　）。

A. 一般的、典型的、本质的心理特征

B. 一般的、稳定的、典型的心理特征

C. 本质的、一般的、可变的心理特征

D. 一般的、稳定的、本质的心理特征

（2）学前儿童心理发展最为迅速和心理特征变化最大的时期是（　　）。

A. 0~1岁　　　　　B. 1~2岁　　　　　C. 2~3岁　　　　　D. 3~6岁

（3）新生儿的心理，可以说一周一个样；满月以后，是一月一个样；可是周岁以后，发展速度就缓慢下来了；两三岁以后的儿童，相隔一周，前后变化就不那么明显了。这表明学前儿童心理发展进程的一个基本特点是（　　）。

A. 发展的连续性　　　　　　　　B. 发展的整体性

C. 发展的不均衡性　　　　　　　D. 发展的高速度

（4）儿童心理发展潜能的主要标志是（　　）。

A. 最近发展区　　B. 关键期　　　C. 遗传素养　　　D. 敏感期

（5）下列关于儿童发展阶段的说法正确的是（　　）。

A. 有个儿童听到妈妈说"你是个好儿童"，他说："不，我是坏儿童。"这个儿童正处在危机期

B. 儿童教育中提出"跳一跳就摘到桃子"体现的是发展的关键期

C. 《学记》中说"时过而后学，则勤苦而难成"体现的是最近发展区

D. 以上说法都不对

2. 简答题

（1）如何看待学前儿童发展的关键期？

（2）幼儿前期儿童的动作发展对其心理发展有哪些重要意义？

（3）儿童心理发展的主要特征是什么？

3. 材料分析题

嘉嘉对妈妈提出了一个要求，让他独自用洗衣机洗自己的一双袜子，并且要把手伸到洗衣机里去操作，他说大人都是这样做的，他也要这样做。妈妈告诉他小孩子是不可以弄洗衣机的，这样会很危险。嘉嘉听不进去，非要去操作，妈妈只得拔掉洗衣机的电源插头。嘉嘉折腾了半天，发现洗衣机还是没转动起来，于是大怒，哭闹着说"我自己来""我要自己洗"。

请你根据儿童心理发展的有关特征分析嘉嘉为什么会出现这种情况，并指出这时妈妈应该怎样引导劝说。

第三章 学前儿童认知的发展（上）

本章导航

人出生后，就对纷繁复杂、变化多端的世界充满好奇。一切新鲜、有趣的事物都会引起学前儿童的注意，他们通过看一看、听一听、摸一摸、尝一尝、闻一闻等获得对事物的感性认识，并在头脑中留下印象，有时还会想象不同的情节，或提出稀奇古怪的问题并进行思考，在此基础上形成对事物的理性认识。这些都是学前儿童认知的表现，认知是指人们认识世界、获得知识的过程，包括注意、感知觉、记忆、思维、想象、言语等。注意伴随儿童的认知活动，感知觉、记忆是低级的认知活动向高级过渡的阶段，想象、思维和言语是认知活动的高级阶段。

本章将在介绍注意、感知觉、记忆等概念和种类的基础上，阐明学前儿童注意、感知觉和记忆发生发展的特点和规律，并提出促进学前儿童注意、感知觉和记忆发展的策略。通过本章的学习，将初步了解学前儿童探索世界的心理过程，结合下一章的学习，全面把握学前儿童的认知发展。

学习目标

1. 在理解和掌握注意的概念及其特点的基础上，掌握学前儿童注意发展的特点及注意的品质。
2. 掌握学前儿童感知觉发展的趋势及特点，并能根据其特点指导教学。
3. 理解学前儿童记忆发展的规律和特点，掌握学前儿童记忆力培养的策略。

知识结构

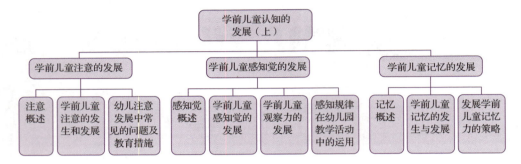

第一节　学前儿童注意的发展

> 在集体活动中，幼儿往往容易被其他事物干扰，难以像成人一样安静、专注、长时间地学习，有时会"骚扰"周围的小朋友，有时会摆弄自己的衣服，有时会望望窗外。在感兴趣的活动中，如搭积木、画画、手工、表演等，他们却能很专注地投入。

（一）什么是注意

注意是心理活动对一定对象的指向和集中。指向性和集中性是注意的两个基本特点。

注意的指向性是指人在每一瞬间，心理活动都选取了某种刺激，而忽略了另一些刺激。当注意指向某一刺激时，对这一刺激的反映就清晰，而对其他刺激的反映就模糊。例如老师让我们注意幼儿的面部表情，我们对幼儿的面部表情变化的反映会很清晰，但是对于幼儿穿的什么样子的鞋子或裤子，反映就很模糊。

注意的集中性是指把心理活动专注于某一事物。人处于注意状态时，神经系统既对某些刺激的兴奋增强，也对其他无关刺激加以抑制，从而使心理活动的对象得到鲜明、清晰的反映。当人的注意高度集中时，指向的范围就会缩小，对其他刺激就可以"视而不见、听而不闻"了。如当幼儿专心听故事、看木偶戏时，心理活动集中在故事、木偶戏的内容上，因此对周围人们的声音、活动全然不知。

（二）注意的功能

1. 选择功能

对信息进行选择是注意的基本功能。客观世界中存在大量的刺激，注意能使心理活动有选择地指向那些有意义的、符合需要的、与当前活动任务有关的对象，同时排除与当前活动无关的各种刺激和影响。可以说，注意就像为人的认知活动设置了一层过滤网，使人们能在纷繁复杂的刺激面前做出有意义的选择，保证个体以最少的精力完成最重要的任务。

2. 保持功能

外界信息进入大脑后，必须经过注意才能得到保持，否则很快就会消失。只有注意对象的映像或内容保持在意识中，人的大脑才能对其做进一步的加工。注意能使人在一段时间内保持一定的紧张状态，跟踪注意的对象，直到活动目的完全实现为止。

3. 调节和监督功能

人的活动是有一定目标的，但是在实现目标的过程中，总会遇到一些干扰刺激。注意能使人及时发觉外界情境的变化，进而调节自己的心理和行为，以保证活动能朝着一定的方向和目标进行，并且还能提高人们的意识觉醒水平，使心理活动根据当前的需要做出适当的分配和及时的转移，以适应千变万化的环境。

总之，注意是信息进入认知系统的门户，是幼儿获取知识、掌握技能、完成各种智力操作的重要心理条件。只有在注意状态下，人们才能有效地监控和调节自己的行为，从而顺利完成活动，实现预定目的。

（三）注意的种类

根据注意时是否有目的和是否需要意志努力，可把注意分为无意注意、有意注意。

1. 无意注意

无意注意也叫不随意注意，它是一种没有预定目的，也不需要意志努力，自然而然发生的注意。

无意注意是注意的一种初级表现形式，在这种注意活动中，人的积极性水平较低。一般认为引起无意注意的因素主要有两个方面：

1）外界刺激物的特点

新异性是指刺激物的异乎寻常的特性，是引起无意注意的重要原因。一般来说，刺激物的强度越大，越容易引起人们的无意注意。刺激物的活动和变化，街上闪烁的霓虹灯、自动打鼓的大熊猫、活动教具、电视电影中新颖多变的画面等，都能引起人们的无意注意。刺激物之间的对比关系，即某一刺激物在强度、距离、大小、颜色、声音等与周围的其他事物具有显著差异，形成鲜明对比，就容易引起无意注意。例如万花丛中一点绿、鹤立鸡群等。

2）个体本身的主观状态

凡是能够满足需要和引起兴趣的事物，都会使人产生期待的心情和积极的态度，从而引起无意注意。如果一个人心情愉快，平时不大容易引起注意的事物，这时也很容易引起他的注意；反之，如果一个人心境忧郁，平时容易引起无意注意的事物，这时也不易引起他的注意。人在过度疲劳时，常常不能觉察到在精神饱满时容易注意的事物；反之，人在精神饱满时，最容易注意新鲜事物，而且注意容易集中和持久。

2. 有意注意

有意注意是指有预定目的，也需要做意志努力的注意。我们工作和学习中的大多数心理活动都需要有意注意。工人上班，学生上课，交警指挥交通，都是有意注意在发挥作用。

引起和保持有意注意的条件有：

1）对活动目的和任务的理解

活动目的越明确，任务越具体，有意注意保持的时间就越长。如去幼儿园观摩教学活动，如果老师要求大家观摩后交笔记，同学们在观摩时就会集中注意，认真记录。

2）间接兴趣的培养

间接兴趣越稳定，就越能对活动的对象保持有意注意。例如，人们开始学习外语时，常常觉得记单词、学语法很单调和枯燥，但一旦认识到掌握外语的重要意义后，就能够克服困难，专心致志地学习外语。

3）合理地组织活动

有意注意是在活动中发展起来的，丰富多彩的活动及良好的活动方式（动静交替，智力活动与实际操作相结合）能有效地使人保持有意注意。

4）用坚强意志与干扰作斗争

意志坚强的人，能排除各种干扰，使自己的注意始终服从活动目的与任务；反之则难以维持有意注意。例如，当我们的作业还没完成，看到别人出去玩时，自己也想去玩，这时就需要意志努力，先专心完成自己的任务，然后才能去玩。意志坚强者能做到，意志薄弱者则随之而去。

有意注意是从事任何有目的的活动都不可缺少的，但长时间的有意注意往往容易使人产生疲劳。所以要想使活动取得比较理想的效果，往往需要无意注意和有意注意的交替进行。

二、学前儿童注意的发生和发展

（一）婴儿注意的发生和发展

婴儿一出生就有注意，这种注意实质上就是先天的定向反射，是无意注意的最初形态。新生儿的注意具有选择性，并具备对外界进行扫视的能力。当新生儿在觉醒状态时，可因周围环境中发生的巨响、强光等刺激引起一种原始状态的注意，表现为：正在吮乳的新生儿停止吮吸动作，或原来停止吮乳的又重新吮吸，且伴有呼吸频率和心率降低、唾液分泌减少等。新生儿的注意是一种自然而然产生的无意注意，性质上属无条件定向反射。

婴儿注意的不断发展，主要表现为注意选择性的发展。1~3 个月婴儿的注意已经明显地偏向曲线，不规则图形，对称的、集中的或复杂的刺激物，以及所有轮廓密度大的图形。除强烈的外界刺激能引起婴儿注意外，凡能直接满足其机体需要或与满足需要有关系的对象也能引起其注意。例如经常喂养他的妈妈、常用的奶瓶等，都能引起婴儿的注视或使婴儿停止哭叫。

3~6 个月婴儿的视觉注意能力在原有基础上进一步发展，平均注意时间缩短，探索活动更加积极主动，而且偏爱更加复杂和有意义的视觉对象，可看见和可操作的物体更能引起他们持久的注意和兴趣。5个月时，婴儿的双手运动发展，各种颜色鲜艳、能够发声、可以活动的玩具，都特别容易引起他们的兴趣，而且经常加以注视或拨弄。

6个月以后，婴儿的睡眠时间减少，白天经常处于警觉和兴奋状态。这时的注意不再像以前那样只表现在视觉方面，而是以更广泛和更复杂的形式表现在吸吮、抓握、够物、操作和运动等日常感知活动中。

婴儿出生1年以后，言语的产生与发展使婴儿的注意又增加了一个非常重要而广阔的领域，使其注意活动进入了更高的层次：第二信号系统。如这时期婴儿注意活动的一个非常明显的特点就是，当他听到成人说出某个物体的名称时，便会相应地注意那个物体，而不管其物理性质如何、是否新异刺激、是否能满足其机体的需要。在出生后第1年的后半年，婴儿对周围事物产生广泛兴趣，注意的客体逐渐多样化。他们不仅注意具体的事物，对周围人们的言语也加以注意，如注意倾听或转头寻找正在说话的妈妈。

婴儿在独立完成任务的过程中促进注意的发展，有意注意开始萌芽。有意注意通常在婴儿出生后第1年的年末或第2年年初出现，这是婴儿在和环境的交往中、在成人教育的影响下形成的。儿童言语的发展也为有意注意的形成提供了可能性。但2~3岁的婴儿，无意注意仍占主要地位。

婴儿注意的实验

研究者发现，"熟悉"是影响婴儿注意的重要因素。实验时，用幻灯片呈现给4个月的婴儿4种不同的刺激，包括：①面目正常的人脸照片；②五官位置错乱的人脸照片；③面目正常的人脸画像；④五官位置错乱的人脸画像。以婴儿注视时间长短、是否微笑以及心率是否减速作为判定注意的客观指标。实验结果表明，婴儿对①和③注视时间较长；对①和③注视时间虽相等，但对①微笑的次数较多，心率减速明显。研究者认为，婴儿随着成长，对外部世界的心理表象逐渐构成了图式。而"熟悉"的，与原有图式相符合或相似的刺激更能引起婴儿的注意。有关这方面的研究还发现，婴儿对正常的人脸照片的注意时间随着成长而有变化：4个月的婴儿可有较长时间的注意，但以后注意时间渐次减短，到1岁末，注意的时间又逐渐增长。如将注意时间画成曲线，则呈现U字形。研究者认为，4个月的婴儿之所以长时间注视照片，是由于照片上的人看起来不像他们的父母，这种差异引起婴儿的极大注意；以后看到了各种不同的人脸，对人脸照片就不再感到有什么特异之处，因而注意的时间渐次减短。到1岁末，婴儿企图找出人脸照片和自己的脸的图式有何差异，从而又可引起较长时间的注意。

(二) 幼儿注意的发展

1. 无意注意的发展

在幼儿期，无意注意和有意注意都在发展，但前者仍占优势地位。刺激物的物理特性是引起无意注意的主要因素，鲜明、新颖、形象具体的刺激物以及刺激物突然的、显著的变化等都会自然而然地引起幼儿的无意注意。与幼儿的兴趣和需要有密切关系的刺激物，逐渐成为引起无意注意的原因。

小班幼儿的无意注意占明显优势，新异、强烈，以及活动着的刺激物很容易引起他们的注意。他们入园后经过一段时间的适应，对于喜爱的游戏或感兴趣的学习活动，也可以聚精会神地进行。入园不久的幼儿可以集中几分钟注意听老师讲故事，但是，他们很容易被其他新异刺激所吸引，也容易转移到新的活动中去。

中班幼儿已经经历了一年的幼儿园教育，无意注意得到了进一步发展，且比较稳定。他们对于有兴趣的活动，能够长时间地保持注意。在玩"小猫钓鱼"游戏时，幼儿一看到花猫的头饰和漂亮的钓鱼竿便兴致很高，在游戏中能够较长时间保持注意，玩个不停。在学习活动中，中班幼儿对感兴趣的内容，也可以长时间地保持注意。他们的注意不但能持久、稳定，而且集中的程度也较高。

大班幼儿的无意注意已高度发展，而且相当稳定。他们对于有兴趣的活动，能比中班幼儿更长时间地保持注意。例如直观、生动的教具可以引起他们长时间的探究。中途突然中止他们的活动，往往会引起他们的反感。同样，大班幼儿听教师讲述有趣的故事，往往可以较长时间地不受外界的干扰，集中注意听，对于打打闹闹、胡乱走动、乱喊乱叫等影响听故事的因素会明显地表现出不满，而且会设法加以排除。

根据幼儿无意注意占优势的特点，教师组织教学活动时应注意：第一，教学与活动的内容要新颖、生动，使幼儿感兴趣且符合幼儿的生活经验；第二，教学与活动的方式方法要灵活多变；第三，教师选择和制作的玩教具，必须颜色鲜明、对比性强、形象生动；第四，教师的语言要简单明了、抑扬顿挫，表情要丰富。

此外，还要考虑到这些因素对幼儿产生的负面影响。因此所有不需要幼儿注意的东西，都不应该过于鲜艳、突出与多变。

2. 有意注意的发展

3岁前，幼儿的有意注意已萌芽。进入幼儿期后，有意注意逐渐形成和发展。有意注意由脑的高级部位，特别是大脑皮质的额叶部分所控制。幼儿期额叶的发展为有意注意的发展准备了条件。正是有了这个条件，幼儿的有意注意在外界环境的刺激，尤其是成人的要求和教育下开始逐渐发展。但额叶要到7岁左右才能达到成熟水平，所以在幼儿期有意注意只是处在开始发展的阶段，远没有得到充分发展。

小班幼儿的注意是无意注意占优势，有意注意只是初步形成。他们逐渐能够依照要求，主动地调节自己的心理活动，指向并集中于应该注意的事物。但有意注意的稳定性很低，心理活动不能有意地持久集中于一个对象上，在良好的教育条件下，一般也只能集中注意3~5分钟。此外，小班幼儿注意的对象也比较少。例如上课时，教师引导幼儿观察图片，他们往往只注意到图片中心十分鲜明或者自己十分感兴趣的部分，对于边缘部分或背景部分常不注意。所以为小班幼儿制作图片，内容应尽量地简单明了，突出中心，也不能一次呈现过多教具。此外，教师还要特别提示幼儿应注意的对象，使幼儿明确任务，以延长幼儿注意的时间，并注意到更多的对象。

中班幼儿随着年龄的增长，在正确教育的影响下，有意注意得到发展。在适宜条件下，注意集中的时间可达到 10 分钟左右。在短时间内，他们还可以自觉地把注意集中于一种并非十分吸引他们的活动上。例如上图画课时，为了画好图，他们可以认真地看范图，耐心地听老师讲解，然后自己作画。又如，为了正确回答教师提出的计算问题，他们能够集中注意，默数贴在绒布上的图形数目或者点数自己的手指或实物。

大班幼儿在正确的教育下，有意注意迅速发展。在适宜条件下，注意集中的时间可延长到 15 分钟。这样，他们就能够按照教师的要求组织自己的注意。在观察图片时，他们不仅可以了解主要内容，也可在教师提示下或自觉地注意图片中的细节和背景部分。

幼儿的有意注意是在外界环境的刺激，特别是在成人的要求下发展，在活动中完成的。教师应帮助幼儿明确活动的目的和任务，产生有意注意的动机，同时用语言组织幼儿的有意注意。如通过提问："小朋友注意看，什么东西浮起来了？"引导幼儿注意的方向等。又如观察图片时，他们不仅可以注意到自己感兴趣的部分，也可以在老师提示下注意图片中的细节和其他部分。

3. 注意品质的发展

注意的基本品质包括注意的广度、注意的稳定性、注意的转移和注意的分配 4 个方面。

1）注意的广度

注意的广度是指在同一时间能清楚地把握对象数量的多少。把握的注意对象数量越多，注意的范围就越大。

幼儿注意的范围较小，即幼儿在同一时间能清楚地把握注意对象的数量较少。这主要与幼儿的年龄特征有关。幼儿年龄较小，接触事物不多，知识经验较少，在较短时间内很难把事物联系在一起形成信息组块。

也有研究表明，注意范围还与注意对象的特点有关。如果注意对象排列有规律、颜色相同、大小一致、各对象之间有一定联系且能形成整体，幼儿的注意范围就大些，反之就小些。如，10 个圆点胡乱分布则不易把握，如果 5 个为一组排成 2 排，就很容易被注意到。

为扩大幼儿的注意范围，教师应采取的策略是：第一，尽可能地扩大幼儿的知识面，丰富幼儿的知识经验，且幼儿的活动内容一定是幼儿知识经验范围内和易于理解的；第二，提出的任务要明确、具体，且一次不能同时提太多的任务，以免影响幼儿的注意范围；第三，呈现的教具应有次序，不能太多，同时教具的排列要有规律，如让幼儿看图片或挂图时，不能一开始就把所有图片或挂图都摆放出来，这样做不仅会分散幼儿的注意力，而且会影响教学效果。

2）注意的稳定性

注意的稳定性是指注意保持在某种事物或某种活动上的时间长短。时间越长，注意越稳定。例如上课时，幼儿若能长时间地集中注意听、看或记等，说明他的注意是稳定的。与之相反的是注意分散，又叫分心，即注意不能长时间地保持在该注意的对象上。

这里需要注意的是：注意的稳定性并不意味着注意始终指向同一个对象，而是指注意的对象可以变换，但活动的总方向始终保持不变。

幼儿注意的稳定性较差，特别容易分散，但在良好的教育条件下，幼儿注意的稳定性随年龄的增长而提高。影响幼儿注意稳定性的因素有：活动内容（注意对象）是否新颖、生动、形象；活动方式是否适宜且有趣（是不是多样化、游戏化，能不能动手操作）；教师的语言是否生动、具有吸引力；幼儿的身体状况是否良好等。这些都会影响幼儿注意的稳定性。

据此，教师在组织幼儿活动时，为维持幼儿注意的稳定性，应注意：首先，活动内容应是幼儿感兴趣的；其次，活动的方式方法要灵活多变，即要多样化、游戏化且具有可操作性；最后，要动静交替，组织活动的时间不宜过长，应根据幼儿的年龄段来安排上课和活动的时间。

3）注意的转移

注意的转移是指根据新的任务，主动、及时地把注意从一个对象转换到另一个对象上。注意转移与注意分散不同，虽然它们都是变换注意对象，但前者是积极主动、有目的、有意识的变换，后者则是消极被动的，无意中受无关刺激干扰，从而使注意离开需要注意的对象，它是一种不良的品质。

幼儿注意转移的速度较慢，不够灵活，即他们往往不能根据新的任务和活动的需要，及时、主动地将注意从一个对象上转移到另一个对象上，也就是说，不能快速地将注意集中到当前应该注意的对象上。如刚上完音乐课，接着上计算课，幼儿很难将注意马上转移到计算中来。

研究表明，注意转移的快慢与难易，取决于前后进行的两种活动的性质以及人们对它们的态度。如果前一种活动，注意的紧张度高或者主体对前种活动特别感兴趣，注意转移就困难且缓慢，反之就容易且快。所以，幼儿正在玩有趣的游戏时，不要要求他立刻去学习；让他学习前，也不要让他玩过于有趣的游戏。

为加快幼儿注意的转移速度，教师在组织幼儿活动时，应做到：第一，合理安排教学活动。前后进行的两种活动之间最好有一定的时间间隔，给幼儿一点转移注意的准备时间；把幼儿更感兴趣的、强度较大的活动安排在后面；用生动有趣的方法组织后一种活动，把幼儿的注意尽快地吸引到新的活动中来。第二，培养幼儿良好的注意习惯。良好的注意习惯有利于提高幼儿注意的转移速度，要培养幼儿不管做任何事都能把注意集中到这件事情上的良好习惯。

4）注意的分配

注意的分配是指在同一时间内能把注意指向两种或两种以上活动或对象，如边弹边唱边观察、边听边记等。注意分配是有条件的，它要求同时进行的几种活动之间有密切联系，或者这几种活动中的某些活动已非常熟练，甚至达到自动化程度，否则，注意分配难以完成，甚至是不可能完成的。

幼儿注意分配的能力较差且年龄越小越突出，即在同一时间内很难将注意分配到两种或两种以上的活动中，他们常常是顾此失彼。例如，站队时顾了前后就顾不了左右；学习唱歌表演时，顾了动作忘了歌词，反之亦然。这主要是与对同时进行的几种活动是否熟练有关。如果对同时进行的几种活动都比较熟练，甚至达到自动化的程度，则注意分配得较好，反之则差。随着年龄的增长，幼儿注意分配的能力逐渐提高。现实生活中我们也可以看到，3岁的幼儿，注意力一般只能集中在一件事物上，如在游戏中，常常只注意玩自己的玩具，如果看别人玩，自己的活动就停止了；到了 4 岁，就可以和别人一起玩了；5~6 岁的幼儿，既能注意自己的活动，又能注意其他幼儿的活动情况。

为提高幼儿注意的分配能力，教师在组织幼儿活动时，应通过各种活动，培养幼儿的有意注意及自我控制能力；加强动作或活动的练习，使幼儿对所进行的活动比较熟练，至少对其中的一种活动掌握得比较熟练；丰富幼儿的知识经验，使同时进行的几种活动在幼儿头脑中建立联系。

三、幼儿注意发展中常见的问题及教育措施

（一）幼儿注意分散的原因和预防

1. 引起幼儿注意分散的主要原因

1）过多的无关刺激

尽管幼儿的有意注意已经开始萌芽，但仍然以无意注意为主。他们很容易被新奇的、多变的或强烈的刺激物所吸引，从而干扰他们正在进行的活动。例如，活动室的布置过于烦琐、杂乱，装饰物更换的次数过于频繁，老师的教具做得过于有趣，甚至教师打扮得过于新潮，这些过多的无关刺激都可能会分散幼儿的注意。

2）疲劳

幼儿的神经系统尚处于生长发育中，某些机能还未充分发展，如果长时间处于紧张状态或从事单调、枯燥的活动，大脑就会出现一种"保护性抑制"，刚开始幼儿会表现出精神状态差、打哈欠，继而就会出现注意力不集中等状况。因此，充足的睡眠和休息是防止幼儿因疲劳而注意力分散的有效措施。

3）缺乏兴趣

俗话说"兴趣是最好的老师"，对幼儿来说，兴趣的动机作用尤为重要。兴趣、成功感以及他人的关注等是构成幼儿参与活动的动机的重要因素。对自我意识处于发展状态中的幼儿来说，这些因素更会直接影响其活动时的注意状况。

4）活动组织不合理

教育过程的组织呆板、少变化，幼儿缺少实际操作的机会，教师对活动的要求不明确，活动内容的选择过难或过易等，这些因素都会导致幼儿出现注意分散的现象。此外，由于目前幼儿园普遍存在的一些现实问题，比如：班额相对较满，教师与幼儿的个别交流太少，幼儿可能因得不到教师的关注而丧失活动的积极性；教师在教学活动中对教育过程控制得过多、过死，幼儿缺少积极参与和创造性发挥的机会等，这些因素都可能导致幼儿的注意分散。

2. 幼儿注意分散的预防

1）避免无关刺激的干扰

对托幼机构来说，避免环境中无关刺激对幼儿的干扰可以从以下几个方面进行：教具的选择和使用应密切配合教学；规范教师的仪表、行为；在教学过程中避免当众批评个别精神不集中的幼儿，以免干扰全班幼儿。

2）根据幼儿的兴趣和需要组织活动

幼儿园的教育活动应符合幼儿的兴趣和发展需要。活动内容应尽可能贴近幼儿的生活，要选择他们关注和感兴趣的事物；应尽量以游戏的方式组织各种教育活动，使幼儿积极主动地参与活动，在这样的活动过程中，幼儿不仅可以有愉快、自信的情感体验，还有利于师生之间、同伴之间的交往。

3）无意注意和有意注意的交互并用

注意的发展，尤其是有意注意的发展对幼儿记忆、想象、思维的发展具有重要意义，同时也是个体完成任何有目的的活动的重要前提。有意注意需要一定的意志努力，很容易引起疲劳，无意注意容易引发但不持久。所以教师在组织教育活动时，要根据教学内容和幼儿的注意发展水平，灵活地运用两种注意方式。

4）合理地组织教育活动

幼儿教师作为教育活动的组织者和引导者，对幼儿注意分散的防止具有重要的影响。教师要不断学习专业知识，不断总结自己的教学经验，科学、合理地组织每一次教育活动。在轻松、愉快、有效的教育活动中，不仅可以有效地避免幼儿注意分散，也可以促进他们各种心理机能，尤其是注意的发展。

（二）幼儿的多动现象与注意

幼儿注意的稳定性比较差，主要特征之一就是"多动"，注意力不集中。

"多动"与"多动症"是不同的概念。好动是幼儿的天性，与幼儿的好奇和自制力差等有关。儿童多动症又称轻微脑功能失调（MBD）或活动过度及注意缺陷障碍（ADHD），是一种常见的儿童行为异常问题。

在不同的年龄阶段，多动症有不同表现。新生儿表现为易兴奋、惊醒、惊跳、夜哭、要成人抱着睡或嗜睡；婴儿的表现是不安宁、好哭、容易愤怒、好发脾气，母亲常常抱怨儿童难带；幼儿表现为乱奔乱跑、易摔跤、注意障碍开始变得明显、注意力难以集中、睡眠不安、喂食困难、在幼儿园不遵守规则、不能静坐。

近几年的研究表明，多动症既有病理上的原因，又有心理上的原因，它的确定需要医疗机构认真综合诊断，才能下结论。因此，教师应谨慎对待幼儿多动现象，不能轻率地把幼儿的爱动好动现象归为多动症，但也不能忽视幼儿注意力不稳定的现象。教师要善于分析原因，注重幼儿良好习惯的养成，在活动中逐渐提高幼儿的注意水平。

儿童多动症

儿童多动症是一种常见的儿童行为异常疾病，这类患儿的智力正常或基本正常，但学习、行为及情绪方面有缺陷，主要表现为注意力不集中，注意短暂，活动过多，情绪易冲动，学习成绩普遍较差，不论是在家里还是在学校均难与人相处，日常生活中常常使家长和教师感到没有办法。据国外报道，多动症的患病率在5%~10%；国内的调查数据是在10%以上，男孩多于女孩，早产儿及剖宫产儿患多动症的概率较高，在60%以上。

多动症既有病理上又有心理上的原因。一个儿童是否患多动症，仅凭经验是难以正确判断的，也不是由老师或者家长根据儿童的表现就可以做出结论的。一个多动的儿童是不是多动症，必须由专业机构根据儿童的生活史、临床观察、神经系统检查、心理测验等进行综合分析，才能确定。因此，不能轻易把儿童的好动当作多动症来对待。

（资料来源：张苹芳. 家长教养方式和儿童气质类型对儿童多动症影响的研究[D]. 长沙：中南大学，2013.）

第二节　学前儿童感知觉的发展

当儿童第一次看到小白兔时，会忍不住摸一摸小白兔身上那软软的毛，想听听小白兔说话的声音，并慢慢叫出它的名字："看，小白兔！"儿童通过看、摸、听等认识小白兔的过程，就是感知觉。学前儿童的感知觉是如何产生和发展的？感知觉在学前儿童认知过程中有什么作用？

一、感知觉概述

（一）什么是感知觉

感知觉是人生最早出现的认识过程，在学前儿童的认识结构中，感知觉始终占据主导地位，也是他们认识世界的开端。

1. 感觉

感觉是人脑对直接作用于感觉器官的客观事物的个别属性的反映。现实中事物的个别属性有颜色、声音、气味、重量、质地等等。当这些个别属性作用于我们的感觉器官时，人脑对它们的反映，就是感觉。如当苹果作用于幼儿的感觉器官时，幼儿可以通过视觉反映它的颜色，通过味觉反映它的酸甜，通过嗅觉反映它的清香，同时还可以通过触觉感觉它的光滑。

2. 知觉

知觉是人脑对直接作用于感觉器官的事物的整体的反映，是人对感觉信息的组织和解释过程。客观事物的信息往往以孤立的、片段的形式形成个体的感觉，但是人类并不是以孤立的、片段的方式认知客观事物，而是有组织、有界限，以统一的、整体的方式认知客观事物。人们不仅能听到各种声音、看到各种颜色、闻到各种气味，而且可以认识到作用于我们感官的事物是什么，能叫出它的名称，并用词标示它。

3. 感觉和知觉的关系

首先，感觉和知觉一样，都是人脑对直接作用于感官的客观事物的反映，即都离不开人脑、客观事物、感觉器官。但它们有所不同：感觉是对事物个别属性的反映，而知觉是对事物整体的反映。知觉按照一定方式整合个别感觉信息，形成一定的结构，并根据个体的经验来解释由感觉器官提供的信息。

其次，感觉依赖个别感觉器官的活动，而知觉依赖多种感觉器官的联合活动。

最后，感觉的产生主要由刺激物的性质决定，而知觉除了受刺激物的性质制约之外，还有其他心理成分，如需要、动机、兴趣、记忆、思维、言语的参与，在很大程度上依赖个体的知识经验。

感觉是知觉的基础，没有感觉便没有知觉，但知觉并不是感觉信息的简单相加，而是对它的有机结合。在现实生活中，任何事物的个别属性都不可能离开整体而单独存在，所以纯粹的感觉几乎是没有的，我们常把感觉和知觉合称为感知觉。

（二）感觉和知觉的种类

1. 感觉的种类

根据刺激的来源不同，可把感觉分为外部感觉和内部感觉（见表 3–1）。

（1）外部感觉是指接受外部刺激，反映外界事物个别属性的感觉。它包括视觉、听觉、味觉、嗅觉和肤觉。就人类而言，视觉和听觉最为重要，因为人类 90% 的信息是通过视觉和听觉获得的。

（2）内部感觉是指接受内部刺激，反映机体内部变化的感觉。它包括运动觉（动觉）、平衡觉（静觉）和机体觉（内脏觉）。

表 3–1　人的 8 种感觉

感觉种类		适宜刺激	感受器	反映属性
外部感觉	视觉	390~800 纳米的光波	视网膜上的棒状和椎状细胞	黑、白、彩色
	听觉	16~20 000 次/秒音波	耳蜗管内的毛细胞	声音
	味觉	溶解于水或唾液中的化学物质	舌面、咽后部、腭及会厌上的味蕾	甜、酸、苦、咸等味道
	嗅觉	有气味的挥发性物质	鼻腔黏膜的嗅细胞	气味
	肤觉	物体机械的、温度的作用或伤害性刺激	皮肤和黏膜上的冷点、温点、痛点、触点	冷、温、痛、压、触

续表

感觉种类		适宜刺激	感受器	反映属性
内部感觉	运动觉（动觉）	肌肉收缩、身体各部分位置的变化	肌肉、筋腱、韧带、关节中的神经末梢	身体运动状态位置的变化
	平衡觉（静觉）	身体位置、方向的变化	内耳、前庭和半规管的毛细胞	身体位置的变化
	机体觉（内脏觉）	内脏器官活动变化时的物理化学刺激	内脏器官壁上的神经末梢	身体疲劳、饥渴和内脏器官活动不正常

2. 知觉的种类

知觉可分为一般知觉和复杂知觉。

（1）一般知觉。根据知觉过程中起主导作用的分析器的不同，可把知觉分为视知觉、听知觉、味知觉、嗅知觉和触知觉，这些即为一般知觉。

（2）复杂知觉。根据知觉对象性质的不同，知觉又可分为物体知觉和社会知觉。前者是对物的知觉，它包括空间知觉、时间知觉和运动知觉；后者是对人的知觉，它包括对他人的知觉、自我知觉和人际关系知觉等，这些即为复杂知觉。

（三）感知觉在学前儿童心理发展中的作用

1. 感知觉是人生最早出现的认识过程，是其他心理现象产生的基础

许多研究表明，新生儿能够对一定的光、颜色和声音等产生反应，并且随着个体的生长，会逐步具备更完善的感觉能力和一定的知觉组织能力。

幼儿感知觉的发展是记忆、思维、想象等较为复杂、高级的心理过程发展的基础，如果没有感知觉的发展为其提供感性材料，幼儿的记忆、思维、想象等心理过程就不可能产生和发展。如，幼儿只有看到"筷子"这一物体，才可能将筷子的形象保留在头脑中，并在游戏中将两根木棍当成筷子来使用。如果没有视觉的发展，幼儿就不可能产生对这些物体形象的记忆和想象。

2. 感知觉是幼儿认识世界的基本手段

皮亚杰认为0~2岁的儿童处于"感知运算阶段"，依靠从感官得来的信息对环境刺激做出反应。如果幼儿不能通过感官接触到某个客体，即不能看到、听到或接触到等，幼儿就不会去寻找该客体。如对于毛绒玩具的认识，光靠成人单纯的说教是不起作用的，幼儿只有在亲眼看、亲手摸之后才能认识。

3. 感知觉在幼儿认识活动中占主导地位

在整个幼儿期，控制系统在认知结构中并没有上升到主导地位，感知系统仍然是幼儿认识世界的主要途径。例如在实验中，让幼儿观察两排硬币，数量一样，都是5个，排成一样的长度，幼儿很容易判断一样多，但当实验人员把上面一排硬币摆开一些时，幼儿会觉得上面一排多，因为它们看起来更长。幼儿主要是借助形状、颜色、声音，而不是依靠语言来认识世界的。

二、学前儿童感知觉的发展

(一) 学前儿童感觉的发展

1. 视觉的发展

视觉是指个体辨别物体的明暗、颜色、形状、大小等特性的感觉。人们认为从婴儿出生那一刻起,视觉就已经产生了。研究表明,用强光照射母亲的腹部,会发现胎儿的眼睛会一开一合,或干脆闭上,这表明婴儿在出生前就能感觉光的存在。婴儿刚出生时,对光线会产生反应,但眼睛发育并不完全,视神经尚未成熟,视力只有成人的1/30,五六个月的婴儿在许多方面已接近成人。

1) 视觉集中

视觉集中是指通过两眼肌肉的协调,能够把视线集中在适当的位置观察物体。由于婴儿的眼肌不能很好地协调运动,因此在出生后2~3周内,表现为一只眼睛偏右,一只眼睛偏左,或者两眼对合在一起,一旦遇到光线,眼睛就会眯成一条缝或完全闭合。所以,这段时期的婴儿不能长期放在光源的同一侧,避免眼肌的平衡失调,造成斜视。出生后3周的婴儿能将视线集中在物体上,出生2个月的婴儿的视线能够追随沿水平方向移动的物体,出生3个月的婴儿的视线能追随物体做圆周运动。此外,视觉集中的时间和距离会逐渐增加。3~5周的婴儿能够对1~1.5米处的物体注视5秒,3个月的婴儿能对4~7米的物体注视7~10分钟,6个月的婴儿能够注视距离较远的物体,此时他们对周围环境的观察更具主动性。

2) 视敏度的发展

视敏度是指个体分辨细小物体和远距离物体的细微部分的能力,也就是人们通常所说的视力。幼儿视敏度的发展是随年龄的增长不断提高的,但发展速度不均衡。新生儿的视敏度只有正常成人视敏度的1/10,1岁时与成人接近。

有人认为,幼儿年龄越小,视力越好,但事实并非如此。有研究者对4~7岁幼儿的视力进行调查。调查时采用一种视力测试图,图上有许多带有小缺口的圆圈,以此来测量幼儿站在什么距离可以看出圆圈上的缺口。结果是:4~5岁幼儿平均距离2.1米,5~6岁是2.7米,6~7岁是3米。可见幼儿的视力并不是年龄越小越好,而是随年龄的增长不断提高。但幼儿的视力并非等速发展。

幼儿教师要提醒幼儿注意用眼卫生,保护幼儿视力,教育幼儿不要在光线太强或太暗的地方看书、画画;看书、写字的姿势要正确且时间不要太长;不边走边看书;不躺着看书;不要用脏物、脏手揉眼睛;幼儿园要定期检查幼儿视力,发现问题及时矫正;另外,教师给幼儿提供的图书及玩教具字体要大、要清晰等。

3) 颜色视觉的发展

颜色视觉也称辨色力,是指个体辨别颜色细微差别的能力。婴儿对颜色的辨别能力发展得相当快,以至于有人认为颜色视觉是幼儿早期心理装置中的重要成分。新生儿能够区分红与白,对其他颜色的辨别缺乏足够的证据。出生后2个月,婴儿能够区分那些视觉正常的成人所能区分的大部分颜色(Brown,1990)。4个月时,哪怕在光照条件差异很大的情况下，婴儿仍能保持颜色识别的正确性。4~5个月以后，婴儿的颜色视觉的基本功能已接近成人水平。

实验研究表明，幼儿辨色力发展有如下趋势：小班幼儿已能初步分辨红、黄、蓝、绿等基本色，但辨认近似色较难且难以说出颜色名称；大多数中班幼儿已能区分基本色与近似色，如红与粉红，并能说出基本色的名称；大班幼儿不仅能认识颜色、运用颜色，而且能正确地说出常用颜色的名称，如黑、白、红、蓝、绿、黄、棕、灰、粉红、紫等，并且开始注意颜色的搭配和协调。

幼儿辨色能力的发展，主要在于掌握的颜色名称。如果掌握了颜色名称，即使是混合色，如淡棕、橘黄，幼儿也同样可以掌握。

幼儿教师在日常生活和教学活动中，要为幼儿提供各种色彩丰富的环境，指导幼儿认识和辨别各种色彩并学习调配各种颜色；同时把颜色名称教给幼儿，这对幼儿辨色能力的发展有直接的促进作用。

2. 听觉的发展

从接受的信息量来讲，听觉是仅次于视觉的感觉通道。研究表明，处于妊娠期第20周的胎儿已经具备听觉能力，25周的胎儿对声音刺激能做出身体运动的反应，并伴随生理指标的变化。

1）听觉感受性的发展

感受性是指有机体对内外刺激的感受能力。听觉感受性是指听觉感受器官对声音的感觉能力。

幼儿的听觉感受性随年龄的增长而提高，但存在着明显的个别差异。新生儿的听觉阈限在最好的情况下比成人高出10~20分贝，最差的时候高出40~50分贝，所以其听觉阈限不容易测量。但随着他们的成长，听觉感受性越来越接近成人，对高频声音的听觉接近最佳水平的时间要早于对低频声音的听觉，6个月时他们对高频声音的感受性已经接近成人水平。

听觉是人们极其重要的感觉通道。幼儿教师应避免噪声对幼儿听力的影响。幼儿园是幼儿集中的地方，幼儿又非常容易兴奋，他们在一起玩耍时，容易出现大声喧哗现象。教师应加强对幼儿的教育与组织工作：教师说话时要轻声细语，起到示范作用；教师要防止幼儿大吵大闹；如果条件允许，幼儿的自由活动应该多在户外进行。

幼儿耳道短，容易患中耳炎，可能导致听力丧失，幼儿教师在这方面也要做好保健工作。如不进脏水；不用锐器乱挖耳垢；避免感冒；如有问题，及时救治等。

2）语音听觉的发展

语音听觉是指对说话声的感知能力。幼儿语音听觉是在言语交际中发展和完善的。幼儿初期还不能辨别语言的微小差别，如，分不清"s"和"sh"，"k"和"h"等；幼儿中期可以辨别语言的微小差别；到了晚期，几乎可以毫无困难地辨别本民族的所有语音。

出生只有1天的新生儿对成人的语音和磁带播放的语音都表现出明显的同步动作反应。研究发现，1个月大的婴儿就能分辨"pah"和"bah"的差别，于是有人推测，人类在语言方面的某些能力具有先天成分。随着婴儿年龄的增长，他们会逐渐失去过去拥有的某些语音的辨别能力，而随着他们经验的增加，会形成某些新的能力。这种能力的减弱大概发生在青春期，语言的灵活性也同时下降。婴儿对元音的敏感性在出生接近6个月时开始下降，而辅音在出生12个月后下降。我国学者张劲松等人对幼儿的语音听觉进行了研究，结果发现，3岁以上幼儿中，女孩的语音辨别能力比男孩好；大年龄组幼儿的语音辨别能力显著高于低年龄组；语音辨别能力在2~3岁提高最为明显。

幼儿教师可通过语言教学与训练发展幼儿的语音听觉能力。语言教学中语音的变化、词语声调的不同，语言表达时语气的多样化等都是促进幼儿听觉发展的有效途径。良好的音乐环境，如多让幼儿倾听各种物体及各种乐器发出的声音，也是发展幼儿听觉的有力手段。此外，幼儿园还可以组织专门的训练听力的游戏，如让幼儿闭上眼睛，听小朋友说一句话，辨别说话的人的声音，猜猜说话的是谁，以此来训练幼儿的听觉辨别力。

在幼儿阶段存在着"重听"现象。所谓"重听"，即"半聋""半听见"，是指这些幼儿听力上有缺陷，但是能够根据别人的面部表情、嘴唇的动作以及当时说话的情境，正确地猜到别人说话的内容。这种现象易被忽视，但它会对幼儿的语言听觉、语言能力和智力的发展带来危害，应引起人们的重视。

3. 皮肤觉的发展

皮肤觉包括触觉、温度觉和痛觉，它们对于维持幼儿的生命具有直接的生物学意义。触觉是幼儿认识世界的重要手段，尤其是2岁以前，幼儿出生后就有灵敏的触觉反应，一些无条件反射都有触觉活动的参与。早期幼儿主要是通过口腔和手的触觉来探索外部世界的。口腔触觉出现较早，在1岁之前，甚至在此后相当长的时间内，它都是幼儿认识客体的重要手段。早期手的触觉是一种无意的触觉活动，5个月左右，幼儿伸手能够抓住东西，手的触觉能够同视觉活动相协调，这是幼儿认知发展的重要里程碑。进入幼儿期，更喜欢摆弄玩具和物体，在这些活动中，幼儿逐渐认识物体的软或硬、粗糙或光滑等属性，同时也进一步促进触觉能力的发展。

新生儿的温度觉比较敏锐，对冷的刺激比热的刺激反应明显，健康状况受环境温度的影响很大，需要适当保暖。痛觉是随着年龄的增长而发展的，新生儿的痛觉感受性很低，紧张、恐惧、伤心、焦虑、烦躁等都可以构成痛的情绪成分，成人情绪对幼儿痛的感受可以起暗示的作用。例如，幼儿摔倒了，本来没有感到很痛，可是成人表现出的紧张情绪，反而会"加大"幼儿痛的感觉。

（二）学前儿童知觉的发展

1. 空间知觉的发展

空间知觉是指人们对物体空间特性的反映，它包括方位知觉、深度知觉、形状知觉和大小知觉。

1）方位知觉的发展

方位知觉是对自身或物体所处空间方向的知觉。例如对上下、前后、左右、东西南北的辨别。

幼儿在判断方位时，常以自身为中心进行判断，随后逐渐过渡到以其他客体为参照判断方位。其发展趋势：小班幼儿（3岁）可以辨别上下；中班幼儿（4岁）开始辨别前后；大班幼儿（5岁）开始能以自身为中心辨别左右；7岁开始才能够辨别以其他人为基准的左右方位。

案例

幼儿园中方位教学的一些方法

幼儿教师在示范中应运用"镜面示范"的方式，即以幼儿为中心进行教学。如面向幼儿做示范时，其动作要以幼儿的左右为基准。教学中还要把方位词与生活实际结合起来。如右手就是拿勺子的手，幼儿渐渐就会懂得"右"这个词。也可通过游戏方式让幼儿掌握方位，如可以做相反动作的游戏：老师说"上"同时把手向上举，小朋友则必须说"下"且把手放下等。再如，"乒板、乒板、乒乒板板"，两人边说边双手拍对方的手；"上上、下下、前前、后后、左左、右右"，说什么方位，双手就在什么地方拍两下，如说"上上"，就在头的上方拍两下，等等。此外在日常生活中，也可训练幼儿掌握方位概念，如要求其把椅子放在桌子下面，或把桌子上边的书拿来。对大一点的幼儿，早上送他上幼儿园时，可指着太阳告诉他："太阳升起的地方是东边。"晚上接幼儿回家时，又指着太阳对他说："太阳落山的地方是西边。"并告诉他，东边和西边正好是对着的。这样，幼儿便在游戏和日常生活中逐渐掌握了有关的方位概念。

2）深度知觉的发展

深度知觉又称距离知觉，是个体对同一物体的凹凸或对不同物体的远近的辨别。

生命开始时，新生儿通过运动深度线索对深度进行感知；五六个月时，他们通过图示深度线索感知深度；随着双眼线索的有效应用，深度知觉的精细程度逐渐增加。

幼儿距离知觉发展水平较低。具体表现为，一是他们只能对熟悉的物体或场地区分出远近，对于比较远的距离则不能正确认识；二是幼儿对透视原理还不能很好把握，不懂得近物大而清晰、远物小而模糊等感知距离的视觉信号，因此他们画出的物体远近、大小不分，也不善于把现实物体的距离、位置、大小等空间特性在图画中正确地表现出来，更不会正确判断图画中人物的远近。如把图画中在远处的树看成小树，把近处的树理解为大树。

为使幼儿较好地掌握物与物之间的距离，在教学中教师应教给他们判断远近的方法或线索。如两物重叠时，前面的物体在近处，应画大一些、清楚些；后面被挡住的物体在远处，应画小些、模糊些。也可在现实中引导幼儿进行分析、比较或用实际动作来配合，如用手比一比、量一量，结合动作练习目测等。

3）形状知觉的发展

形状知觉是对物体几何形体的辨别。

幼儿早期就具备了对物体形状和集合图形的分辨能力。早在1961年，范茨就得出婴儿对有图形结构的对象更感兴趣的结论（即图形视觉理论），且对面孔的注意远高于其他对象。其他研究者以微笑为指标对各种面孔图形和真实面孔进行了实验。大约6周的婴儿只要对着黑色背景的两只眼睛就会微笑，随着年龄的增长，到了6个月时，他们才会只对完整的面孔微笑；3个月时，婴儿能够辨别不同的面孔特征；在7~10个月，婴儿开始对情感表达做出有序而有意义的整体反应（Ludemann，1991）。

幼儿对物体形状的辨别能力发展较快，通常情况下，小班幼儿已能正确辨别圆形、正方形、三角形和长方形；中、大班幼儿除此之外还能进一步掌握半圆形、梯形、菱形、平行四边形等。研究表明：4~5岁时，幼儿已能辨别物体的各种基本几何图形。

由于形状是幼儿学习数学、绘画及辨认物体的必要基础知识之一，所以在教学中，教师还要进一步地加强幼儿对形状的认识和掌握，可结合生活实际让幼儿认识物体及其形状。如让小朋友找一找现实生活中什么东西是圆的、方的、三角的；说一说户外树叶的形状、游戏材料的形状等。还可通过游戏提高幼儿形状知觉的水平，如配对游戏，找出形状完全一样的物品。又如准备10个形状不同的盒子，每个盒子都有相应的盖，让幼儿尽快把盒子都盖上。各种镶嵌板玩具也是培养幼儿形状知觉的材料，教师和家长都可以加以利用。

4）大小知觉的发展

大小知觉是对物体长度、面积、体积的辨别。

由于大小是相对的，是在比较中获得的，对物体大小的判断，蕴含着辩证思维，而幼儿思维能力发展水平较低，所以幼儿在判断物体大小时，除非形状相同或长度、面积、体积差异明显的物体比较容易判断，否则有一定的难度。2.5~3岁的幼儿已经能够按照成人的语言指示选择出大皮球或小皮球，3岁以后判断大小的精确度有所提高。2.5~3岁是幼儿判断平面图形大小的能力快速发展的阶段。

总之，幼儿的空间知觉有明显的发展，但还不精确。教师要在实践活动中，通过教学、绘画、泥工等活动以及拼板等玩具，利用散步的机会让幼儿了解物体的空间特性，并教给他们有关的空间特性的词语，以促进他们空间知觉的不断发展。

2. 时间知觉的发展

时间知觉是个体对客观事物运动过程的先后和时间长短的辨认，即对客观现象的顺序性和延续性的反映。它是一种感知时间的长短、快慢、节奏及先后的知觉。

时间知觉有自身的特殊性：一是时间本身没有直观的形象，二是人们也没有专门感知时间的分析器，因此人们很难准确把握时间，必须借助某种媒介来认识：自然界周期性的变化，如昼夜或四季交替，月亮圆缺，知觉主体的生理变化（如饥饿），时钟、日历等计时工具。

幼儿自出生之时起就在时间中成长，但感知时间是无意识的、不自觉的。起初，他们主要依靠生理上的变化来体验时间（如对吃奶时间形成条件反射，即到时间感到饿，想要吃奶）。以后逐渐学习通过某种生活经验（作息制度、有规律的生活事件等）和环境信息（自然界的变化等）来反映时间。到了幼儿晚期，在教育影响下，开始有意识地借助计时工具来认识时间。但由于时间比较抽象，因此幼儿感知时间也比较困难，且水平不高。研究表明，幼儿的时间知觉表现出如下特点与发展趋势：

（1）时间知觉的精确性与年龄正相关，即年龄越大，精确性越高。

（2）时间知觉的发展水平与幼儿的生活经验相关。他们常以作息制度作为时间定向的依据。如"早上"就是起床上幼儿园的时间，"晚上"就是看完动画片上床睡觉的时间。

（3）幼儿对时间单元的感知和理解有一个"由中间向两端""由近及远"的发展趋势。如他们对天的理解最先是"今天"，然后才是"昨天"和"明天"，再后才是"前天""后天"等。

第三章 学前儿童认知的发展（上）

（4）理解与利用计时工具的能力与年龄相关。幼儿常常不理解计时工具的意义。如妈妈告诉幼儿到6点半时，可以打开电视看动画片，幼儿等得不耐烦了，就要求妈妈把钟表拨到6点半。还有个幼儿听妈妈说"日历撕完了，就该过新年了"，他便跑去把日历全部撕掉，回来告诉妈妈"该过新年了，日历已撕完了"。有研究表明，大约到7岁，幼儿才开始利用时间标尺估计时间。

时间概念的掌握

教师应针对幼儿年龄特点，从小培养幼儿时间知觉的能力和时间观念，使幼儿形成良好的珍惜时间的态度和习惯。可结合具体事情来讲解时间，如告诉他"后天"过"六一儿童节"，要解释"后天就是睡了一个晚上，过了一天，再睡一个晚上就到了"。也可通过具体形象的事物教幼儿掌握时间概念，如早上送幼儿上幼儿园，就可指着太阳告诉他："太阳刚升起来，妈妈去上班，你去上幼儿园，这时间就是早上。"还可以对他说，"今天下午6点钟我来接你""我们从幼儿园走到家用了半个小时""你再玩10分钟就吃饭"等等。经常让幼儿体验时间单位的长短，逐渐让他理解和掌握一些时间概念。

此外，还可通过幼儿园有规律的生活、音乐、体育活动中的节奏动作来感知时间；通过观察自然界规律性的变化来了解时间的变迁；通过日常生活训练幼儿珍惜时间，如早上按时起床、抓紧时间吃早饭、按时上幼儿园、在规定时间内擦完桌椅等；家长可以帮助幼儿设计合理的作息制度，按作息时间游戏和生活等。

三、学前儿童观察力的发展

观察是一种有目的、有计划、比较持久的知觉过程。在观察过程中表现出来的观察事物的能力称为观察力。学前期是一个人的观察力开始形成并迅速发展的时期。观察力是智力的一个重要组成部分，是一切能力发展的基础。我国心理研究工作者（姚平子，1987）根据观察的有意性对学前儿童的观察力发展提出了"四阶段说"。第一阶段（3岁）：不能接受所给予的观察任务，不随意性起主要作用；第二阶段（4~5岁）：能接受任务，能主动进行观察，但深刻性、坚持性差；第三阶段（5~6岁）：接受任务以后，开始能坚持一段时间进行观察；第四阶段（6岁）：接受任务以后能不断分解目标，能长时间反复观察。

（一）学前儿童观察力的发展趋势

1. 观察的目的性，从无意性向有意性发展

学前儿童的观察是从无目的性向有目的性方向发展的。有研究者（姚平子，1985）曾对3~6岁儿童进行研究，要求他们分别在图片中找出相同的图形、图形中的缺少部分、两张大致相同的图片中的细微差异，以及在图中找出物体。结果发现，儿童的观察准确性随

年龄的增加而稳步提高。研究认为，3岁儿童的观察已经带有一定的目的性，但水平低；4~5岁明显提高；6岁时就能够按活动任务进行活动了。

2. 观察的持续性，时间由短到长

幼儿初期，观察持续的时间很短，很容易受主体情绪、兴趣的影响，也容易受客体变化的影响。阿格诺索娃的研究发现，3~4岁儿童持续观察某一事物的时间平均为6分8秒；5岁儿童有所提高，平均为7分6秒；从6岁开始，观察持续的时间显著增加，平均时间为12分3秒。

实验研究表明，儿童观察持续性的发展与儿童观察的目的与兴趣有关。如果观察目的明确且是感兴趣的事物，观察的时间就长些。例如把观察者分成两组，一组提出明确的要求，即找出两张图片中穿相同服装的人，另一组只是笼统地说一下，结果前一组由于目的较明确，所以观察时间较长。再如观察金鱼比观察树木的时间长，这是因为儿童对金鱼更感兴趣。

3. 观察的细致性，从笼统、模糊向比较准确发展

学前儿童的观察比较模糊，这可能是注意力无法长时间集中和稳定导致的。通常他们只看到事物的大概轮廓就得出结论，不再深入观察。随着年龄的增长，学前儿童对事物的观察更加仔细、精确，50%以上的6岁儿童在观察精确性的测验中几乎完全正确。姚平子等探索了3~6岁儿童观察图片的过程，实验结果表明，儿童观察的细致性随年龄增长而提高（见表3-2）。

表3-2　各年龄组儿童进行正确观察的百分率　　　　　　　单位：%

项目 年龄/岁	找相同图形	找缺少部分	找图形不同处	观察图形	找图中物体
3	62	78	54	88	38
4	90	92	90	96	70
5	100	100	98	96	86
6	100	100	100	100	98

4. 观察的概括性，从感知事物的表面特征向感知事物的本质特征发展

幼儿初期，儿童在观察时，常常不能把事物的各个方面联系起来观察，因而不能发现各事物之间的相互联系及本质特征。例如教师让儿童看两盘萝卜，其中一盘泡在水里，萝卜头长出了小绿叶，另一盘无水，萝卜头萎缩了，小班儿童通常看不出萝卜头生长情况与水分之间的关系。再如给儿童看两幅图画，其中一幅画着小孩玩球，另一幅画着球把玻璃打碎了，小班儿童往往也说不出这两幅图画间的因果关系。这主要是与他们观察的系统性差有关，尤其是小班儿童，他们只能回答图片上"有什么""是什么"，不能回答"在做什么""怎么做的"等问题。到了中、大班，儿童的概括能力有了一定发展，他们能说出图片上人物之间的关系，有的还能用一句话概括地说明图画内容。

（二）学前儿童观察力的培养

1. 提出明确的观察目的与任务

观察前，教师应告诉幼儿观察什么、怎么观察。比如，在幼儿观察桃树之前，先向幼

儿说明："今天我们观察桃树，要仔细看看桃树的树干是什么样子，树杈多不多，从哪儿开始分杈，桃花是什么颜色，它有几个花瓣……"使幼儿对观察桃树的任务有一个比较具体、清楚的理解。有人做过这样的实验：请两组幼儿观察两张完全相同的图片，对其中一组幼儿在观察前讲明这两张图片有 5 处不同，而对另一组幼儿只笼统地要求他们找出图片的不同处，不告诉共有几处不同。结果前组幼儿平均找出 4.5 处不同，后组幼儿只找出 3.7 处不同。由此看出，观察目的、任务的明确程度，会直接影响观察效果。目的任务越明确，效果就越好。

2. 培养幼儿的观察兴趣

一方面，应经常引导幼儿注意观察周围事物及大自然。比如春天，老师可以带幼儿观察小草怎样变绿，小花怎样开花，到冬天可以带幼儿看看它们怎样凋谢、枯黄，然后启发幼儿想一想小草、小花的生长与季节气候间有什么关系。夏天，在下雨之前，可带幼儿去观察地上的蚂蚁怎样忙碌地搬家，下雨后再带幼儿去看天上出现的美丽的彩虹，使幼儿懂得下雨与蚂蚁搬家、彩虹出现之间的联系。

另一方面，还可让幼儿动手实验：把两盆花分别放在向阳和背阴的地方，将两颗蒜分别放在有水和无水的盘子里，然后带幼儿观察它们生长变化的过程及其异同，使幼儿了解植物生长与阳光、水分之间的关系，这无疑比单纯用语言讲解的效果好得多。再者，启发幼儿多提问并尽可能使幼儿的多种感官都参与其中。如在认识黄瓜和西红柿时，不仅让幼儿用眼睛看，还可以让他们用手摸、用嘴尝；教幼儿认识菊花、水仙花时，不仅可以让幼儿看看、摸摸，还可以让幼儿闻闻。这样可使得幼儿从形状、颜色、气味等各个方面对黄瓜、西红柿、菊花、水仙花有比较完整、精确的认识。

3. 提供丰富的观察材料，引导幼儿观察概括

如让幼儿观察小兔形象时，不要总是提供白色的小兔，还可提供灰色的、黑色的、花的小兔等，让幼儿来概括其本质特征。

4. 教给幼儿观察的方法和步骤

幼儿的观察是从跳跃式、无序的逐渐向有顺序性发展的。教师应教给幼儿观察的方法，让幼儿能够学会或从左到右，或从上到下，或从外到里，或从整体到局部，或从局部到整体，有顺序地进行观察。在此基础上，引导幼儿学会思考和概括。

总之，观察是一个人认识世界的重要手段，从小培养幼儿的观察力是十分必要的。应当通过日常生活和教学，有意识地组织幼儿在教师的指导下，有目的、有计划地进行观察，以促进幼儿观察力的发展。

四、感知规律在幼儿园教学活动中的运用

（一）感觉的规律及其运用

感觉的规律主要表现在感受性的变化上。感受性是指有机体对内外刺激的感受能力。每个人的感受性都存在着个别差异。感受性的变化主要体现在以下几方面。

1. 感觉的相互作用

感觉的相互作用可以使感受性发生变化。如一明一暗的灯光，会使一个强度保持不变的音调听起来带有时高时低的波动现象，这是视觉对听觉的影响。反之亦然。

感觉的相互作用可使感受性提高或降低。一般情况下，弱刺激可提高感受性，强刺激则降低感受性。如，在寂静的夜晚或教室，低声说话也可听见，而在喧哗的闹市，大声讲话也听不清楚。根据以上规律，教师在讲课时，应轻声细语，不要高声大叫，以免影响幼儿的听觉感受性。

2. 感觉的适应

适应是指在刺激的持续作用下引起感受性变化的现象。视、听、嗅、味、肤各种感觉都有适应现象。如视觉上有明适应和暗适应；听觉上表现为常在噪声下工作，对声音的感受能力会降低；嗅觉上，如古话说的"入芝兰之室，久而不闻其香""入鲍鱼之肆，久而不闻其臭"；肤觉上表现为用冷水或热水泡脚，久而不知其凉或烫，棉衣穿久了不知其重等等。

强刺激可以降低感受性（如明适应），弱刺激可以提高感受性（如暗适应）。教师讲课时，声音不要一直很高；把幼儿从亮的地方领到暗的地方，要适应一会再开始活动，以免发生意外，反之亦然；要注意幼儿看书的光线，不能太强或太弱；每次运动前都要先做好准备活动，之后再开始，以免受伤。

3. 感觉的对比

感觉对比是指同一分析器接受不同刺激引起的感受性的变化。对比有同时性对比，如月明星稀、白与黑、红和绿、冷和热；灰纸放在黑背景中亮一些，放在白背景中暗一些；同样长的线放在短线中长些，放在长线中又短些等等。也有相继性对比，如吃完中药后吃甘蔗，就会觉得甘蔗更甜；吃完甘蔗后吃橘子，就会觉得橘子比平时酸。

幼儿教师在为幼儿制作直观教具或布置教室和活动室时，应注意运用"对比"规律，注意色彩搭配，以突出主题；讲话时应注意音调的高低对比，以引起幼儿的注意。教师也可利用不鲜明的对比，以培养幼儿的观察力。如在草丛中找青蛙、在花丛中找蝴蝶等都是对比规律在教学中的运用。

4. 感觉的敏感化

感觉的敏感化是指分析器的相互作用和练习可使感受性提高的现象。人的感受性是可以训练的，即它可以通过特殊训练和积累经验而提高。如盲人的听觉和触觉特别发达，染色工人可以区分 40~60 种黑色色调，美术家的辨色力，音乐家的辨音力等，都是特殊训练的结果。

教师要重视感知觉的教育，通过各种活动有意识地训练幼儿的感知能力。如音乐活动、美术绘画活动等，都是发展幼儿的听觉、辨色力和触觉的有效手段。

（二）知觉的规律及其运用

知觉的规律主要表现在以下四个方面。

1. 知觉的选择性

知觉的选择性是指从众多事物中选择知觉对象。在现实生活中，人所处的环境复杂多样。在每一瞬间，人不可能同时清楚地去反映所有对象，而总是有选择地把某一事物作为知觉对象挑选出来，加以注意。与此同时，把其他事物作为背景，这就是选择性。如教师上计算课时，写在黑板上的题是幼儿的知觉对象，比较清晰；而周围的一切作为背景在幼儿的视野外，比较模糊。

影响知觉选择性的因素有以下几个方面：

一是对象与背景的差别。差别越大，越容易被选择。强烈的、对比明显的刺激，如强光、大声，以及绿草中的红花等，都容易被选择。根据这个规律，教师的板书、挂图和实验演示，应当重点突出、色彩分明，以加强对象与背景的差别，便于引起幼儿的注意，从而加以选择。

二是刺激物的组合特点。越有规律，越容易被选择。如穿着统一服装的幼儿很容易从人群中被感知出来。据此，教师给幼儿呈现的教具排列要有规律，不能杂乱无章；为突出某一部位，周围最好不要附加其他线条或图形，注意拉开距离或加上不同色彩；所讲知识应由浅入深，不能跳跃太大。

三是对象的活动性。在固定不变的背景上，活动着的对象容易被选择。如小虫子趴着不动不易被觉察，而乱蹦乱跳容易被注意到。所以在教学过程中，教师应尽量制作和使用活动教具。如活动模型、活动玩具、幻灯片和录像等，使幼儿获得清晰的知觉。此外，教师讲课的声调应有变化，抑扬顿挫，重点内容要加重语气，辅以合适的表情与手势，便于幼儿理解和掌握。

2. 知觉的整体性

虽然事物是由多种属性和各个部分构成的，但是人们并不把它感知为个别的、孤立的几个部分，而倾向于把它们组合为一个整体来认识，这便是知觉的整体性。例如树后的小动物，虽只画出它们露出的一小部分，幼儿也能猜出是什么动物。正因为如此，当人感知一个熟悉的对象时，哪怕只感知了它的个别属性或部分特征，也可以依据以往的经验感知其他特征，从而产生整体性的知觉。

知觉整体性主要与人的知识经验有关。在日常生活和教学中，我们要通过各种途径扩大幼儿的知识面，丰富幼儿的知识经验，便于幼儿把事物的各种属性结合起来，从整体上把握事物，形成完整的印象。

3. 知觉的理解性

知觉的理解性是指人总是根据以往的知识经验理解当前的事物，并用词把它们标示出来。如根据画中的人物形象知道其扮演的角色。再如右图所示：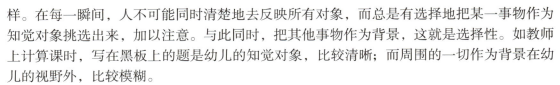，你可以根据自己的理解把它看成任何东西：箱子、柜子、魔术盒、凳子、砖头、火柴盒、炸药包……

影响知觉理解性的因素有以下几个方面：

一是与知识经验有关。即在理解过程中，知识经验是关键。例如面对一张X光片，不懂医学的人很难看懂，而放射科的医师能获知病变与否。再如我们看到图画中的人物，能够理解他们所扮演的角色。又如"一人比画一人猜"的游戏，也都受知识经验的影响和制约。

二是受语言指导的影响。有些事物只有通过语言指导方可明白其含义，如对古诗、古文的理解。所以教师应通过语言启发、提供线索，帮助幼儿提取知识经验，组织知觉信息。

幼儿年龄小，知识经验少，理解事物有一定的困难。因此，要想提高幼儿知觉的理解性，一方面要丰富幼儿的知识经验；另一方面，教师要耐心地给予解释，帮助幼儿理解事物。

4. 知觉的恒常性

知觉的恒常性是指当知觉条件发生改变时，知觉对象仍然保持不变。

知觉的恒常性表现在很多方面。最主要的是视觉恒常。视觉恒常又包括亮度恒常，如石灰与煤不管放在哪里，石灰都比煤亮；形状恒常，如圆盘不管怎么放置（平放、竖放、斜放），它在人们脑中仍然是圆的；大小恒常，例如妈妈已走远，我们仍然将其感知为原形中的妈妈，并未因人变小而改变。此外，知觉的恒常性还包括声音恒常。如飞机与蚊子的声音相比，飞机的声音要大，即使它飞得很高，我们仍然觉得它的声音大过蚊子的声音。

知觉恒常性也与知识经验有关。即过去的知识经验对当前的知觉起纠正作用，从而使人对事物有了较稳定的看法，形成知觉的恒常性。

正因为有了恒常性，我们对事物才能做出相对准确的评判，否则每个事物随时都可能变成新事物，整个世界不知会是什么样子。

第三节　学前儿童记忆的发展

教幼儿学习古诗《锄禾》时，有的老师用单纯重复跟读的方法，幼儿需要很长时间才能记住，加上对某些词、句无法理解，背诵时经常出错。而有经验的教师先将诗的内容绘成美丽的图画，再用故事形式向幼儿讲述诗歌的内容，进而引导幼儿对诗中提及的"锄禾""当午"等词进行讨论，结合幼儿的生活经验帮助他们理解。结果幼儿很快就记住了这首诗，而且经久不忘。

一、记忆概述

（一）记忆的概念

记忆是人脑对过去经验的反映。过去经验包括人们感知过的事物、思考过的问题、体验过的情感以及做过的动作等。感知觉是对当前直接作用于感官的事物的一种反映，具有表面性和直观性；而记忆是对经历过的事物的反映，具有内隐性和概括性。

记忆是一个从"记"到"忆"的过程，包括识记、保持和回忆三个阶段。按照信息加工论的观点，识记就是对信息进行编码的过程，保持就是将编码过的信息以一定的方式储存在头脑中的过程，回忆就是提取和输出信息的过程。回忆又分为再认和再现。再认是指过去经历过的事物再度出现时，人们能够识别它；再现是指过去经历过的事物虽然不在面前，但能把它在头脑中重新呈现出来。如，你在一次旅游中到过某个景点，这个景点的优美景色给你留下了深刻印象，当你在电视或画册上看到这个景点的景色时，你会说这个景色你看过，这就是再认；或者是当你再听到这个景点的名字时，你头脑中就会浮现这个景点的优美景色，这就是再现。识记、保持和回忆这三个阶段是密切联系、不可分割的。没有信息的输入，就谈不上保持，信息没有保持住就提取不出来，也就没有回忆，所以记忆也可以说是对信息的输入、存储和提取的过程。

（二）遗忘规律与学前儿童遗忘现象

1. 遗忘和遗忘规律

我们识记过的事物并不是永远能再认（回忆）的，这种不能再认（回忆）或错误的再认（回忆）的现象就是遗忘。

遗忘可分为两类：一种是永久性遗忘，即如果不再学习，是永远不可能再认（回忆）的。另一种是暂时性遗忘，即一时不能再认（回忆），但在适当的条件下，还能再认（回忆）。如，一幼儿背儿歌背得很熟，但当老师让他在台前背诵时，往往背不出来，而一回到自己座位上就又会背了。又如，我们看到某个物品，明明知道它的名字，可就是一时想不起来，事后又猛然记起。这种明明记得，但一时不能回忆起的现象也称为"舌尖现象"。这就是暂时性遗忘。

心理学研究表明，遗忘是有规律的。德国心理学家艾宾浩斯最早对遗忘做了系统的研究。为了尽量减少过去经验对学习、记忆的影响，他在实验中应用无意义音节作为学习、记忆材料。把学习材料学到恰能背诵，过了一定时间间隔，再来重新学习，以重新学习所节省的时间或次数作为测量记忆的指标，并绘制了著名的"艾宾浩斯遗忘曲线"，如图3-1所示。从艾宾浩斯遗忘曲线可看出，遗忘的进程是不均衡的，在识记后最初遗忘得比较快，以后逐渐缓慢，即"先快后慢"。因此，可以通过及时复习来提高学习效率，防止遗忘。

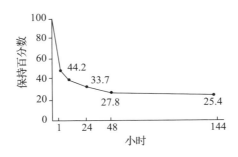

图3-1　艾宾浩斯遗忘曲线

（资料来源：陈帼眉. 幼儿心理学[M]. 北京：北京师范大学出版社，1999：75.）

2. 幼年健忘

许多实验证实，人在出生后就具有一定的记忆能力。但是，人们也发现，我们不能回忆起婴儿期的经历。这种现象被称为"幼年健忘"。那么，如何解释这种现象呢？尽管目前这一现象还未完全弄清楚，但一些研究者提出了各自的意见，主要有两种观点：第一种观点认为，2岁前幼儿的神经系统发展存在局限性，这个年龄的幼儿不具备将短时记忆中的信息转入长时记忆系统的能力；第二种观点认为，是个体在婴儿期对信息的编码方式与以后各阶段提取信息的方式不匹配造成的。

3. 记忆回涨

研究发现，幼儿的遗忘还有一个特殊的记忆回涨现象，即学习后一段时间测得的保持量比学习后立即测得的保持量要高。也就是说，刚学习完某种材料马上回忆的效果还不如过一段时间后再回忆的效果好。这个回涨期过后，记忆才遵循先快后慢的规律。小班幼儿的这种情况更为明显。如，带幼儿去动物园游玩回家的路上，你问他在动物园看了哪些动物，他可能只能说出几个，但当他回家后，可能说出许多。关于幼儿记忆回涨现象的原因，目前有两种解释：一种认为是疲劳造成的。幼儿神经系统耐受力差，学习时容易引起大脑皮质相应部位的疲劳，所以学习后立即再现的效果不好。一段时间后，疲劳解除，才使再现量达到最高峰。另一种认为，是因为幼儿记忆的保持加工能力较差。幼儿不能对输入的新信息及时进行处理，所以立即提取困难。一段时间后，信息已被分门别类处理好了，检索提取变得容易了，所以再现量会有所增加。

（三）记忆的种类

1. 根据内容的不同，记忆可分为形象记忆、运动记忆、情绪记忆和逻辑记忆

1）形象记忆

形象记忆是以感知过的事物的具体形象为内容的记忆。形象记忆可以是视觉的、听觉的、嗅觉的、味觉的、触觉的。如我们对看过的人、物和画面，听过的音乐，闻过的气味，尝过的味道和触摸过的物体等的记忆，都是形象记忆。

2）运动记忆

运动记忆是以过去做过的运动或动作为内容的记忆。例如，幼儿对做操或洗手的一个接一个动作的记忆。一切对生活技能、体育运动或舞蹈等动作的记忆，都是运动记忆。

3）情绪记忆

情绪记忆是以体验过的情绪或情感为内容的记忆。例如，幼儿对被关黑屋子时的恐惧，或对玩游戏时的快乐等情绪的记忆。

4）逻辑记忆

逻辑记忆是以语词、概念、原理为内容的记忆。例如，我们对科学概念、数学公式、物理定理、法律法则的记忆等，都是逻辑记忆。

2. 根据保持的时间，可将记忆分为瞬时记忆、短时记忆和长时记忆

1）瞬时记忆

生活中我们都有这样的体会，当我们注视了灯光后，马上把灯关上，在很短的时间内我们还能保持它的映象。这种只储存瞬间的记忆，就称为瞬时记忆。在这个阶段，外界信息进入感觉通道，并以感觉映象的形式短暂停留，所以又叫感觉记忆。

2）短时记忆

储存在感觉通道中的大部分信息迅速消退，只有那些得到复习和注意的一小部分信息

能转入并保存在这个短时记忆中，短时记忆的储存时间为1~2分钟。这种记忆的内容是人们所意识到的，识记快，回忆也快，但回忆后没有保持，刺激的痕迹很快就会消失。像我们在别人的口授下书写的过程，就是短时记忆的表现，在写完后没有必要保持，记忆也就消退了。

3）长时记忆

在短时记忆中储存的信息，经过编码、复述，并与个体过去的经验建立意义联系后，就可能转入长时记忆系统中，信息一旦储存在长时记忆中，就能保持1分钟以上乃至终生。长时记忆容量是一切记忆系统中最大的一个系统，甚至没有极限点，它能容纳个体所能记住的所有经验。虽然长时记忆有很大的容量，但并不是说主体在任何时候都能将所需要的信息提取出来，这也就是说，遗忘现象是必然存在的。

（四）记忆表象及其特征

1. 表象的概念

表象分为记忆表象和想象表象两类。通常所说的表象，是记忆表象的简称。

表象是指在头脑中保持的客观对象的形象。如幼儿在幼儿园里游戏，看不到自己的母亲，但头脑中仍然能出现母亲的形象。

表象是在感知觉的基础上产生的，根据产生的感觉器官的种类不同，可以分为视觉表象、听觉表象、嗅觉表象等。

2. 表象的特征

1）形象性

构成表象的材料都是来自知觉过的内容，因此表象是直观的感性反映，和原物体有相似之处。但和感知觉相比，表象中的形象带有不完整性和不稳定性，如头脑中公园的表象不如直接感知时的形象鲜明、具体，而仅仅是一个大致的印象。

2）概括性

表象是多次知觉后概括的结果，它具有感知的原型，却不限于某个具体原型，这就是表象的概括性。如表象中"树"的形象，一般很难具体到现实中的一棵树上，而只是具有树干、树枝、树叶等"树"所共有的特征。

表象和思维都具有概括性，但表象的概括用的是形象、思维的概括性，体现的是语词。表象概括的既有事物的本质属性，又有非本质属性；而思维概括的都是事物的本质属性。因此，我们可以把表象看作由感知向思维过渡的中间环节。

二、学前儿童记忆的发生与发展

（一）婴儿记忆的发生与发展

有研究发现，如果把记录母亲心脏跳动的声音放给儿童听，儿童会停止哭泣。研究者解释说，这是因为儿童感到他又回到了熟悉的胎内环境里。由此认为，胎儿已经有了听觉记忆。

1. 新生儿记忆的表现

1）条件反射的建立

新生儿记忆的主要表现之一是对条件刺激物形成某种稳定的行为反应（即建立条件反射）。比如，母亲喂新生儿时，往往先把他抱成某种姿势，然后再开始喂。不用多久（1个月左右），新生儿便对这种喂奶的姿势形成了条件反射：每当被抱成这种姿势时，奶头还未触及嘴唇，新生儿就已开始了吸吮动作。这种情况表明，新生儿已经"记住"了喂奶的"信号"——姿势。

2）对熟悉的事物产生"习惯化"

新生儿记忆的另一表现是对熟悉的事物产生"习惯化"。一个新异刺激出现时，人（包括新生儿）都会产生定向反射——注意它一段时间。如果同样的刺激反复出现，对它的注意时间就会逐渐减少，甚至完全消失。随着刺激物出现频率的增加而对它的注意时间逐渐减少甚至消失的现象，心理学家称为"习惯化"。"习惯化"可以作为一种方法和指标来了解新生儿的感知能力——看他能否发现刺激物的差别；也可以用来调查其记忆能力——看他对刺激物的熟悉程度。许多研究表明，即使是刚出生几天的新生儿，也能对多次出现的图形"习惯化"，似乎因"熟悉"而丧失了兴趣。

2. 婴儿记忆的发展

2~3个月的婴儿，当注视的物体从视野中消失时，能用眼睛去寻找，这表明其已经有了短时记忆。婴儿的短时记忆是随月龄的增加而发展的。有人曾做过这样一个实验：当着8~12个月的婴儿的面将玩具放在同样两块布的一块下面，用一块幕布遮隔一下，遮隔的时间分别是1秒、3秒和7秒，然后让婴儿找玩具。结果发现，8个月大的婴儿间隔1秒就记不得了，找不出玩具来；12个月大的婴儿间隔3秒能记住并找出玩具；间隔7秒时，70%的婴儿能记住并找出玩具。3~4个月的婴儿开始出现对人与物的认识。6个月时，能辨认自己的妈妈、平日用的奶瓶等，能把熟悉的人和陌生的人区别开来，表现出明显的"怕生"，这就是再认。婴儿9个月或更早时，出现"客体永久性"的观念，即认为见不到的客体仍继续存在。观察发现，婴儿往往在经过很长的一段时间后，仍记得熟悉的物体通常所处的位置。到1周岁，多数婴儿表现出这种对熟悉位置的长时记忆。

（二）幼儿记忆的发展

尽管人类在婴儿期就表现出了一定的再认和再现能力，但并不完善。随着幼儿活动的复杂化和言语的发展，幼儿的记忆也不断发展。

1. 无意记忆占优势，有意记忆逐渐发展

无意记忆是一种没有自觉记忆目的和任务，也不需要意志努力的记忆。如，幼儿在生活中或游戏活动中，自然而然地记住了某件物品的名称。幼儿的记忆以无意记忆为主，他们所获得的许多知识都是无意记忆的结果。有关研究表明，幼儿记住什么、没有记住什么，取决于记忆的对象是否是幼儿感兴趣的、是否能给幼儿留下鲜明强烈的印象。具体来说，幼儿能记住的对象往往具有以下特征：直观、形象、具体、鲜明、活动的事物；满足幼儿的需要、符合幼儿兴趣、能激起幼儿强烈的情绪体验的事物；幼儿活动的对象或与幼儿活动任务有联系的事物。在整个幼儿期都表现出无意记忆的特点，并且无意记忆的效果会随着年龄的增长而提高。

大约1.5岁后，言语的发展使幼儿的记忆具备了新的特点。第一，幼儿再现的能力开始发展起来。约2岁时，幼儿能回忆起几天前去过的地方；3岁时，则可以回忆起几个星期前发生的事情。幼儿往往是凭借词、言语来恢复过去的印象的。第二，幼儿有意记忆开始萌芽。成人向3岁左右的幼儿提出记忆的任务，如洗手和刷牙的步骤等，幼儿已出现了有意记忆。

有意记忆是一种有预定目的和任务，并经过一定的努力，采取一定的措施，按一定的方法步骤进行的记忆。如，大班的幼儿记住老师布置的任务等。在教育的影响下，在幼儿晚期，有意记忆和追忆的能力才逐步发展起来。幼儿最初的有意记忆往往是被动的，记忆的目的和任务通常是由成人提出的，随着言语的发展和教育的影响，幼儿才能主动确定目标进行记忆。有意记忆的出现标志着幼儿记忆发展的一个质变。

拓展阅读

幼儿的无意记忆和有意记忆

苏联心理学家陈千科的实验： 给幼儿在实验桌上画了一些假设的厨房、花园、睡眠室等，要求幼儿用图片在桌上做游戏，把图片放在实验桌相应的位置上。图片共15张，内容都是幼儿熟悉的东西，如水壶、苹果、狗等。等游戏结束，要求幼儿回忆所玩过的东西，检验其无意记忆的效果。另外，在同样的条件下，要求幼儿进行有意记忆，记住15张图片的内容。结果表明，幼儿中期和晚期的记忆效果都是无意记忆优于有意记忆。3岁幼儿并未真正接受记忆任务，基本只有无意记忆。到了小学阶段，有意记忆才赶上无意记忆，并逐步超过无意记忆。

幼儿教师在教育教学活动和日常生活中要注意发展幼儿的无意记忆和有意记忆，一方面要采取适当的措施引起幼儿的无意记忆，提高其记忆能力和效果；另一方面要正确对待幼儿的"偶发记忆"，充分发挥幼儿言语的调节机能，帮助幼儿确定记忆的任务，激发幼儿对记忆活动的积极性，提高幼儿有意记忆的水平。幼儿的"偶发记忆"是指当要求幼儿记住某样东西时，他往往记住的是和这件东西一起出现的其他东西。如，在幼儿园教育教学活动中，当教师要幼儿回忆刚出示的卡片上有几只小狗时，幼儿的回答是：小狗是黄色的。这与幼儿注意力不集中、目的性不明确有关，只把不必要的"偶发课题"记住了，而对"中心记忆课题"的记忆效果不好。

2. 机械记忆占优势，意义记忆逐渐发展

机械记忆是在不理解内容的情况下，主要采用简单重复的方式完成的记忆；意义记忆是根据内容的意义和内在逻辑关系，依靠已有经验的联系形成的记忆。如，幼儿早期"鹦鹉学舌"式的背诵诗歌、认字多是机械记忆，而大班幼儿复述简单易懂的故事时，多是在理解的基础上经过了一些加工的，这就是意义记忆。

由于幼儿的知识经验比较贫乏，理解事物的能力差，他们往往通过简单重复事物的表面特征和与外部的联系来形成记忆，表现出非常突出的机械记忆特点。这一现象在小班幼儿身上表现尤为明显。在成人的正确引导下，幼儿的意义记忆开始发展起来。中、大班的幼儿在进行记忆活动时，不再只是机械记忆，而是开始对记忆材料进行分析和一定的逻辑加工，有时也用自己的语言代替原文，表现出一定的意义记忆和优于机械记忆的良好记忆效果。一般来说，意义记忆效果高于机械记忆效果。

幼儿教师可充分利用幼儿机械记忆占优势的特点，让幼儿多记忆一些知识，为以后的学习打下良好的基础。当然，更应该在教育教学活动和日常生活中发展幼儿的意义记忆，帮助幼儿理解记忆材料，对于那些没有意义的内容，要引导幼儿为它赋予一定的意义，建立人为的意义联系，提高幼儿记忆的效果。如，让幼儿认识阿拉伯数字"9"，引导幼儿把它与"气球"形象联系起来进行记忆，来提高学习效率。

3. 形象记忆占优势，语词记忆逐渐发展

由于幼儿心理发展水平较低，整个幼儿期都以形象记忆为主，并且形象记忆的效果比词语记忆的好。同时，这两种记忆的能力都随着年龄的增长而提高，并且语词记忆的发展速度快于形象记忆，语词记忆的效果逐渐接近形象记忆的效果。在教育教学活动和日常生活中，幼儿教师要善于把记忆材料形象化、直观化，同时要加强语词与形象的结合，提高记忆效果。

4. 记忆策略的形成

记忆策略是人们为有效地完成记忆任务而采用的方法或手段。个体的记忆策略是不断发展的。弗拉维尔等（1966）提出记忆策略的发展可以分为3个阶段：一是没有策略；二是不能主动应用策略，但经过诱导，可以使用策略；三是能主动自觉地采用策略。一般来说，儿童5岁以前没有策略，5~7岁处于过渡期，10岁以后记忆策略逐步稳定发展起来。

1）复述策略

这是一种非常重要的储存策略。许多心理学家曾研究过儿童复述策略的发展。

拓展阅读

儿童的复述策略

弗拉维尔等（1966）做过一项实验，被试是幼儿园和小学的5岁、7岁、10岁儿童。实验时先呈现给被试7张物体图片，主试依次指出3张图片要求被试记住。15秒后，要儿童从中指出已识记的那3张图片。在间隔时间内，让儿童戴上盔形帽，帽舌遮住眼睛。这样儿童看不见图片，主试却能观察到儿童的唇动。以唇动次数作为儿童复述的指标。结果是20个5岁儿童中只有2个（10%）显示复述行为，7岁儿童中60%有复述行为，10岁儿童中85%有复述行为。在每一年龄组中，采用自发复述策略的儿童的记忆效果都优于不进行复述的儿童。

年长儿童与年幼儿童除了复述策略使用率不同外，其复述的方式也是不同的。如果让儿童记忆呈现给他们的一组单词，5~8岁的儿童通常会按原来的顺序每次复述一个单词，而12岁的儿童会成组地复述词语，也就是每次复述前面连续的一组单词。

2）组织策略

这种策略与复述是有所不同的，复述策略可以被看作机械记忆，而组织策略可以被看作意义记忆。人们在运用这种策略时，会主动地对记忆内容进行组织加工，把新材料纳入已有的知识框架之中或把材料作为合并单元而组合为某个新的知识框架，从而获得更好的记忆效果。

（1）归类加工。如果向儿童呈现10张图片，要求儿童进行自由回忆，儿童会先将这些图片分门别类，再进行记忆，如水果、玩具等。事实上，已有很多研究结果表明，归类加工是促进儿童记忆的一种良好的组织策略。

（2）主观组织。当记忆材料既不能进行归类又没有较好的联想律可以用时，人们倾向于进行主观的组织加工。例如，当向被试呈现一些无关联的单词（如帽子、照片、羊、祖父……），让他们自由回忆时，随着测验次数的增加，被试的回忆量会不断增多。

（3）意义编码。对那些无意义的数字、单词等，如果把它们与原有的知识经验联系起来，或者从中找出它们之间的关联，赋予一定的意义，就容易记住。例如，要记住149162536496481，如果看不出这些数字间的意义联系，就很难记；如果看出了这些数字的一种意义结构，即"从1到9的整数的平方"，就容易记住了。

（4）心象化。幼儿早期的记忆特点是形象记忆占优势，语词记忆逐渐发展。因此，对于故事、诗歌或单词，如果能在头脑中形成心象来记忆，其效果远远优于机械的重复记忆。

3）检索策略

信息一旦进入记忆系统，就要通过某些方法将它检索出来。对再认而言，因为呈现的刺激有助于检索相应的记忆内容，所以检索过程容易些。然而，对回忆而言，检索过程就不是那么简单了。儿童在检索方面的缺陷明显地与他们对恢复原先的编码环境的需要有关。例如，在一项研究中，呈现给儿童一组与当时的目标表征有关的线索（如用玫瑰花和郁金香花作为百合花的线索）。然后，在检索过程中，再将这些线索部分或全部呈现给儿童，要求儿童回忆那些与线索相关的目标词。结果发现，儿童在适当的指导下，能够检索出信息，但是比年长儿童需要更多的、更清楚的提示。

三、发展学前儿童记忆力的策略

（一）培养学前儿童对识记材料的兴趣和自信心

情绪是学前儿童心理的动力系统，记忆效果和学前儿童的情绪状态有很大关系。学前儿童兴趣强烈、情绪积极、自信心足，记忆效果就能提高。所以家长和教师要注意创设良好的学习环境，培养、激发学前儿童对识记材料的兴趣，要让每一位学前儿童都能在愉快的学习环境中提高记忆效果。

（二）教学内容具体生动，富有感情色彩

在幼儿园的各项活动中，教师要精心设计活动方案，准备丰富多彩、形象鲜明的教具玩具，提供幼儿能直接操作的游戏材料；教师的语言要生动有趣、绘声绘色，这些不但容易吸引幼儿的注意，使教学内容成为记忆的对象，而且由于富有感情色彩，容易引起幼儿的情感共鸣，反过来又能加深记忆，提高记忆的效果。如幼儿园经常采用的教学游戏、演木偶戏等形式，都能收到很好的效果。

（三）帮助学前儿童提高认识能力和意义识记水平

许多实验和事实表明，学前儿童对识记材料理解得越深，记得就越快，保持的时间就越长。在幼儿园的教学活动中，教师应该采取多种多样的方法，尽量帮助学前儿童理解所要识记的材料。同时，还要指导学前儿童在记忆过程中进行积极的思维活动，逐步学会通过事物的内部联系识记事物。这样，在理解的基础上记，在积极思维的过程中记，学前儿童识记会更加容易，不仅效果好，还有助于认识能力和意义识记水平的提高。

（四）正确评价识记结果，合理组织复习

幼儿记忆的特点是记得快，忘得也快，记忆的保持性差。所以，正确地评价幼儿的识记结果，对提高幼儿记忆的品质有很大的促进作用。在幼儿园的教学活动中，只要幼儿能背出、复述出识记材料的一部分，教师就应该给予及时的表扬，而不要去责怪为什么另外的部分记不起来，或用"罚做""罚背"的办法来惩罚幼儿。这样做的结果只会挫伤幼儿识记的积极性。

给幼儿布置识记的任务后，根据遗忘的规律，及时合理地组织复习，是提高幼儿记忆效果的好办法。复习的形式要多样，尽量避免简单的重复、靠机械识记来复习。可以结合教学和生活活动，用游戏、谈话、讨论等方法让幼儿在活动中对需要识记的材料进行强化，提高记忆的正确性。

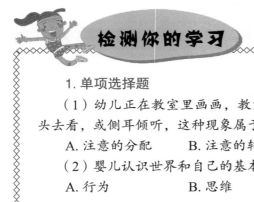

1. 单项选择题

（1）幼儿正在教室里画画，教室外突然传来一阵喧哗声，幼儿不由自主地探头去看，或侧耳倾听，这种现象属于（　　）。

A. 注意的分配　　B. 注意的转移　　C. 注意的广度　　D. 注意的分散

（2）婴儿认识世界和自己的基本手段是（　　）。

A. 行为　　　　　B. 思维　　　　　C. 想象　　　　　D. 感知觉

（3）当老师要幼儿说出刚出示的图片上有几只小鸡时，而幼儿回答的是：小鸡是黄颜色的。这是（　　）。

A. 形象记忆　　　　B. 语词记忆　　　　C. 机械记忆　　　　D. 偶发记忆

2. 简答题

（1）根据学前儿童注意的特点，幼儿教师在组织教学时应注意哪些问题？

（2）结合实际谈谈幼儿园应如何根据感知规律来进行教学。

（3）结合幼儿的记忆特点谈谈如何看待教师组织幼儿背诵古诗的现象。

3. 材料分析题

（1）幼儿园小班的一位教师，教小朋友们认识公鸡时，出示了一幅长25厘米、宽20厘米的画，画上有一只金黄色的公鸡，公鸡的周围是一片黄灿灿的稻田。活动一开始，教师让小朋友们自己看，然后就开始讲公鸡的外形特征、习性等，一直讲到结束。

请用学前儿童注意和感知觉的有关知识，分析这位教师的不妥之处。

（2）我们经常发现这样一种现象：幼儿教师花大力气教幼儿记住某首儿歌，有时候幼儿不能完全记牢，但他们偶然听到的某个童谣，看到的某个电视广告，只需一两次他们就能熟记。

请结合上述材料分析幼儿记忆的特点和出现这些特点的原因。

第四章 学前儿童认知的发展（下）

本章导航

随着感性经验的增长，学前儿童的认识活动不仅停留在认识事物的表面特征上，而且开始向探究事物的本质特征发展。在生活和学习中，他们开始运用语言进行深层提问和概括总结，动脑筋、想办法，解决问题的成分越来越多，学前儿童有无数个"为什么"，同时也会运用已有经验对事物进行解释和说明，这都表明学前儿童已经开始形成并发展其高级的认知活动。

学前儿童的高级认知活动是在低级认知活动的基础之上逐渐发展的，是智力活动的核心组成部分，对学前儿童现在及以后的学习和生活有着重要的影响，是良好的学习品质的重要组成部分。学前儿童高级的认知活动内容包括学前儿童想象的发展、学前儿童思维的发展以及学前儿童言语的发展。

本章主要介绍想象、思维、言语的概念和种类，学前儿童想象、思维、言语发展的一般规律和特点，并在此基础上进一步提出促进学前儿童想象、思维、言语发展的策略。

学习目标

1. 在理解想象、思维、言语的特点、种类的基础上，掌握学前儿童想象、思维、言语的发展特点。
2. 乐于并能分析学前儿童想象活动、思维活动和言语活动的特点。
3. 学会运用发展学前儿童想象力、思维和言语的策略。

第四章　学前儿童认知的发展（下）

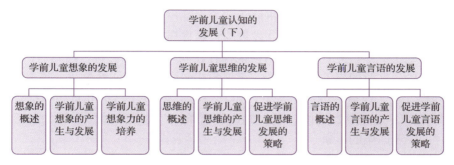

4岁4个月的小嘉特别喜欢汽车，他每次画画时都会在画纸上画出各种各样的汽车，虽然他画的汽车的样子并没有很大区别，但在他眼里每一辆都是不一样的。他经常把自己的作品给小朋友看，并且总是介绍他画的汽车的品牌、性能、产地。哪些是小汽车，哪些是越野车，小嘉说起来眉飞色舞、头头是道，就连老师们都很诧异：小嘉的脑袋里怎么装了那么多关于汽车的知识？小嘉的这些行为事实上反映了他在认知过程上的进一步发展，在记忆汽车有关知识的基础上出现的想象、思维和言语过程。

第一节　学前儿童想象的发展

妈妈在和3岁的橙子外出时突然下雨了，妈妈说："我们去前面的超市给你买一把漂亮的雨伞吧。"妈妈以为橙子会非常开心，可是没想到橙子一本正经地说："不想要。"妈妈问："那你想要什么样的伞呢？"橙子想了想说："我想要一把可以带着我飞的伞，一撑开它，它就带着我飞，这样不管我去哪里都不用走路了，也不用担心堵车了，早上一飞就飞到幼儿园了。"

想象是人类特有的心理活动，是比感知和记忆更复杂的认识活动，是学前儿童认知发展的重要内容。

（一）想象的概念

人不仅能感知当前作用于感觉器官的事物，回忆过去经历过的事物，而且能想象出当前和过去从未感知过的事物，就像案例中橙子头脑中出现的能带着她飞起来的伞一样。橙子向妈妈描述的这把伞，就是把她生活中所见的飞机与伞这两者进行加工改造而产生的一个新形象，这个新形象的产生过程就是想象。

想象是人脑在一定刺激的影响下对已储存的表象进行加工改造，从而形成新形象的过程。从生理机制上看，想象是人脑的机能，它是大脑皮质上旧的暂时联系经过重新组合形成新的暂时联系的过程，想象的产生、发展与大脑皮质的成熟水平有关。大脑神经系统往往在2岁左右趋于成熟，儿童在这个阶段能储存比较多的信息材料，因此，1~2岁是儿童想象的萌芽阶段，这时的想象水平很低，表现为相似联想或象征性游戏，基本上是记忆表象的简单迁移，加工改造的成分非常少。如，一名1岁10个月的儿童在撕纸玩，当他看到一条条纸条后，忽然对妈妈说："看！妈妈！面条！"这就是相似联想，由纸条联想起头脑中储存的关于面条的形象。

想象过程中产生的形象虽然不是当前事物的形象，也不是曾经感知过的事物的形象，但这不等于说想象不是客观现实的反映。任何想象都不是凭空产生的，都是在已有形象的基础上形成的。一个天生色盲的人，在他的想象中一定没有颜色的表象。童话、神话、动画片中的许多形象，如孙悟空、美人鱼、葫芦娃、变形金刚、哆啦A梦、喜羊羊、灰太狼等，无一不是与作者的现实生活密切相关的，都是作者通过对自己头脑中已有的形象进行综合、夸张、拟人等创造出来的。一名大班的儿童在幼儿园毕业典礼后，对老师说："我长大会来看你的。"老师问："那时你会是什么样子呢？"他说："那个时候我一定长得很高了，戴着红领巾，背着书包。"这名儿童在向老师描述他未来的样子时，就是把他生活中所见的小学生与自己的形象进行加工改造而产生了一个新形象，如果他从来没见过小学生，就不会有这样的想象，因此，想象是对客观现实的反映。

拓展阅读

想象的构成

想象的过程是一个对已有形象进行分析、综合的过程，也就是从已有的表象中，把所需部分从整体中分解出来，并按一定关系把它们综合成新的形象，这种新形象具有新颖性。想象的分析、综合活动有四种形式：

1. 黏合

黏合是指把两种或两种以上客观事物的属性、元素、特征或部分结合在一起而形成新形象的过程，如孙悟空、美人鱼等形象。黏合是最简单的一种想象方式。

2. 夸张与强调

夸张与强调是指改变客观事物的特征，使事物的某一部分或某一特性增大、缩小，数量增多，色彩加浓等，在头脑中形成新形象的过程，如大头儿子和小头爸爸等想象。

3. 拟人化

拟人化是指把人类的形象和特性加在外界客观对象上，使之人格化的过程，如动画片、神话剧中动物、植物等像人一样说话等。

4.典型化

典型化是指根据一类事物共同的、典型的特征创造新形象的过程。这种方式在文学创作中运用普遍，如鲁迅先生笔下的阿Q、祥林嫂等形象。

（资料来源：宋专茂.学前儿童发展心理学［M］.北京：中央广播电视大学出版社，2016：100-101.）

（二）想象的种类

1.根据产生想象时有无目的，可将想象划分为无意想象和有意想象

1）无意想象

无意想象是指没有特定目的、不自觉的想象，是最简单的、初级的想象。如3岁儿童看见充气玩具金箍棒，就把自己想象成孙悟空，舞动起来；看见沐浴的莲蓬头，就拿起来当麦克风；抬头看到天上的白云，马上想到它的形状像一个人在骑马。无意想象实际上是一种自由联想，不要求意志努力，意识水平低，是儿童想象的典型形式。

梦是无意想象的一种极端表现，完全不受意识的支配，是人在睡眠状态时一种漫无目的、不由自主的想象。在梦中，有时会故地重游，有时会见到阔别已久的亲朋，有时会体验童年时代的快乐或经历一些稀奇古怪的事情。从梦境的内容看，它是过去经验的奇特组合。按照巴甫洛夫的解释，梦是人在睡眠时，大脑皮质产生的一种弥漫性抑制，由于抑制发展不平衡，所以皮质的某些部位出现活跃状态，暂时神经联系以意想不到的方式重新组合而产生各种形象，就出现了梦。

梦中的形象往往不是感知到的形象，而是重新组合成的新的形象，它的出现是无意的。梦中出现的形象或它们之间的联系，有的荒诞无稽，有的和现实生活有一定的关联，但都不是现实生活的再现。构成梦境的"材料"有的是做梦者经历过的事物的形象，这说明梦境的"材料"来自客观现实，是客观现实的反映。梦最早出现在哪个年龄段呢？这个很难确定。皮亚杰观察到儿童最早的梦是在1岁9个月~2岁出现。这时儿童开始说梦话，睡醒后会说梦。比如，一个2岁2个月的儿童醒来就喊："小狗回来了！"原来前一天在公园里，他家的小狗走丢了。

儿童梦的种类

瑞士心理学家皮亚杰研究了儿童梦的种类，认为可能分为下列几类：

（1）反映愿望的梦。例如，如果2个月不让小女孩吃雪糕，那么她可能在梦中"吃"了好多的雪糕。

（2）以一物代替他物的梦。例如，在梦里如同在游戏中一样，有象征性的大人、儿童。

（3）回忆痛苦的事情，但有好的结果。如同游戏一样，儿童自己对痛苦的事情赋予良好的结果。例如，在幼儿园没有玩到玩具，梦里有好多的玩具包围着他。

（4）噩梦。在噩梦和游戏中都有恐惧，这是没有意识到的不愉快的回忆。在游戏中对这种回忆多少能够自觉地控制，在梦中不能控制。一个5岁的女孩，有一天半夜突然惊醒，又哭又叫，说："妈妈，我怕，我怕！"清醒后她说自己看见很多妖怪在追她。

（5）受到自我惩罚的梦。这种梦有时是听父母讲了可怕的故事造成的，有时则是其他原因。例如，某儿童入睡前用东西砸了自己的脚指头，醒来后说小狗咬了他的脚指头。

（6）由身体受到刺激直接转化而来的直接象征。如尿湿了，梦见自己坐在水盆里。

皮亚杰认为，以上各种梦说明了梦和游戏在结构和内容上都是相似的。

（资料来源：汪乃铭，钱峰. 学前心理学［M］. 上海：复旦大学出版社，2005：47.）

2）有意想象

有意想象是带有目的性、自觉性的想象，它是根据一定的任务进行的。如，剧作家创作剧本、舞蹈家编排舞蹈、建筑师设计楼房等，都是根据任务进行的想象，这些想象都是有意想象。儿童的有意想象是需要培养的，需在教育的影响下逐渐发展起来。

2. 根据想象的创新程度和形成过程，可将想象划分为再造想象和创造想象

1）再造想象

再造想象是根据言语的描述和图样的示意，在人脑中形成相应新形象的过程。再造想象对理解别人的经验是十分必要的。学前儿童以再造想象为主，如他们在一起玩"过家家"的游戏时，有的拿着"炊具"在"做饭"，有的抱着"娃娃"在用玩具奶瓶喂奶等，整个游戏过程就是以再造想象为线索的。

2）创造想象

创造想象指的是在开创性活动中，人脑创造新形象的过程。创造想象的主要特点是，它的形象不仅新颖而且是开创性的，比如学前儿童想象着在天上安个大灯泡，全世界就没有黑夜了等。实践证明，科学研究上的重大发现和创造，生产技术和产品的改造和发明，文学家、艺术家的创作构思等，都离不开创造想象，所以创造想象是各种创造活动的重要组成部分。

学前儿童的再造想象和创造想象是密切相关的，再造想象的发展使他们积累了大量的形象，在此基础上，逐渐出现创造想象的成分。幻想属于创造想象的特殊形式，是一种指向未来并与个人愿望相联系的想象，如千里眼及顺风耳、铁臂阿童木等都属于幻想。符合事物发展规律的幻想能促使人们向往未来，克服前进道路上的困难，属于理想。今天，通过人们的努力，千里眼和顺风耳都已成为现实。而与事物发展规律相违背的幻想，如因果迷信中的形象，则是有害的，属于空想。

想象是比较复杂的心理活动。想象的产生既和儿童大脑皮质的成熟有关，也和儿童表象的产生、表象的数量积累以及言语的产生、发展有关。

（一）学前儿童想象的产生

1. 想象产生的年龄

2岁前儿童的脑发育很不成熟，不能形成大量的神经联系，故而限制了暂时联系的重新组合。2岁左右，大脑神经系统的发展趋于成熟，儿童才有可能在头脑中储存较多的信息材料，也有可能对其进行排列组合。

儿童言语的产生也是儿童想象产生的重要因素。词的概括性使其和它所代表的具体事物之间有着广泛的联系。想象正是借助于词的这种概括性联系，对各种具体事物在大脑皮质所留下的痕迹及其相互之间的联系进行加工改造、重新组合。

儿童想象萌芽的年龄是在1.5~2岁，这时他们通过动作和言语表现其最初的想象，他们常常把日常生活中的行动迁移到游戏中去。例如，儿童喂玩具小猴"吃"香蕉，这就是记忆表象（妈妈喂儿童）在头脑中的重现。当儿童能够用语言表达自己的想象活动时，就更明确地、客观地说明了想象的出现。如，一位小男孩第一次坐火车后，对火车非常感兴趣，也问了许多关于火车的问题，一天，他把家里的小板凳整齐地摆成一排，嘴里发出"呜呜呜呜"的声音，还对奶奶说："别跟我说话，我是火车。"这是儿童象征性游戏的表现，同时也是想象的表现。

2. 想象萌芽的表现与特点

儿童最初的想象，应该说只是记忆材料的简单迁移，表现如下：

1）记忆表象的迁移

2岁儿童的想象几乎都是把曾经感知过的情景迁移到新的情景下。如，小男孩看见过妈妈给妹妹梳头，他也模仿着用梳子给玩具小狗梳头。在皮亚杰的一个典型案例中，小女孩在厨房桌上看见一只拔了毛的死鸭子，非常震惊。当天晚上，她沉默不语地躺在沙发上，家人还以为她生病了，问她话也不回答。过了一会儿，她大声回答说："我就是那只死了的鸭子。"

2）简单的相似联想

儿童最初的想象是依靠事物外表的相似性而把事物的形象联系在一起的。如，儿童会把纸条称作"面条"，上述例子中把躺着的动作和死鸭子相联系等等。

3）没有情节的组合

最初的想象只是一种简单的代替，以一物代替另一物。比如，从生活中知道了面条的样子，在想象中就把条形纸条当成"面条"，但是并没有更多的想象情节，没有或很少对已有经验的情节成分进行重新组合。

（二）学前儿童想象的发展

幼儿期是想象最为活跃的时期，想象几乎贯穿幼儿的各种活动，幼儿的思维、游戏、绘画、音乐、行动等等，都离不开想象，想象是幼儿行动的推动力，创造想象是幼儿创造性思维的典型表现。幼儿想象发展的一般趋势是从简单的自由联想向创造想象发展。具体表现为：从无意想象发展到有意想象；从简单的再造想象发展到创造想象；从极为夸张的想象发展到合乎现实的想象。

1. 无意想象占优势，有意想象逐渐发展

在幼儿的想象中，无意想象占主要地位，有意想象是在教育的影响下逐渐发展起来的。幼儿的无意想象主要有以下特点。

1）想象无预定目的，由外界刺激直接引起

如3岁左右的幼儿看见小汽车或者小凳子，就开着"车"当司机，嘴里还"嘀嘀……嗒嗒……""转弯了""下车了"说个不停。幼儿画画也是如此，如看见糖果就要画糖果，其他的小朋友也跟着画。

昊昊画画

小班的崔老师发现昊昊小朋友最近几天有些反常，每到画画时就表现出无所适从的样子，可他以前是很爱画画的，为什么会出现这样的情况呢？当崔老师问昊昊为什么不画画了时，昊昊回答说："妈妈不让我画。"这个回答很让崔老师吃惊。等下午昊昊妈妈来接他时，崔老师就与昊昊妈妈进行了沟通，原来，前几天昊昊在家里画画时，妈妈看到他画的东西"乱七八糟"，就很生气地批评了他，说今后画画要想好了再画，没想好就不要画。妈妈不知道昊昊这个年龄的幼儿是不可能先想好再画的。

2）想象的主题不稳定，内容零散

在幼儿期，由于生理和心理发展的不成熟，幼儿在很多方面都表现出不稳定的现象。如在游戏中，幼儿正在当"老师"，忽然看见别的小朋友在给娃娃打针，他也跑去当"医生"，加入打针的行列。这种现象在画画活动中表现得更明显，一会儿画人，一会儿画树，一会儿又画小虫、小花等等，当说他画的不像树时，他立刻说"这是火箭"，显现出一串串无系统的自由联想。

3）从想象过程中得到满足

由于幼儿的想象主要是无意想象，所以幼儿的想象一般没有什么目的，更多的是从想象的过程中得到满足。如，小班幼儿往往喜欢反复听同一个故事，成人觉得这很无趣，但殊不知幼儿在每次听时，头脑中出现的形象都不一样，他们在意的是听这个故事时头脑中可进行想象。有时幼儿讲故事，看起来有声有色，既抑扬顿挫，又有表情，还有动作，听故事的小朋友也被深深吸引，听得津津有味，成人一听却不知道他在讲什么，完全没有来龙去脉和情节。幼儿就这样在讲和听的过程中进行想象，并且感到满足。

4）想象受情绪和兴趣的影响

幼儿的情绪常常能引起某种想象过程，也可能改变想象的方向。同时，幼儿对感兴趣的主体会多次重复。如，小男孩们喜欢变形金刚，他们就经常在一起玩变形金刚打仗的游戏。

有意想象在幼儿期开始萌芽，幼儿晚期有了比较明显的表现。到了大班，幼儿的活动中会出现更多有目的、有主题的想象，但这种有意想象的水平还很低，并且受条件的左右。如在游戏状态下，4岁左右的幼儿有意想象的水平都较高，而在实验条件下，想象的有意水平就很低。在教育的作用下，有意想象逐渐发展起来，并且逐渐占主导地位。

案例

虎子画妈妈

虎子是一名5岁的男孩，有一次他画画经过了这样三个阶段。

第一阶段：在画画前他说"我想画妈妈"，画了妈妈的脸、耳朵、眼睛、嘴，他又接着画了小汽车和皮球。

第二阶段：然后他开始画太阳、画小鸟、画树，边画边说："今天天气真好，太阳公公出来了，小鸟在树上唱呀唱。"

第三阶段：这时他突然想起来："妈妈还没有身体呢，也没画妈妈的长头发。"边说边画："妈妈爱穿花裙子，头发长长的，头发香香的。"

案例中虎子的想象基本围绕主题进行，虽然有时偏离主题，但能够自动回到主题上来，属于有意想象。

2. 以再造想象为主，创造想象开始发展

幼儿期主要以再造想象为主，创造想象在再造想象的基础上逐渐发展起来。幼儿再造想象的特点是：想象依赖成人的语言描述；想象常常根据外界情境的变化而变化；实际行动是幼儿想象的必要条件。2~3岁是想象发展的最初阶段，这时期幼儿想象的过程进行缓慢，依赖成人的语言提示和感知动作的辅助；想象在3~4岁时迅速发展，这时以再造想象为线索，在幼儿的绘画、音乐、游戏等活动中都出现了再造想象的成分；4~5岁幼儿在再造想象过程中逐渐开始独立，而不是根据成人的语言描述去进行想象，想象的内容已有独立创造的萌芽；5~6岁幼儿的创造想象已经有相当明显的表现，想象内容开始有了较多的新颖性，萌发了非常可喜的创造因素，如幼儿开始想象"一把能飞的雨伞""取下太阳光给奶奶暖手""在月亮上荡秋千"等。对于幼儿的这种表现，幼儿教师要保护、鼓励，并创造条件促进其进一步发展。

幼儿再造想象的类型

（1）经验性想象。幼儿凭借个人生活经验和个人经历开展想象活动。例如，一个小班幼儿对"夏天"的想象是"既可以不上幼儿园，又能去游泳，还可以吃冰激凌"。

（2）情境性想象。幼儿的想象活动是由画面的整个情境引起的。例如，一个中班幼儿对"新年"的想象是"与爷爷、奶奶、姑妈、姑父、妹妹在一起吃年夜饭，收到好几个红包，吃完饭后和妹妹一起看动画片"。

（3）愿望性想象。在想象活动中表露出个人的愿望。例如，一个大班的女孩在画画时总是喜欢画长头发的小女孩，因为她是短头发，很希望自己将来有长长的头发。

（4）拟人化想象。把客观物体想象成人，用人的生活、思想、情感、语言等等去描述。例如，一个大班的女孩在看到一只蝴蝶落在树叶上时对妈妈说："那只蝴蝶今天玩累了，在睡午觉呢。"

以上四类想象，第一种经验性想象的创造性水平较低，它在整个幼儿阶段始终占着优势，其他三种类型在中班才开始相继出现。

（资料来源：陈帼眉. 学前心理学［M］. 北京：北京师范大学出版社，2015：158.）

幼儿期是创造想象开始产生的时期，这个时期的创造想象主要有以下特点：

（1）最初的创造想象是无意的自由联想，严格来说，这种最初级的创造还只是创造想象的萌芽或雏形。

（2）幼儿创造想象的形象与原型只是稍有不同，是一种典型的不完全模仿，如原型的小鱼是不能飞的，幼儿给它配上翅膀和脚就能在天上飞、在地上走了。

（3）想象情节逐渐丰富，从原型发散出来的数量和种类增加。

幼儿创造想象的发展大致经历三个阶段：

第一阶段：3岁左右，幼儿想象的创造性还很低，基本上是以重现生活中某些经验的再造想象为主。

第二阶段：4岁左右，随着知识经验的丰富及语言和抽象概括能力的提高，幼儿的想象有了一些创造性成分，如在看图说话时，加入本来没有的人物、情节，使整个故事更加生动、丰满；能用图形组合出许多别人意想不到的物品，比如用一个长椭圆形及两个小长三角形组成企鹅，用两个三角形组成蝴蝶等。

第三阶段：5岁时，幼儿的想象内容变得丰富，新颖性增加，独立性发展到较高水平，且力求符合客观现实，能更多地运用创造想象进行一些创造性的游戏和活动。

第四章 学前儿童认知的发展（下）

停电了

有一天幼儿园停电了，幼儿们就问老师："为什么会停电呢？"老师回答："因为夏天用电的人太多，电不够用，所以有时就会停一下电。"幼儿们就七嘴八舌地议论开了："如果把太阳固定在天上就好了！""如果把全世界的萤火虫都集中放在一个大瓶子里就好了！"……幼儿们的这些想象都有创造性的成分。

3. 想象脱离现实或与现实混淆

幼儿想象脱离现实的情况，主要表现为想象具有夸张性。幼儿非常喜欢听童话故事，因为童话中有许多夸张的成分，如大人国、小人国、长鼻子公主等等。那些和天一样高的巨人，像拇指一样矮的小人，简直把幼儿迷得不得了，即使不吃饭、不睡觉也要听故事。

幼儿自己讲述事情也喜欢用夸张的说法，如："我家来的大哥哥可有劲儿了！天下第一！""我家买的那个瓜可大了！"如果有人说自己家的瓜比他家的瓜还大，幼儿比画大瓜的手势就会不断扩大，直到两只手臂全伸开为止，至于这些说法是否符合实际，幼儿是不太关心的。

幼儿想象的夸张性还表现在绘画活动中。画人时，常常不画人的鼻子、耳朵，只画一双大眼睛，还有一排大大的扣子或一个大肚脐。画小朋友在草地上玩时，把蝴蝶画得非常大。

幼儿想象的夸张性是其心理发展特点的一种反映。首先，由于认知水平尚处在感性认识占优势的阶段，所以往往抓不住事物的本质，比如，幼儿绘画有很大的夸张性，但这种夸张与漫画艺术的夸张有质的不同。漫画的夸张是在抓住事物本质的基础上的夸张，往往具有深刻的意义。幼儿的夸张往往显得可笑，因为没有抓住事物的本质和主要特征。他们在绘画中表现出来的往往是在感知过程中给他们留下了深刻印象的事物。如人的一双会动的、富有情感的眼睛，每天穿脱衣服都要触及的扣子等。其次，是情绪对想象过程的影响。幼儿的一个显著心理特点是情绪性强。只要是自己感兴趣的东西、希望得到的东西，往往在意识中占据主要地位。例如，对蝴蝶有兴趣，画面上就会留给它中心位置；希望自己家的东西比别人的强，就会拼命地夸大，甚至自己有时也信以为真。

幼儿的想象，一方面常常脱离现实，另一方面又常与现实相混淆。小班幼儿把想象当作现实的情况比较多。比如，游戏时过分沉迷于想象情景中，有的幼儿甚至把游戏中的"菜"真吃了。幼儿教师和家长还经常发现，有时幼儿讲的事情并不是真的，幼儿常常把想象的事情当作真实的。

案例

有一名幼儿回家告诉家长说："张老师今天把我的袜子扔到窗外了。"可家长明明看到他脚上的袜子穿得好好的，就问："那袜子怎么穿在你脚上了？谁去捡的呢？"这名幼儿又回答不上来。后来家长经过了解得知，原来是当天中午这名幼儿午睡时脱了袜子玩，不好好睡觉，张老师批评他，随口说了句："你再玩袜子不好好睡觉，我就把你的袜子扔到窗外去。"

为什么会出现想象与现实相混淆的情况呢？这是由于幼儿认识水平不高，有时把想象表象和记忆表象混淆了。有些幼儿渴望的事情，经反复想象在头脑中留下了深刻的印象，以至变成似乎是记忆中的事情了。有时候，则是由于知识经验不足，对假想的事情信以为真。上述案例中的这名幼儿就是听了张老师的话，头脑中出现了想象，回家后把想象当作真实的事情。所以，幼儿教师在教学中要注意教育方法，不要用威胁、恐吓等语言，如果幼儿把这些威胁、恐吓当作事实告诉家长，家长又不加分析或调查，轻信幼儿的话，就会产生误会，对幼儿园及幼儿教师造成不良影响。中、大班幼儿想象与现实混淆的情况已减少。幼儿听到一些事情后，常问："这是真的吗？"有些大班幼儿甚至不喜欢听童话故事，希望老师"讲个真的"，说明他们已经意识到想象的东西与真实情况是有区别的。总之，幼儿期是想象非常活跃的时期，应该重视发展幼儿想象，这也是促进他们智力发展的一个重要方面。

三、学前儿童想象力的培养

想象力是智力活动的翅膀，是创造的先导。爱因斯坦认为，想象力比知识更重要，因为想象力概括了世界上的一切。想象力对学前儿童来说具有特殊的意义，学前儿童可借助想象力对类似的事物进行推断，可以认识从未见过又不可能见到的事物，发展创新能力。因此，应在活动中发展学前儿童的想象力，并通过一定的游戏及其他方式，培养学前儿童想象力的有意性和创造性。

（一）丰富学前儿童的表象，发展学前儿童的语言表现力

表象是想象的材料。表象的数量和质量直接影响着想象的水平。表象越丰富、越准确，想象就越新颖、越深刻、越合理；表象越贫乏，想象就越狭窄、越肤浅；表象越准确，想象就越合理；表象越错误，想象就越荒诞。因此教师在各种活动中，应丰富学前儿童的感性知识和经验，有计划地采用一些直观教具、实物等，帮助学前儿童积累丰富的表象，使他们多获得一些进行想象加工的原材料。

语言可以表现想象，语言水平直接影响想象力的发展。学前儿童在表达自己想象的内容时，能进一步激发想象活动，使想象内容更加丰富。因此教师在丰富学前儿童表象的同时，要发展他们的语言表达能力。如在看图讲述时，可以让他们在认真观察的前提下，丰富感性经验，展开自由联想，将所看内容用语言表述出来；在科学活动中，让他们用丰富、正确、清晰、生动形象的语言来描述事物。还可以让学前儿童描述在大自然中看到的事物，通过纸工、泥工、绘画的制作鼓励他们大胆想象和创造，使他们的想象力和创造性在这些活动中得到充分发展。发展学前儿童语言的途径是多种多样的，只要充分认识、认

真思考，不仅能丰富学前儿童的表象，而且能促进学前儿童语言、思维及其他心理现象的发展。

（二）在文学艺术等活动中，创造学前儿童想象力发展的条件

通过故事续编、仿编诗歌、适时停止故事讲述等形式，鼓励学前儿童大胆想象，并用语言表述自己的想象，让他们在活动中体验创造的自豪和快乐，培养他们爱动脑筋的好习惯。创造性的讲述能激发学前儿童广泛的联想，使他们在已有经验的基础上构思、加工、创造出自己满意的内容。比如创造性讲述中的构图讲述，学前儿童必须首先进行充分的想象，然后选构图画，组成一个完整故事，最后运用自己已有的经验进行讲述，效果通常很好。

早教机构和幼儿园的多种艺术教育活动，也是促进学前儿童想象力发展的有利条件。如美术活动中的主题画，要求学前儿童围绕主题展开想象，而意愿画能活跃学前儿童的想象力，使他们无拘无束，构思、创造出各种新形象；音乐、舞蹈是美的，学前儿童可以在表演过程中，运用自己的想象去理解艺术形象，然后再创造性地表达出来。这些都是发展学前儿童想象力的有效途径。

（三）在游戏中，鼓励和引导学前儿童大胆想象

游戏对学前儿童的身心健康和智力发展具有深刻的意义，在玩耍的过程中能锻炼想象力、创造力、毅力、思维能力、社交能力和体力等。游戏是学前儿童的主要活动，应积极组织开展各种各样的游戏，让学前儿童以玩具、各种游戏材料代替真实物品，想象故事情节，促进想象的发展。除此之外，还要引导学前儿童自己发明更多新的玩法，在玩法上进行创新，鼓励大胆想象，创编出更多玩法，让学前儿童真正成为游戏的主人。学前儿童的想象力正是在各种有趣的游戏活动中逐渐发展起来的。游戏的内容越丰富，想象力就越活跃。因此老师要积极引导学前儿童参与各种游戏。

（四）在活动中进行适当的训练，丰富学前儿童的想象力

应积极组织开展各种创造性的活动（如语言、美工、音乐活动等），给学前儿童留有充分想象创造的空间，为他们提供丰富多彩的表现想象力、创造力的机会，创设发展学前儿童想象力的必要条件。有目的、有计划的训练是丰富学前儿童想象力的重要措施。除通过讲故事、绘画、听音乐等活动培养学前儿童的想象力外，还可以采用其他一些形式。如填补成画，向学前儿童提供一张画有许多半圆形、圆形或者其他图形的纸，每人一张，请他们画各种各样的物体图形；让学前儿童听几组录音，想象这几组录音说明发生了什么事情；给学前儿童几幅次序颠倒的图画，请其重新排列，并叙说整个事情的经过等。经常进行这样的训练，可以使学前儿童想象的内容广泛而新颖。

在进行活动时，必须从学前儿童的原有水平出发，逐步提高要求，促进想象力的发展。例如，对小班学前儿童要多提供具体的玩具实物等，以引起他们的想象；对中、大班学前儿童，教师可多用词语描述等启发他们的想象，并创造机会鼓励他们把自己的想象和创编故事结合在一起，用语言表述出来，从而促进想象力逐步地向前发展。

（五）抓住日常生活中的教育契机，引导学前儿童进行想象

给学前儿童更多自由选择的想象空间，对拓展他们的想象力很有帮助。因此，应该

利用一切机会为学前儿童创设想象的有利环境，充分利用幼儿园的各个生活环节，全方位、多角度地为学前儿童提供丰富而宽松的空间，鼓励他们大胆想象，从而得到更好的发展。

另外，教师应指导家长在日常生活中创设想象的环境。如跟孩子一起玩具有丰富想象力的小游戏；多带孩子接触外面的世界，使他们见多识广，这样才会获得并积累丰富的想象素材；让孩子设计布置自己的房间；多和孩子一起从多个角度探讨问题，多向他们提开放式的问题；开发想象力的同时，训练孩子的语言能力也很重要，要给他们提供更多发表自己想法的机会和环境；尽量给孩子买有多种玩法的玩具，并鼓励他们自己发明更多新的玩法等。

值得注意的是，当学前儿童向成人讲述他们的想法时，无论听起来多么离奇可笑，甚至荒谬，也不要笑话他们，要认真倾听并给予肯定，然后用平等的姿态说出想法，不求说服他们，重在引发他们进一步思考和探索。如果成人能有保护学前儿童想象力的意识，积极为他们营造自由想象的空间，那么他们一定能成为极具创新意识的一代。

第二节　学前儿童思维的发展

> 心理学家曾做过这样一个实验，一位大学教授在黑板上随手画了一个圆圈，问大学生："这是什么？"大学生思考良久，才底气不足地说了一句："可能是零。"相同的问题去问幼儿园的儿童，儿童立刻七嘴八舌地回答："是太阳""是烧饼""是足球""是西瓜""是老师的大眼睛"……大学教授听了，不由得目瞪口呆。

一、思维的概述

随着年龄的增长，学前儿童逐渐具有了初步的思维能力，能进行一些简单的推理活动，解决一些简单的问题。比如当学前儿童早上起床拉开窗帘，看到窗外白茫茫的一片时，能够推测出昨天晚上下雪了的事实。思维一旦形成，他们的认识水平就有了质的飞跃。

（一）思维的概念及基本特征

1. 思维的概念

思维是人脑对客观事物间接的、概括的反映，是借助语言和言语解释事物本质特征和内部规律的认知活动。

思维是认识过程的高级阶段，它对其他认识活动的发展有推动和促进作用，对学前儿童的情绪、情感、意志和社会性行为的发展起着重要作用。思维还标志着学前儿童形成意识和自我意识。

2. 思维的基本特征

思维是人脑对客观事物间接的、概括的反映，是在感知觉的基础上发展的，它反映的是客观事物的共同的本质特征和内在联系。比如，儿童来到鸟巢体育馆，他能通过感知觉看到鸟巢体育馆的形状、颜色、结构等。如果他想知道鸟巢体育馆是如何建造的，由哪几部分组成以及各部分之间的关系等，这便是思维。思维使我们知道不能直接观察到的东西，通过分析、综合、判断和推理发现或找到事物复杂的内在联系和规律。

1）思维的间接性

思维的间接性是指人们能借助已有的知识经验或其他媒介来了解与把握客观事物的本质属性和规律。如气象工作者根据已有的气象资料能预知今后天气的变化；家长根据儿童的行为可以推断其内心世界；儿童看到蚂蚁成群结队地大规模外出，能知道最近的天气要发生变化，通常是要下雨了。这些都是间接的认识，是通过人脑"由此及彼，由表及里"的思维活动来实现的。

案 例

一天，妈妈像往常一样送小莹去幼儿园，在换室内鞋的时候，小莹对妈妈说："妈妈，小楠比我早到幼儿园啦。"妈妈朝四周望了望，没有看到有别的小朋友在旁边，便问小莹："你是怎么知道小楠已经到幼儿园的？"小莹笑眯眯地说："因为我看到她的室内鞋已经换完了，我就知道她已经来幼儿园了。"

2）思维的概括性

思维的概括性是指人们能在大量感性材料的基础上，把同一类事物的共同规律和特征抽取出来，形成本质的、一般的规律和特征。如学前儿童将小汽车、出租车、大卡车、公交车、货车等统称为"车"；看到图画上的内容，根据事物的共性将其概括为 7 只老虎、4 只青蛙、2 只鸟、1 只猫等。这种概括可以帮助人们在认识事物时摆脱对具体事物的直接依赖，从而扩大人们的认识范围，加深人们对客观事物各种属性的认识。一般来说，一些科学概念、各种定义、定理以及规律、法则等都是通过思维概括出来的结论。

（二）思维的种类

1. 根据思维凭借物的不同，思维分为动作思维、形象思维和抽象思维

1）动作思维

动作思维又称实践思维，是指通过实际操作解决问题的思维活动。人在凭借动作进行思维活动时，既依赖对事物的直接感知，又依赖自身的行动。如技术人员对电脑进行维修时，一边检查一边思考故障的原因，直到发现问题排除故障为止，在这一过程中，动作思维占据主要地位。

2）形象思维

形象思维是运用事物的具体形象和已有表象进行的思维活动。例如，要考虑走哪条路能更快到达目的地，就要在头脑中出现若干条通往目的地的路的具体形象，并运用这些形象进行分析、比较来做出选择。汽车驾驶员经常运用这种形象思维。此外，作家、画家、

设计师等的创作也较多地运用形象思维。

3）抽象思维

抽象思维是以概念、判断、推理等形式进行的思维活动，如运用数学公式进行运算。抽象思维也叫逻辑思维，是人类思维的核心形态，是人与动物思维水平的根本差异之处。

2. 根据思维探索方向的不同，思维分为发散思维和集中思维

1）发散思维

发散思维是指从一个目标出发，沿着不同方向探索多种不同解决问题方案的思维，其主要特点是求异与创新。如"一题多解""一事多写""一物多用"等。发散思维有助于开阔人们的思路，是创造性思维的主要特点。学前儿童的思维具有一定的发散性，如老师拿出一个卡片，上面画了一个圆圈，问小朋友这是什么，小朋友给出了各种各样的答案："太阳""皮球""镜子""饼干"……可谓五花八门。

2）集中思维

集中思维是指把问题所提供的所有信息集中起来，朝着同一个方向得出一个正确答案的思维，其主要特点是求同。例如，学生解答数学题时从各种方法中选出一种最佳解法；针对病人的病情，各科医生会诊后制订出一个最终治疗方案等。

3. 根据思维的创新程度，思维分为常规性思维和创造性思维

1）常规性思维

常规性思维也叫再造性思维，是指运用已知的经验，按照现成的方法，用固定的模式来解决问题的思维。如学生利用学过的例题解决同一类型的问题，学前儿童按照老师提供的美术范例（西瓜房子）画出类似的水果房子（苹果房子、草莓房子等）等。这种思维的创造性水平低，对原有知识不需要进行明显的改组，也不会创造出新的思维成果，往往缺乏新颖性和独创性，思维具有定式性。

2）创造性思维

创造性思维是指以新异、独特的方式来解决问题的思维。如各种发明创造、技术革新、教学改革等所用到的思维都是创造性思维。创造性思维是人类思维的高级阶段。许多心理学家认为，创造性思维是多种思维的综合表现，既是发散思维与集中思维的结合，也是动作思维、形象思维和抽象思维的结合。

二、学前儿童思维的产生与发展

2岁之前，是思维产生的准备时期。

（一）思维的产生

人刚生下来，就具备一些无条件反射（本能），如觅食反射、吸吮反射、抓握反射等。随着逐渐发展，先天的无条件发射逐渐条件化、信号化，在儿童出生后2周左右形成信号性的条件反射。明确的条件反射标志着儿童心理的产生。这时儿童是没有思维的。1.5~2岁是儿童思维的产生时期，儿童大约在1.5岁的时候，开始出现能够对客观事物进行概括的、间接的反映的能力，如对颜色的概括、模仿小兔子跳的动作等。2岁左右，儿童能够按照物体的某些比较稳定的主要特征进行概括，舍弃那些可变的次要特征。如舍弃车的颜色、大小等差别，把"车"这个词作为各种车的标志。这是最初的思维的萌芽，或者说标志着儿童思维的产生。

儿童心理的产生到思维的萌芽，是在儿童与其生活的自然环境和社会环境不断相互作用的过程中，在感性认识（感觉、知觉、表象）产生和发展的基础上，在分析综合能力不断提高、语言开始出现，以及生活经验逐渐丰富的条件下实现的。虽然只是思维的萌芽，但它有着无限的发展前途。在儿童今后的生活活动（游戏、学习）中，思维就从这种萌芽状态开始，一步一步地发展成为典型的、高级的人类的思维。

（二）学前儿童的思维发展

1. 思维发展的趋势

学前儿童的思维方式呈现出三种形态，即直观行动思维、具体形象思维和抽象逻辑思维。幼儿初期以直观行动思维为主，幼儿中期以具体形象思维为主，幼儿晚期抽象逻辑思维开始萌芽。

1）幼儿初期具有直观行动思维

2~3岁儿童的思维具有直观行动性。直观性与行动性是直观行动思维的基本特征。例如请一个2岁的儿童想一想，"如何才能把桌子中央的玩具拿下来"，实际上，儿童没有任何"想"的表现，而是马上去"拿"。他伸长胳膊，踮起脚尖，拿不到；偶然扯动桌布，桌子上的玩具移动了一点，便马上用力拉，玩具就到手边了。儿童最早的思维活动就是这样依靠动作进行的。直观行动思维突出表现在儿童的思维过程离不开思维的对象，离不开对实物（思维对象）的实际操作，而且他们不能预见操作的结果。直观行动思维是最低水平的思维。这种思维的典型方式是尝试错误。皮亚杰曾明确指出："若剥夺儿童的动作，就会影响儿童思维活动的进程，思维的积极性就会下降。"

除此之外，直观行动思维也具有初步的间接性和概括性。但这种概括性的水平比较低。如1.5岁的小明把装积木的盒子打翻了，他蹲在地上捡积木，每捡到一块，就站起来，放在桌上的盒子里，几次之后，他待了一会儿，把盒子拿到地上，一块一块地把积木捡到盒子里。

在皮亚杰看来，这一阶段儿童思维发展的最大成就之一就是获得了"客体永久性"的概念，即儿童明白了消失在眼前的物体仍将继续存在。如出现躲猫猫的游戏行为和表现出明显的分离焦虑现象，都是儿童获得"客体永久性"的典型表现（图4-1）。

皮亚杰：客体永久性

图 4-1　皮亚杰：儿童获得了客体永久性的概念

教育启示：要创设符合这一阶段儿童思维发展特点的教育教学活动，重视多种感知觉和动作在教育教学活动中的参与和应用；将知识用可操作、可探索的教育环境呈现；允许儿童先做后想，或边做边想，给予思维发展的空间，等待其的成熟与发展。

2）幼儿中期以具体形象思维为主

具体形象思维是指依靠事物在头脑中的具体形象进行的思维活动，它是介于直观行动思维和抽象逻辑思维之间的一种过渡性的思维方式，是3~5岁儿童思维的主要特点。

（1）具体形象思维具有具体性和形象性。比如，"小白兔""大狮子"等词比"动物"这个词具体，儿童较易掌握；一个儿童能够回答"你有5块糖，自己吃了1块还剩几块"的问题，却不能回答"5-1等于几"的问题。

（2）具体形象思维具有内隐性。具体形象思维突出表现在儿童的思维逐步摆脱了对同步"尝试错误"操作的依赖，而依靠对具体事物的表象以及对具体事物的联想来进行思维活动。思维活动的过程从"外显"转变为"内隐"。

（3）具体形象思维具有自我中心性。瑞士心理学家皮亚杰提出了儿童"自我中心"思维的观点，具体表现为儿童在认识周围的事物时，只能站在自己的经验中心来理解事物、认识事物。

皮亚杰做的著名的"三山实验"是证明儿童自我中心思维的一个典型实验。实验材料是一个包括三座高低、大小和颜色不同的假山模型，实验首先要求儿童从模型的四个角度观察这三座"山"，然后要求儿童面对模型而坐，并且放一个玩具娃娃在"山"的另一边，要求儿童从四张图片中指出哪一张是玩具娃娃看到的"山"，如图4-2所示。实验结果表明，不到4岁的儿童根本不懂得问题的意思；4~6岁的儿童不能区分自己和娃娃看到的景象；相当一部分儿童挑出的往往是与在自己的角度所见的景象完全相同的照片。皮亚杰以此来证明儿童的"自我中心"的特点。自我中心的特点还伴随一些其他表现，如不可逆性、泛灵性、经验性和表面性。

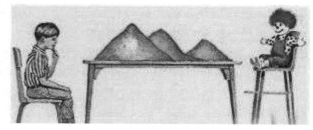

图4-2　皮亚杰"三山实验"

不可逆性是指儿童不能在心理上反向思考他们见到的行为，不能回想起事物变化前的样子。如问儿童："你有兄弟吗？"答："有。"问："他叫什么名字？"答："叫小明。"问："小明有兄弟吗？"答："没有。"皮亚杰认为前运算期的儿童由于思维具有不可逆性，所以不能掌握守恒的概念，如数量守恒、质量守恒、液体守恒、体积守恒、重量守恒等。

泛灵性是指儿童习惯将自己的特性投射到外物上，认为外界的一切事物都是有生命的，有感知、有情感、有人性，如儿童说："你踩在小草身上，它会疼得哭起来。"阴天的时候，儿童也许会说："太阳公公今天好像生气了，他怎么躲起来了？"

经验性是指儿童的思维活动总是依据自己生活的经验来进行，经验是儿童思维的主要依靠。如妈妈告诉他，小朋友需要多喝温开水，这样就不会经常生病了，于是他就用开水浇花，希望花朵也不生病。

表面性是指儿童根据接触到的表面现象来进行思维活动，往往只能反映事物的表面现象，而不是事物的本质联系，即儿童很难理解反话的含义。如，妈妈说："你再闹回家给你好果子吃。"儿童就会真的期待有"好果子"吃。

案 例

一天晚上，丽丽和妈妈散步时，有下列对话：
妈妈："月亮在动还是不动？"
丽丽："我们动它就动。"
妈妈："是什么使它动起来的呢？"
丽丽："是我们。"
妈妈："我们怎么使它动起来的呢？"
丽丽："我们走路的时候它自己就走了。"

教育启示：要通过丰富多彩的、多种形式（游戏、表演等）的活动丰富儿童的表象，在教学活动中应重视儿童在各种活动中积累起来的感性经验，使儿童能在头脑中形成清晰的印象；幼儿园开展的活动要坚持直观性原则，教师应尽可能将教学内容具体、形象、直观化，重视玩教具的鲜明、形象和生动性。

3）幼儿晚期抽象逻辑思维开始萌芽

抽象逻辑思维是指运用概念，根据事物的逻辑关系来进行的思维活动。5~6岁，儿童的抽象逻辑思维开始萌芽。皮亚杰认为，随着抽象思维的萌芽，儿童自我中心的特点逐渐消除，即开始"去自我中心化"，儿童开始学会从他人以及不同的角度考虑问题；能够同时将注意力集中于某一事物的几个属性，并开始认识到这些属性之间的关系；儿童开始形成可逆性思维，逐渐掌握守恒概念，开始理解事物的相对性。

皮亚杰认为，守恒是指内化的、可逆的动作，就是儿童能在头脑中从一个概念的各种变化中抓住实质的或是本质的东西。皮亚杰设计的守恒问题包括数量守恒、体积守恒、长度守恒、重量守恒等，具体如图4-3所示。

图4-3 皮亚杰"守恒实验"

教育启示：在直观性原则的基础上，教师要有意识地引导学前儿童运用初步的抽象逻辑思维，在生活与教育环境中逐渐去形象化，保留事物的主要特征或部分特征，请学前儿童通过观察发现事物的本质特征或本质属性。

总之，语言表达和理解能力的发展推动学前儿童思维进一步发生质的变化，但学前期还不能形成典型的人类思维方式。

2. 思维发展的特点

概念、判断和推理是思维的基本形式。概念是思维的细胞，判断是由概念组成的，推理是由判断组成的。学前儿童的概念、判断和推理的发展直接影响着其思维水平的发展。

1）掌握概念的特点

概念是思维的基本形式，是人们在认知事物时，把感知属于一类的事物抽取其共同本质特征加以概括，成为概念。每个概念都有内涵和外延。概念的内涵是指概念所包含的事物的本质特征，如"脊椎动物"这个概念的内涵是有生命和有脊椎的动物。概念的外延是指具有这一概念本质特征的所有事物，如"脊椎动物"包括鸟、鱼、狮子、老虎等。概念是用词来表示的，词是概念的物质外衣，也就是概念的名称。

学前儿童对概念的掌握受其概括能力发展水平的制约。学前儿童对概念的掌握具有以下两个特点。

（1）从以掌握具体实物概念为主，向掌握抽象概念发展，尤其是低龄儿童，通常从理解生活中可接触的具体实物概念逐步过渡到理解抽象概念。如儿童的妈妈告诉他："不要吃零食，吃多了就吃不下饭了。"他回答说："我不吃零食，我要吃冰激凌。"这是因为学前儿童总是先认识"糖葫芦""饼干""冰激凌"这些生活中的具体概念，再逐步理解概括性相对较强的抽象概念——"零食"。

（2）从以掌握概念的名称为主，向掌握概念的内涵和外延逐步发展。学前儿童掌握概念通常表现为对概念的内涵掌握得不精确，外延掌握得不恰当。也就是说，学前儿童有时会说一些词，但并不代表理解其真正的含义。究其原因是因为学前儿童基本是通过实例的方式来掌握概念的，而成人通常有意无意地从各种实例中选择一些学前儿童常见的、能理解的，并对某一概念具有代表意义的"典型实例"重点向学前儿童介绍，同时与概念的名称（词）相结合，这种做法固然有利于学前儿童较快地掌握概念，但同时也可能起到一种消极的定式作用，导致概念的范围局限于"典型实例"，造成其内涵和外延的不准确。

教师要避免"典型实例"导致的儿童对概念的内涵和外延掌握得不准确，应该提供多种实例来对概念进行分析和说明，如儿童在掌握"帽子"这一概念时，教师应该将棉帽、防晒帽、鸭舌帽、礼帽等不同种类的帽子呈现出来，同时呈现同种类但不同材质的帽子（如同样是礼帽，还有毛线、长毛绒、短毛绒、人造纤维等不同的材质）。总之，教师要提供多种实例来对概念进行解释和说明，并引导学前儿童在理解的基础上概括出概念的本质特征。

2）判断的发展特点

判断是肯定或否定某事物具有某种属性的一种思维形式。任何判断都是人们对事物

第四章 学前儿童认知的发展（下）

的一种认识，都是对事物之间关系的反映。学前儿童的判断能力是在掌握概念的基础上发展起来的，判断的实质就是肯定与否定概念之间的联系。学前儿童判断能力的发展有以下两个特点：

（1）从判断形式看，从以直接判断为主，逐渐向间接判断发展。直接判断是指无复杂的思维活动参加，是一种感知形式的判断。如一儿童认为"汽车比飞机跑得快"，他说："我坐在汽车里，看到天上的飞机飞得很慢。"间接判断需要一定的推理，因为它反映的是事物之间的因果、时空、条件等联系。如年龄稍大的儿童会指着一个来找刘老师的小学生告诉同伴说："这是刘老师的女儿。"可见他是根据人际关系来做间接的判断。随着年龄增长，儿童间接判断能力开始形成并有所发展。

（2）从判断的客观性看，从主要根据对事物感知到的表面联系进行主观判断，逐渐向综合事物的多种属性、抓住事物的内在联系来做出客观的判断。如对斜坡上皮球滚落的原因，3~4岁的儿童说："（球）站不稳，没有脚。"5~6岁儿童说："球会从斜面上滚下来，因为这儿有小山，球是圆的，它就滚了。要是钩子，如果不是圆的，就不会滚动了。"

总之，受经验和能力发展的限制，儿童还是无法综合考虑事物的多种属性并根据事物的内在联系做出合理的判断，因此他们的判断很容易被自己或者他人推翻，变动性很强。但随着语言和思维的逐渐发展，他们做判断的依据会越来越全面，判断也会越来越客观，判断的确定性逐渐增强，不容易被推翻。

3）推理的发展特点

推理是根据已知判断推出新判断的一种思维形式。已知的判断是推理的前提，新的判断是推理的结论。推理是一种特殊类型的问题解决方式。推理可以分为直接推理和间接推理两大类。直接推理比较简单，是由一个前提引出某一个结论；间接推理是由几个前提推出某一个结论，又可以分为归纳推理、演绎推理和类比推理。学前儿童在其经验可及的范围内，已经能进行一些推理，但水平比较低，主要表现在以下几个方面：

（1）抽象概括性差。学前儿童的推理往往建立在直接感知或积累的经验的基础上，其结论也往往与直接感知和积累的经验相联系。年龄越小，这一特点就越突出。如年龄小的儿童看到红积木、黄木球、火柴棍漂浮在水上，不会概括出木头做的东西会漂浮的结论，而只会说"红的""小的"东西漂浮在水上。

（2）逻辑性差。尽管学前儿童具有一定的推理能力，但是总体来说逻辑性很差，年龄越小的儿童表现就越明显。例如，对儿童说"别哭了，再哭就不带你找妈妈了"，他会哭得更厉害，因为他不会推出"不哭就带你去找妈妈"的结论。

在整个学前期，儿童推理能力的发展都受到判断能力发展的限制，发展水平都不高。学前儿童思维的具体形象性特点决定了其在做出判断、推理时，常常根据自己的生活经验，把直接观察到的事物的外在或表面属性作为推理的依据，因此对事物的判断、推理往往是不合逻辑的。例如，在给小班儿童讲完"孔融让梨"的故事后，问他们："孔融为什么让梨？"不少儿童回答："因为他小，吃不完大的。"

三、促进学前儿童思维发展的策略

（一）教学中不断丰富学前儿童的感性经验，培养语言表达和概括能力

1. 根据学前儿童的具体形象性思维占优势的特点，教学中采用直观形象、表象的方式，丰富学前儿童的感性经验

思维是认知过程的高级阶段，它是在感知觉的基础上产生和发展的。因此，感性知识越丰富，表象越深刻，思维活动就越深入。比如，请小班的儿童画苹果，最好的方式就是拿一个或几个实物苹果来，让小朋友看一看苹果的颜色、形状、大小，摸一摸苹果的表面光滑程度，闻一闻苹果的香味，掂一掂苹果的重量，品尝一下苹果的味道等，通过多种感官的共同参与以及对苹果的直接操作，使其全面和具体地认识苹果，形成深刻的关于苹果的表象和记忆，以促进儿童对苹果形成具体形象思维。到了中班，当教师再想让儿童画苹果时，由于他们已经建立起关于苹果的具体形象思维，所以此时已经不需要苹果的实物了，只需要唤起他们对有关生活经验的回忆即可。教师可以提问："小朋友们都见过什么颜色的苹果呢？"儿童会回答"黄色""红色""绿色"等。老师为了促进儿童发散思维的发展，还可进行下一步提问："还有什么不同的颜色吗？"有的儿童在教师的启发下想起冬天冻苹果和平时烂苹果的颜色，说出了不同的答案。对于中班的儿童，可以在直观形象的基础上，引导他们用表象来思考解决问题，帮助他们逐渐摆脱对可直接感知的材料的依赖性。到了大班，教师可以充分启发儿童的想象和思维的创造性，如提问"苹果可以用来干什么"等。

2. 进一步促进学前儿童抽象思维的发展，正确理解和使用各种概念，培养初步的语言表达和概括能力

语言是思维的工具。儿童语言的发展，直接影响到思维的发展。儿童的思维活动一方面借助具体事物的刺激，另一方面借助语言来进行，进而形成概念。所以教师应该依据其形象思维占优势的特点，创设情境请儿童多观察，丰富他们的感性经验，同时还要用语言指导儿童积累一定的语言经验，学会用正确的语言概括自己的所见所闻，逐步向概括抽象客观事物发展。比如，小班儿童语言能力较弱，对自己的愿望经常是表述不清，当教师弄清楚其愿望后，应该用正确的语言进行概括和示范，使其逐渐知道应该如何使用语言。中班儿童语言能力有所提高，对自己的愿望和所见所闻已经具有一定的概括能力，能初步理解具体概念的含义，但对概念的内涵和外延掌握得不清楚，大多是通过具体实例来了解概念的，所以教师应提供各种不同种类的实例加强中班儿童对概念的掌握。大班儿童的抽象思维开始萌芽，这时教师要引导他们学习用语言和符号来进行交流和检查自己解决问题的过程，从而有效帮助其逐步摆脱思维过程中形象性的制约。此外，教师和儿童以及儿童和儿童之间，应经常通过语言进行交流和讨论，因为如果想弄清楚别人说话的意思，就要对对方说话的内容进行分析、综合、概括等，这样可促进其抽象思维的进一步发展。

（二）在教育教学和日常生活中，鼓励学前儿童多想多问，激发其探索欲和求知欲，促进其发散思维和创造性思维的发展

1. 保持宽松民主的学习氛围，是学前儿童形成发散思维和创造性思维的前提

发散思维和创造性思维对儿童现在及今后的生活和学习有着重要的意义和作用，影响着儿童今后的发展，所以在学前期应该以发展儿童思维能力为主，尤其是发展发散思维和创造性思维的能力。而发散思维和创造性思维都是在良好的情绪和宽松民主的氛围下才能产生和发展的，所以教师要创造宽松民主的学习氛围，鼓励儿童多想多问，激发其探索欲和求知欲，促进其发散思维和创造性思维的发展。

2. 认真对待学前儿童提出的各种问题，分析其教育意义

积极的思维过程就是提出问题、解决问题的过程。思维总是从提出问题开始的。爱因斯坦说过："提出一个问题比解决一个问题更重要。"所以当儿童提出"是什么"或"为什么"之类的问题时，家长和教师要认真思考儿童的提问所蕴含的教育意义，要鼓励儿童自己探索问题的答案，避免儿童形成随口就问但不爱动脑思考的习惯。

为此，成人可以根据儿童感兴趣的程度和问题的教育性，梳理并简化复杂的问题，创设出既能满足儿童兴趣，又有利于儿童自主探索的问题情境，鼓励儿童深入探索，满足儿童的求知欲和成就感。

（三）在各种游戏（智力游戏、教学游戏）和各种活动（区域活动、五大领域）中，坚持启发性原则，培养学前儿童的创造性思维

游戏活动离不开具体的操作材料，因此操作材料的选择至关重要。

首先，教师应提供丰富且易于变化的操作材料，使儿童在操作过程中能自主进行选择，并能探索操作材料的多种玩法。如提供各种颜色、大小不同的小珠子，儿童既可以按颜色分类，也可以按大小分类和排序，还可以按照一定的顺序将珠子串起来；智力游戏中经常通过一物多用、一物多变的方式培养儿童思维的发散性。在教学游戏或区域活动中，教师可为儿童提供不同类型、不同结构、不同功能的，能满足儿童发现、探索和创造需要的多种操作材料，使儿童能够在游戏中自由地对材料进行组合、加工和创新。

其次，教师准备的操作材料应该是递进式的，应该满足不同层次水平的儿童的发展需求，满足每一个儿童的最近发展区。如在美工区域活动中用树叶作画这个活动（图5-6），对于第一天已经进行过树叶画创作的小朋友改成在卡纸上画，卡纸和圆盘是两种不同的材料，这种细节的改变对儿童来说重在变化，不能让儿童浪费时间在重复的活动上。有的儿童可能喜欢美工区，每天都要进美工区，如果材料的投放每天都是一成不变的，儿童就会失去创作的欲望和热情，更不能促进其创造性思维的发展。

最后，材料的投放应该是逐渐去形象化的。比如玩娃娃家游戏，小班的娃娃家操作物是非常逼真的，教师设置的教具都是一比一的仿真版，为的是让儿童能够"信以为真"。随着儿童年龄的增长，娃娃家的操作物的形象应该逐渐"粗犷化"，即看起来有点像即可；到了大班甚至可以让儿童自己进行适当的补充，比如饮水机少了一个出水口，让儿童自己动脑筋想办法解决，可以画一个，可以制作一个，也可以安装一个等。这样教师通过提供操作材料，让儿童在独立自主的操作过程中，经历探求、发现和创造的过程，以启发儿童的思维，促进其创造思维的发展。

第三节　学前儿童言语的发展

> 4.5 岁的乐乐在玩乐高积木时一个人自言自语：
> "我要装满正规军。嘟嘟嘟嘟嘟嘟。
> 谢谢。呜呜呜——呜呜呜——呜呜呜。
> 我将用正规军装它。嗒嗒嗒——嗒啊啊。
> 撞！
> 我的车坏了，它们撞在一块儿了。
> 我要给车加油。
> 哎哟，哎哟。车胎瘪了，我需要给车胎充气。
> 扑哧、扑哧、扑哧。
> 呼哧、呼哧、呼哧。
> 我被骗了，他弄坏了我的房子。他需要一个新轮胎。
> 喂！他的车胎瘪了。
> 我要无铅汽油。
> 呼哧、呼哧。嘻嘻呜呜。"
> 乐乐的爸爸在旁边一脸困惑，不知道他在讲什么。
> （资料来源：冯夏婷. 透视幼儿心理世界［M］. 北京：中国轻工业出版社，2014.）

儿童自呱呱坠地起便开始学习语言，从几个无意义的发音开始，逐渐掌握数千个有意义的音节、单词，直到最后能按照一定语法规则将其组合起来，产生无数的语言信息，表达自己的思想或与人沟通交流。

（一）语言与言语

语言是人类在社会实践中逐渐形成和发展起来的交际工具，是一种社会上约定俗成的符号系统。语言是一种社会现象。人在改造客观世界的活动中，产生了交际的需要，而要满足交际的需要，伴随着交际就产生了语言。

言语是人运用语言进行实际活动的过程。言语是一种心理现象，它是在与他人交流的过程中，运用某一种语言，如汉语、英语、日语，把自己的思想情感表达出来，传达给别人。

语言和言语是两个不同而密切联系的概念。语言是工具，言语则是对这种工具的运用。离开语言这种工具，人就无法表达自己的思想或意见，也就无法进行交际活动；语言也离不开言语，因为任何一种语言都必须通过人们的言语活动才能发挥其交际工具的作用。语言是一种社会现象，而言语是一种心理现象。

（二）言语的作用

言语与其他心理活动有着密切关系，在人的心理发展上具有重要意义。

1. 概括作用

言语中的词是客观事物的符号，它总是代表着一定的对象或现象。言语不仅标志着个别对象或现象，还可以标志某一类的许多对象或现象。当我们指着某一只小狗说"这是小狗"时，"小狗"一词只是某只小狗的符号；当我们说"小狗是一种动物"时，"小狗"一词就不是指某一只小狗，而是指不同品种的小狗。"动物"这一词是指包括小狗、小猫、小猪、小羊、小牛等在内的一个生物种类。

2. 交流作用

人们通过感知、记忆、想象、思维、情感等内部活动产生的思想、愿望、需要、情感、体验等，必须凭借言语才能表达出来，以使他人感知和理解。因此，无论是有声言语还是书面言语，都是人们相互沟通交流的一种方式。此外，前辈的知识经验要传递给后世，也必须依靠言语活动。这些都表明了言语活动具有交流作用。言语是人与人之间进行交际，沟通思想、情感的桥梁，是人们相互影响的工具，也是传递世代经验的途径。

3. 调节作用

人们通过言语，不仅能认识客观事物，也能认识自己的心理和行为，进而有意识地调节自己的心理和行为，使自身心理活动具有自觉性。人们在采取行动之前，可以在头脑中以词的形式预定行动目的，设想行动结果，制订行动计划。而在心理活动进行的过程中，又能按照预定的计划，用词调节自己的心理和行为，以求达到预定的目的。因此，言语能对个体的身心起到调节作用。

（三）言语的种类

言语活动的表现形式各不同，可分为两类：

1. 外部言语

外部言语是与他人进行交际时产生的言语过程。外部言语包括口头言语和书面言语。

1）口头言语

口头言语是通过人的发音器官所发出的语言声音来表达思想和感情的一种言语。口头言语不仅要说出话来，而且要以直接和他人交际为目的。口头言语又分对话言语和独白言语。

（1）对话言语。即在两个或两个以上的人之间进行的谈话，如座谈、辩论、问答等。对话言语需要对话者相互配合，对话者均以对方的语言为刺激，故这种言语的语法结构和逻辑系统都不要求完整严谨，所谈之事多可意会，且多辅以手势或面部表情。例如，当人们在等火车时，只要说"来了"一词，大家都会明白是指"火车进站了"。

（2）独白言语。即说话的人在一个比较长的时间里向他人说明自己的思想，而不被他人的插话所打断。独白言语的语言有逻辑顺序，句子清楚完整，语法正确严谨。例如，演讲、讲课、诗歌朗诵等均属独白言语。

儿童以口头言语为主。

2）书面言语

书面言语是人们借助文字来表达自己思想、情感，传授知识经验的言语，也就是写出的文字、看到的文字。它的形式主要有三种：写作、朗读、默读。书面言语可以反复阅读、回味、推敲，且需要专门的教学才能掌握。

2. 内部言语

内部言语是一个人自己对自己发出的声音，是自己默默无声地思考问题时的言语活动。其特点是具有隐蔽性和简略性，例如，默默地思考问题，写文章前打腹稿等。

内部言语是在外部言语的基础上产生的。内部言语和外部言语之间有密切的关系。一方面，没有外部言语就不会有内部言语；另一方面，没有内部言语的参与，人们就不能很好地进行外部言语的活动。

二、学前儿童言语的产生与发展

0~3岁是儿童言语的产生时期，包括前言语阶段和言语产生阶段。1岁前，儿童只是处于发出语音和学话的萌芽阶段，能够真正说出的词汇很少。3~6岁是儿童言语的发展时期，儿童以口头言语为主，其语音、词汇、语法、表达能力都得到发展，同时开始书面言语的学习和产生内部言语。

（一）0~3岁：儿童言语产生的阶段

1. 前言语阶段（0~1岁）

在儿童真正掌握语言之前，有一个准备阶段，称为前言语阶段，或言语产生的准备阶段。

1）言语产生的准备

言语产生的准备主要表现在两个方面：

（1）说出词的准备，包括发出语音和说出最初的词。

（2）理解词的准备，包括语音辨别和对词语的理解。

2）前言语阶段的三个小阶段

（1）简单发音阶段（出生~3个月）。

（2）连续音节阶段（4~8个月）。

（3）学话萌芽阶段（9~12个月）。

2. 言语产生阶段（1~3岁）

1）言语产生的标志

言语产生的标志是说出最初的词并掌握其意义。具体表现在：

（1）能初步理解词的意义。

（2）持续地、自发地使用一些词，而且这些词必须是成人语言中的词，而不是自己造的词。

（3）词带有概括的意义，而不是只代表某一事物。

（4）掌握10个左右的词。

2）言语产生阶段的两个小阶段

（1）理解语言迅速发展阶段（1~1.5岁）。儿童理解的语言大量增加，但是能够说出的语词很少，甚至出现一个短暂的相对停顿或沉默期。这时，儿童只用点头、摇头或手势等行动示意，不开口说话，甚至停止独处时自发的发音活动。

（2）积极说话发展阶段（1.5岁~2或3岁）。儿童突然开口，说话的积极性增强，词汇量迅速增加，语句的掌握能力也迅速发展。

（二）3~6岁：儿童言语发展特点

儿童在出生后的3年里，随着言语发音器官、相关神经组织的成熟，加上成人的言语教育，耳濡目染，他们的言语也在不断发展。到了幼儿期，儿童言语的发展进入了一个新的时期。他们从"前言语阶段""言语产生阶段"进入了"言语丰富化阶段"。这个阶段的口头言语在各方面都得到发展。

1. 语音的发展

随着儿童年龄的增长，发音器官日渐成熟，言语知觉（言语听觉、言语动觉）日益精确化，儿童的发音能力迅速发展，语音的准确性也越来越高。3~4岁是儿童语音发展的飞跃阶段，他们已能分辨外界差别细微的语音，并能支配自己的发音器官，一般来说，他们在此阶段能初步掌握本民族、本地区语言的全部语音，甚至可以掌握任何民族语言的语音。但在实际说话时，儿童对于有些语音往往不能正确发出。

儿童学会正确的发音，必须具备两个方面的能力：一方面，要有精确的语音辨别能力；另一方面，能控制和调节自身发音器官的活动。

拓展阅读

3~4岁幼儿由于生理上不够成熟，因此不能恰当地支配发音器官，不善于掌握发音部位和发音方法。幼儿发出元音错误较少，错误往往在辅音。这是因为辅音要依靠唇、齿、舌等运动的细微分化。3~4岁幼儿由于唇和舌的运动不够有力，下颚不够灵活，因而发辅音时往往不能做出明显的分化。

幼儿容易出现的发音错误：

（1）把舌根音"g""k"，发成舌尖音"d""t"，如把"哥哥"说成"得得"；

（2）把需用舌尖后位的"zh""ch""sh"，发成舌尖前位的"z""c""s"或者发成舌面的"j""q""x"，如把"老师"说成"老西"，"吃饭"说成"七饭"；

（3）把"n""l"和"r""l"混淆，如把"奶奶"说成"来来"，把"真热"说成"真乐"。

（资料来源：http://www.xuexila.com/jiaoyu/jiating/1639263.html）

为此，必须重视儿童的语音教学，特别是4岁前后的儿童，更要注意实施正确的语音教学。幼儿末期的儿童只要没有生理缺陷，在正确的教育下，都能正确发出各种语音。

2. 词汇的发展

言语是由词以一定的方式组成的，因此词汇的发展可以作为言语发展的重要标志之一。其发展可从词汇的数量、词类、词义三方面的变化来分析。

1）词汇数量的增加

幼儿期是人的一生中词汇量增加最快的时期。当然，词汇量也会受时代背景、方言、具体生活和教育条件的影响。时代背景不同，儿童的词汇量也会不同。特别是在当今社会，互联网高速发展，儿童从小接受的信息比以往更加丰富，见识也比以往的同龄人更广，词汇量也会随之扩大。不同方言的词汇也会有所不同。例如，咖啡色和棕色是同义词，上海地区的3岁儿童已能使用"咖啡色"，而对于"棕色"，3.5岁以前无人使用，至6.5岁，使用人数尚未超过半数；北京、湖南、福建等地区的儿童在4.5岁就开始使用"棕色"。具体生活环境和教育条件的不同，也会导致词汇量的差异。例如，对"辣"一词的使用，四川、湖南地区的儿童从2.5岁即开始使用，上海地区的儿童则要到4.5岁才开始使用，这与当地饮食习惯有关。

2）词类范围的扩大

词从语法上可分为实词和虚词两大类，实词是指意义比较具体的词，它包括名词、动词、形容词、数词、量词、代词等；虚词的意义比较抽象，一般不能单独用来回答问题，它包括副词、介词、连词、助词、感叹词等。

儿童先掌握的是实词，掌握的顺序是名词—动词—形容词，对虚词，如连词、介词、助词、语气词等掌握较晚。同时，他们掌握的词汇的内容也在不断丰富和扩大，主要掌握与日常生活、起居饮食直接有关的词。此外，他们还逐渐掌握一些与日常生活距离较远的词，如关于人造卫星、古代历史、工农业生产等的词。在名词中，儿童掌握的抽象性、概括性比较强的词逐渐增加，过去只能掌握具体的实物概念，如"积木""娃娃""桌子""椅子"等，后来逐渐能掌握"玩具""家具"等类概念。

3）词义逐渐确切和深化

有些词在幼儿前期已经出现，但不同年龄的儿童对同一个词所代表的意义可能有不同的理解，使用时也不会同样正确。幼儿期的儿童对词义的理解逐渐确切和深化。儿童1~1.5岁时说出的词往往代表多种意义，例如，见到狗叫"汪汪"，见到带毛的东西，如毛手套、毛领子等生活用品，也都叫"汪汪"。随着年龄的增长，儿童对词义的理解逐渐确切和深化，对"狗"一词的理解，既不会把它扩大到泛指具有皮毛特征的一切事物，也不会缩小到仅指自家的那只小狗，而是能够将"狗"一词作为不同大小、不同颜色、不同种类的狗的符号，使词有了更为概括的特性。

有个小朋友看图画书，认识了身上有黑白相间条纹的斑马，每次翻到有斑马的那页，他就指着斑马说："马马。"有一天，他遇到了一位叔叔，妈妈让他喊"叔叔"，他盯着叔叔看了半天，就是不开口。等叔叔转身要离开时，他突然指着叔叔叫"马马"。原来，那位叔叔穿着一件有黑白相间条纹的衣服。

此外，儿童口头言语中积极词汇逐渐增多。积极词汇又称主动词汇，是指儿童既能理解，又能正确使用的词。同时，在他们的口头言语中，还有许多消极词汇，而且也在增多。消极词汇又称被动词汇，是指能够理解却不能正确使用的词。儿童受知识经验的限制，对于许多词不能正确理解或有些理解却不能正确使用，以致出现乱用词或乱造词的现象。如把"一个小朋友"说成"一只小朋友"，把"一张电影票"说成"一个电影票"等，错误地使用量词。

雯雯小朋友4岁了，这段时间特别爱说话，而且总是语出惊人。每天晚上临睡前，妈妈都要雯雯刷牙，但雯雯经常会不乐意。一天晚上，雯雯一脸惆怅地说："我什么时候才能免费睡觉啊？"弄得妈妈哭笑不得。平时雯雯也经常听到大人说"吃过饭了""喝过水了"，就学会了"过"这个词，当妈妈让她跟其他小朋友告别时，她对妈妈说："妈妈，我再过见了。"

分析： "免费""过"这些词汇对雯雯来说，还属于消极词汇，雯雯虽然理解这些词的意思，但不能按照日常的语言规则正确地使用，所以才会说出这些有趣的童言。

幼儿期儿童的词汇无论是数量还是质量，较之幼儿前期都有了发展，但从整个幼儿期的词汇发展来看，词汇还是贫乏的，在词类的运用上还是更多使用动词和名词，词义的概括性还较低，对词的理解和运用还常常发生错误。总之，词汇的发展还不够完善。幼儿教师要利用课内外一切机会，在引导他们认识事物的同时，发展他们的词汇，特别要重视积极词汇的发展，不要让儿童从小养成词不达意的习惯。

3. 语法的掌握

言语的发展除表现在能正确发音、具有一定的词汇量以外，还表现在能掌握语法结构、理解组词成句的规律方面。幼儿在与人们不断交往的过程中，自然地掌握了一些基本语法结构和一些句型。研究表明，我国幼儿的句子的发展，呈现以下趋势。

1）从简单句发展到复合句

幼儿前期，虽也出现了一些复合句，但绝大部分是简单句。幼儿在习得句子的过程中，最初出现的是主谓不分的单词句，即用一个词汇代表一个句子的含义，如"狗狗"，可能表达的是"狗狗来了""我要狗狗""我怕狗狗"等等，通常会配合语音、语调来表达他的意思。单词句没有语法，只有环境和语音的结合。单词句的意义往往不明确，成人必须根据幼儿说话时的情境、语调、态度等线索推测幼儿的意思。在单词句的后期，慢慢发展为双词句，如"妈妈，饭饭"，它可能表示"妈妈，我要吃饭"，也可能表示"饭是妈妈的"，还可能表示"妈妈在吃饭"，此时幼儿的言语还是和某种情境相联系。

2）从陈述句发展到多种形式的句子

在幼儿的口头言语中，陈述句仍占一定的比例，约1/3，其他句型，如疑问句、否定句等也都发展起来了。幼儿经常接触的是主动语态的陈述句,即句子中出现在动词前面的名词是动作的发出者,而后面的名词是动作的承受者,于是他们对于句子形成了动作者—动作—承受者的理解模式,所以当他们开始接触被动语态时,也习惯用这种模式去理解,结果就会出现错误。例如,"小明被小强碰了一下",幼儿会将其理解为"小明碰了小强"。幼儿理解错误的原因是根据词出现的先后顺序来理解句子,所以也容易把"小班幼儿上车之前大班幼儿上车",理解为"小班先上车大班后上车"。他们对双重否定句更难正确理解,因此常把"哪个盒里没有一个娃娃不是站着的"误解为"没有娃娃站着"。

3)从不完整句到完整句

3.5 岁以前,幼儿的话语常常缺少主要词类或词序紊乱,以致句子意思不明确,别人如果不了解幼儿说话时的情景,就很难理解幼儿所要表达的意义。例如,有的幼儿把"你用筷子吃,我用调羹吃"说成"你吃筷子,我吃调羹";有的幼儿看到小朋友在滑梯上摔倒了,哭了,可能向家长这样转述:"摔了一跤,在滑梯上,她哭了。"造成主语省略的原因可能与幼儿思维中的自我中心有关,误以为自己明白的事情别人也明白。

3.5 岁以后,幼儿逐渐掌握了句子成分之间复杂、严密的关系,出现了较复杂的修饰语句,如有介词结构的"把"字句:"他们把绳子系起来跳""小兔子把萝卜放在桌子上"等。6 岁幼儿的简单句几乎全是完整句,复合句也较完整。

4)句子从短到长

幼儿期儿童口头言语中所用句子的长度,随年龄增长而增加。据华南师范大学的研究,3 岁儿童主要使用三词句,3.5 岁儿童的句子长度发展到 6~10 个词,4 岁儿童使用句子的长度可达 11 个词以上。以后,句子中的词数也会继续逐年增长。

一般来说,到幼儿末期,儿童不仅会说出完整的简单陈述句,还会出现各种句型的复合句,句子的长度增加,语句的结构也较严密。儿童对语法的掌握并不依靠专门的语法教学,而是在实际的言语活动中逐渐掌握,他们在使用句子时,并不知道句子构成的理由。因此,成人在和儿童交际的过程中,使用符合语法的语句将对儿童正确掌握语法有直接的积极影响。

4. 言语表达能力的发展

3 岁以前的幼儿与成人的交际主要是对话形式。他们的对话言语只限于向成人打招呼、提出请求或简单地回答成人的问题,往往是成人逐句引导,他们逐句回答,有时他们也向成人提出"为什么"。

1)对话言语过渡到独白言语

幼儿的言语最初是对话式的。3 岁以前的幼儿,他们多半是在成人的陪伴下进行活动,他们的交际采用的是对话形式,只是回答成人提出的问题,有时也向成人提出一些问题和要求。到了幼儿期,随着独立性的发展,儿童常常离开成人进行各种活动,从而获得各种经验、体会、印象等。同时,他们又处于集体中,在与成人或同伴的交际过程中,他们也有必要向成人或同伴表达自己的各种体验或印象。这样,幼儿的独白言语也就发展起来了。开始时,由于词汇不够丰富、语句结构不够完整,因此表达时常常显得不够流畅,叙述时常常以"这个……这个"或"后来……后来"等帮助缓解表达的困难。在正确教育下，一般到六七岁时，他们就能比较清楚地、有声有色地讲述故事或系统地描述看过或听过的事情了。

2）情境性言语过渡到连贯性言语

幼儿有时叙述不连贯，并且伴有各种手势、表情，需要别人结合当时的情境，观察幼儿的手势、表情，边听边猜才能懂得其意思，这种言语称为"情境性言语"。情境性言语往往与特定的场景相关，说话者事先不会有意识地制订计划，往往想到什么就说什么。三四岁的幼儿，甚至四五岁的幼儿，还不能连贯地按一定的逻辑顺序讲述一个故事或叙述一件事情。如三四岁的幼儿在讲述大灰狼的故事时说："大灰狼来了，不得了啦！不能开，妈妈来了，它就走了。"幼儿只把故事中一些突出的内容，断断续续地讲一遍，既不连贯，也没有交代任何背景，好像听的人都知道这个故事似的。有时，幼儿找不到适当的词来描述时，还会用手势或动作来代替。随着年龄的增长，情境性言语的比例逐渐下降，连贯性言语的比例逐渐上升。到了六七岁，幼儿开始能把故事的整个内容有头有尾地进行表述，能够用完整的句子说明上下文的逻辑关系。即使不看他的手势、表情，也能听懂讲述的内容。教师要加强教育和训练，发展幼儿的连贯性言语，使幼儿能够正确、完整地表述自己的思想，为进入小学做好准备。

5．书面言语的学习

书面言语的掌握比口头言语的掌握困难。幼儿学习书面言语需要具备的条件包括：

（1）幼儿口头言语的发展，这是学习书面言语的基础。

（2）幼儿形象知觉的发展，这为幼儿辨认字形提供了可能性。有人认为，字母、数字、字词，特别是方块汉字，说到底只不过是图形，识字只不过是一种特殊的图形知觉。

（3）幼儿视觉记忆、手眼协调活动能力，以及手指小肌肉活动的发展，这些是握笔书写的条件。

（4）幼儿自身认字、读书、写字的需要。当成人经常拿着书给他们讲故事，或看到成人写字时，他们就会逐渐产生学习书面言语的积极性。如有的幼儿主动向成人问字，要求认字；有的幼儿拿了看图识字的书，指着字说着画上的内容；有的幼儿要笔、纸，趴在桌上涂写等。此时，如因势利导指导幼儿学习书面言语，常常能引起他们的学习兴趣。

幼儿期已有学习书面言语的可能性，口头言语已发展到一定程度，它是学习书面言语的基础。幼儿形象知觉的发展，又提供了辨认字形的可能性。当幼儿能识别图形时，就能分辨字形。人们还发现，4岁左右是幼儿形象知觉发展的敏感期，因此，幼儿期可以进行识字教学，或许还是认字的最佳年龄。

我国多年来的教改实验，以及生活中的大量事实，都证实了幼儿学习书面言语是完全可能的。研究发现，幼儿一提到识字，就会流露出喜悦的情感，能较快集中注意力，把识字看成辨认形象和声音的游戏。但当前幼儿园是否应进行识字教学、如何进行等问题，有赖于幼教工作者去研究。

6. 内部言语的产生

案例

　　4岁的强强总喜欢自言自语。搭积木的时候，他边搭边说："这块放在哪里呢？不对，应该这样，这是什么？就把它放在这里做门吧！"搭完一个机器人后，他会兴奋地对着它说："你不要乱动，等我下命令后，你就去打仗！"

　　内部言语比外部言语压缩、概括。内部言语常用一个词或一个词组来表达在外部言语中需要用一句话或一段话来表达的意思。内部言语不是用来和人交际的言语，而是对自己发出的言语，是自己思考问题时的言语。内部言语也具有调节自身心理活动的功能，与心理自觉性的发展相联系。内部言语是言语的高级形式，它是在外部言语的基础上产生的。在幼儿前期还没有内部言语，他们还不能做到不出声地考虑问题。

　　到了幼儿期，内部言语才开始产生。在幼儿内部言语开始发展的过程中，常常出现一种介于外部言语和内部言语之间的言语形式，即出声的自言自语，也就是既是出声的，又是对自己讲的言语。据柳布林斯卡娅分析，在出声的自言自语中，又可分"游戏言语"和"问题言语"两种。

　　"游戏言语"是一种在游戏和活动中对行动的"伴奏"，即一面动作，一面嘀咕。这种言语通常比较完整、详细、有丰富的表现力，如幼儿在建筑游戏或绘画中，边干边说的言语。

案例

　　小班幼儿甜甜独自抱着娃娃"喂饭"，边喂边说："快吃！快吃！不要把饭含在嘴里，要嚼嚼，再咽下去！"喂完饭，她把娃娃放在小床上，盖上被子，说："吃完饭，要睡觉，不要乱动。你不要踢被子，会着凉的，生病要打针的。"甜甜一边做各种游戏动作，一边说话，用语言补充和丰富自己的行动。

　　"问题言语"是在活动进行中碰到困难或问题时产生的自言自语，常用来表示对问题的困惑、怀疑或惊奇，以及解决问题所采用的办法。这种言语一般比较简单、零碎，由一些压缩的词句组成。

案例

　　在拼图过程中，佳琪自言自语地说："把这个放哪里呢？不对，应该这样。这是什么？应该把它放在这里。"佳琪看了看拼图，说："嗯！这个应该是对的。耶！"接着佳琪又拿了一块拼图，观察了半天说："嗯……这个好像一个眼睛。哇！小狗的眼睛，好大一个呀！圆圆的，放哪呢？对，应该放在上面，头上。我看看。嗯！就是这样的。"

对于不同年龄的幼儿，这两种言语所占的比例不同。3~5岁幼儿，"游戏言语"占多数；5~7岁幼儿，则是"问题言语"占多数。这是因为幼儿还不会独立解决问题。

幼儿期，自言自语在口头言语中占有很大的比例。但随着年龄的增长，它的比例逐渐缩小。皮亚杰发现，自我言语在幼儿4岁时约占48%，7岁时下降到28%。同时，自言自语的比例还受幼儿所在环境的影响，通常在幼儿单独游戏时出现较多。

综上所述，幼儿言语迅速发展，主要表现在以下几个方面：

第一，在语音方面，对于声母、韵母发音的掌握，是随着年龄的增长逐步提高的。学前期是学习语音的最佳时期。

第二，词汇的数量不断增加，词汇的内容不断丰富，词类的范围不断扩大，积极词汇（主动词汇）不断增加。

第三，从言语实践中逐步掌握语法结构，言语表达能力有了进一步的发展。

第四，从外部言语（有声言语）向内部言语（无声言语）过渡，表现出"出声的自言自语"，并有可能掌握书面语言。

三、促进学前儿童言语发展的策略

《3~6岁儿童学习与发展指南》中提出，幼儿的语言能力是在交流和运用的过程中发展起来的。应为幼儿创设自由、宽松的语言交往环境，鼓励和支持幼儿与成人、同伴交流，让幼儿想说、敢说、喜欢说并能得到积极回应；为幼儿提供丰富、适宜的读物，经常和幼儿一起看图书、讲故事，丰富其语言表达能力，培养其阅读兴趣和良好的阅读习惯，使幼儿进一步积累学习经验。

（一）重视语言教学活动

按《幼儿园教育指导纲要（试行）》中对语言领域教育活动的要求，应有目的、有计划地对幼儿施加语言教育影响。在幼儿园语言教育活动中，要求幼儿发音正确、用词恰当、句子完整、表达清楚并及时帮助幼儿纠正发音错误，尤其要重视纠正一些幼儿普遍容易发错的语音，对发音准确的幼儿要给予鼓励表扬。

要运用玩具、实物、图片、讲故事、说儿歌、做游戏、演戏剧等有效的教学工具和方法，创设语言氛围，调动幼儿说话的积极性。

1. 利用开放式的提问，让幼儿多说

提问是教师拓展幼儿思路，指导幼儿想象的主要方法。教师可以改变以前"对答式""填充式"的提问方法，而采用开放式，力求做到一个问题多种答案，使幼儿可以根据自己的知识水平和生活经验展开想象的翅膀。例如：在"点子公司"中，刺猬请狐狸帮忙出点子，将鞋店中的鞋子卖出去。此时，教师提问："你有什么点子？"当幼儿提出"买一送一"的好办法时，教师进一步提问："买鞋送什么才是合适的呢？"这一巧问，又开拓了幼儿的思路，他们通过讨论，一致认为买鞋送鞋油、送鞋刷、送袜子等都是比较合适的。

2. 看图讲述，让幼儿会说

幼儿有意注意的时间较短，如果像以往那样一味采用集体式的观察或逐幅图片递进式讲述，这样既剥夺了幼儿自主观察、讲述的权利，也不利于其个性发展。而一味地自由讲述，缺乏在集体中的相互学习和促进，又容易使幼儿在观察、言语表达等方面进展缓慢。为了使以上两方面做到优势互补，可采用分—合—分的教学方法。在第一次观察时，幼儿首先根据自己的喜好选择一幅图片进行充分的观察、讲述，这时他们可以自由地观察、自言自语，教师适时地指导，帮助幼儿正确抓住图片的重点，注意倾听幼儿的讲述内容，发现讲述中的"闪光点"。第二个环节为集体讲述，此时，多幅图片同时出现，这样既能使幼儿将自己观察的一幅图片进行充分表达，同时，由于其他图片是幼儿未观察的，所以对于观察始终保持较强的兴趣。第三次分散，是让幼儿自由选择几幅图片完整讲述，此时教师启发幼儿提问，按照"谁在什么时候去了什么地方，在什么情况下做什么"的顺序来表达，运用这些方法训练幼儿思维的逻辑性，使幼儿把割裂开来的思维连贯起来，能较有条理地说一段话。

3. 借助绘画，让幼儿想说

具体形象思维是幼儿期的主要表现，这种思维活动主要是凭借事物的具体形象或表象及对表象的联想进行的，让幼儿根据自己所画的内容进行讲述。幼儿对自己画的东西是熟悉的，先画什么，再画什么，最后画什么，早就了然于心，让他们既"画"又"说"，不仅能有物可看可想，而且有物可言，同时培养幼儿按顺序观察的能力。例如，开展以"鞋子的联想"为主题的绘画活动，请幼儿谈谈他们为什么要这样画。

4. 编编讲讲，让幼儿愿说

编讲故事是培养幼儿创造能力、口语表达能力的一种好途径，然而好题材难找，幼儿编讲的积极性难以调动。一方面，可以选择一些经典故事，让幼儿续编；另一方面，还可以在讲故事的时候先不告知结局，让幼儿自己创编故事的结局，给他们想象和创作的空间。此外，我们还可以借助绘画，增加幼儿编讲故事的兴趣。例如：在"小狗的故事"中，给出一幅小狗叼着肉骨头开开心心出门的画面，再给出一幅小狗趴在树下伤心地哭泣的画面，并提问幼儿："中间发生了什么事情让小狗由开心变成了伤心？"通过这种不确定性的画面给予幼儿充分的想象空间，调动幼儿表达的愿望，老师则当好热心的听众，鼓励幼儿大胆尝试、积极交流，使幼儿的语言表达更完整流利。

5. 演演猜猜，让幼儿乐说

幼儿言语的发展和思维的发展是相辅相成的，引导幼儿积极地进行思维活动来提升幼儿的言语能力，是行之有效的方法。幼儿的思维是在与环境的相互作用中发展起来的，为此，可创设多种真实情境，让幼儿通过角色扮演、参与活动的形式，乐于主动表达。例如，每天安排一个小朋友做"天气预报员""小小新闻播报员"，定期举办朗诵大赛、"故事大王"比赛、童话表演、木偶剧表演，让幼儿在丰富多彩的活动中乐于去说。

（二）利用日常交流培养表达能力

生活是语言的源泉，丰富多彩的生活能够充实幼儿说话的内容，为他们创设说话的情境，应把幼儿园的全部活动看作语言教育的"活教材"。苏霍姆林斯基说："任何一种教育环境，幼儿越少感觉到教育者的意图，它的教育效果就越大。"因此，选择幼儿日常生活中的话题作为说话训练的内容，可使他们在潜移默化中壮大说话的胆量，如想上厕所时能告诉老师，有事能向老师请假。在一日生活中，要有目的、有计划地和幼儿接触交谈，结合每天的生活，让他们介绍看到和学到的新鲜事，如喜欢看的电视节目、重大的新闻、每天最开心的事及学会的本领等等。在此过程中，教师应做好一个耐心的倾听者、欣赏者，在听到幼儿说话不连贯时，不应急着帮助他们说或打断他们的话题，应以表情或眼神鼓励他们，从而激发他们说话的兴趣，这样才能有效地提升幼儿的言语表达能力。

同时，在日常生活中，幼儿的表达往往层次混乱、语不成句，不能按一定的语法结构完整连贯地叙述。因此，老师应在日常交谈中要求幼儿完整连贯地表达自己的想法。例如，当幼儿要喝水时，对老师说"老师，喝水"，老师要教会幼儿把话说完整："老师，我要喝水。"并让幼儿重复一遍。还应让幼儿明白，要想得到什么或者知道什么，必须把话说完整，切忌幼儿在把看到的东西转化为口语表达时，没有说完整老师就"心领神会"，或者在语言上采取"包办代替"的方式，长此以往会导致幼儿说话不完整的"后遗症"。

（三）丰富幼儿的语言环境

教师应组织丰富多彩的园内、园外活动，使幼儿广泛认识周围环境，扩大眼界，丰富知识面，扩充词汇量。这些活动会提供给幼儿更多的与同伴交往的机会，这样幼儿既见多识广，又具备语言练习的机会，言语能力自然就提升了。

教师还可以在活动区角放置适龄的图书、绘本以及录音机、磁带等，提供合适的物质环境。每天或在每周固定的时间，让幼儿围成圈坐在舒服的椅子或坐垫上，听老师绘声绘色地读或讲故事，对他们来说，这不仅是一种快乐的体验，更能获得丰富的语言刺激。如果再配上色彩明亮、图案简明的图片来激发幼儿的语言交流和讨论，则更能让幼儿踊跃表达。

（四）教师做好言语的榜样

幼儿对言语的学习一定程度上是通过对他人的模仿而获得的，因此教师和家长要注意言传身教，提高自身的言语修养，做好榜样示范。首先，教师在幼儿园里无论是课上还是课下，都要讲普通话，要做到语音准确、词汇规范、语法标准，克服方言中的一些缺陷，例如平翘舌不分、前后鼻音不分等。其次，教师还要注意不要去学幼儿不规范的语音和语句，要为幼儿提供正确的口型和标准的发音，形成良好的语言氛围。同时，还要注意纠正幼儿容易出错的发音。最后，教师尽量不要在幼儿面前谈论少儿不宜的话题，例如年轻女教师们爱谈论的八卦话题等，如果你发现幼儿在谈论大人们谈论的话题，不用感到奇怪，那是他们从成人那里学来的。

（五）注重个别幼儿的言语教育

不同幼儿的言语敏感性、语言驾驭能力不尽相同。因此，教师在教育活动和日常生活中要注重个别幼儿的言语教育。如对言语能力较强的幼儿，可向他们提出更高的要求，让他们完成一些有一定难度的言语交往任务；对言语能力较弱的幼儿，要主动亲近和关心，有意识地与之交谈，鼓励他们大胆说话而不是批评训斥，引导他们表达自己的愿望、看法，叙述自己喜闻乐见的事情。另外，还要在教育活动中给予他们更多的言语实践的机会。

（六）适当学习书面言语

教师在把培养幼儿口语能力作为言语发展的主要任务的同时，应适当把书面阅读和识字作为附加的学习任务。家庭里提倡以亲子阅读的方式教幼儿学习书面言语。但教师和家长都要注意，激发和培养幼儿阅读和识字的兴趣是学习书面言语的前提和重要目的，而并不在于幼儿识字量有多少。

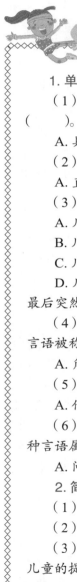

检测你的学习

1. 单项选择题

（1）儿童依靠头脑中的苹果、橘子等形象进行加法运算，这种思维方式是（　　）。

　　A.具体形象思维　　B.聚合式思维　　C.抽象逻辑思维　　D.直观行动思维

（2）儿童离开了玩具就不会游戏，说明其思维方式是（　　）。

　　A.直观行动思维　　B.具体形象思维　　C.抽象逻辑思维　　D.形式运动思维

（3）体现前运算阶段儿童认知特点的活动是（　　）。

　　A.儿童能够找到不在眼前的物体

　　B.儿童能抓住毯子的一角，通过拉毯子来取得放在毯子另一角的玩具

　　C.儿童认为比他小的都是弟弟妹妹，他们将来都会变成自己

　　D.儿童试图打开一只稍开口的火柴盒，失败后，他会缓慢地一张一合小嘴，最后突然顿悟，将手指插进盒子把它打开

（4）东东边玩魔方边自己小声嘀咕："转一下这面试试，再转这面呢？"这种言语被称为（　　）。

　　A.角色言语　　B.对话言语　　C.内部言语　　D.自我中心言语

（5）幼儿掌握得最早、数量最多的词汇是（　　）。

　　A.代词　　B.名词　　C.动词　　D.语气词

（6）幼儿在绘画时，一边画画，一边用言语补充和丰富自己的绘画行为，这种言语属于（　　）。

　　A.问题言语　　B.游戏言语　　C.外部言语　　D.自我中心言语

2. 简答题

（1）结合学前儿童的认知发展特点，谈谈幼儿园去"小学化"的理由。

（2）结合实际，谈谈教师应为学前儿童书面言语的学习做哪些准备。

（3）请结合学前儿童思维发展的特点，举例说明成人为什么要正确对待学前儿童的提问。

第四章 学前儿童认知的发展（下）

3.材料分析题

（1）王园长今天早上接到中三班嘉峰妈妈的投诉，说嘉峰告诉她：昨天中三班的程老师一天不让嘉峰参加游戏活动。嘉峰妈妈对程老师的做法非常不满。王园长就此事询问程老师，原来昨天上午早餐后在进行区角游戏时，嘉峰有些调皮，总是去破坏别人的游戏，程老师就让嘉峰在旁边站了一会儿，并说他如果再这样捣乱就一天不让他玩游戏。事实上只是让他站了不到十分钟就让他玩去了。可嘉峰回家后对妈妈说谎了，说程老师一天不让他玩游戏。请分析案例中幼儿出现这种情况的原因，并指出成人应如何对待这种现象。

（2）一天吃早餐时，小班幼儿发现所发的饼干与往常不一样，有的说饼干的形状像太阳，有的说饼干有柠檬味……他们边吃饼干，边议论纷纷，一时间教室失去了往日的宁静。老师不耐烦地说："跟你们说，不该讲话的时候不要讲，谁再讲就不给他吃！"

教师的做法是否正确？为什么？教师应如何促进幼儿思维的发展？

第五章 学前儿童情绪和情感的发展

本章导航

我们的生活充满情绪，有时欣喜若狂，有时焦虑不安，有时孤独恐惧，有时满腔怒火，有时悲痛欲绝，有时舒适愉快等。这一切使我们的生活时而阳光灿烂，时而阴云密布，时而晦涩呆板，形成了一个纷繁复杂的心理世界。人们常说：学前儿童的脸像6月的天，说变就变！刚刚伤心的眼泪还挂在脸上，转眼就和小伙伴有说有笑了。学前儿童的情绪为什么如此善变？他们的情绪和情感有哪些表现？他们能够像成人那样体验或表达诸如快乐、悲伤、恐惧、愤怒等特定的情感吗？事实上，情绪和情感在学前儿童心理发展中起着非常重要的作用，对其心理和行为有着重大影响。

本章在介绍情绪和情感相关概念的基础上，分析情绪和情感对学前儿童的重要作用，同时具体阐述学前儿童情绪和情感的发展特点，并提出促进学前儿童健康情绪和情感发展的策略。

学习目标

1. 明确情绪和情感的概念、分类及其在学前儿童心理发展中的作用。
2. 了解各情绪分化理论的基本观点。
3. 掌握学前儿童情绪和情感发展的特点。
4. 学会运用促进学前儿童健康情绪和情感发展的策略。

第五章　学前儿童情绪和情感的发展

知识结构

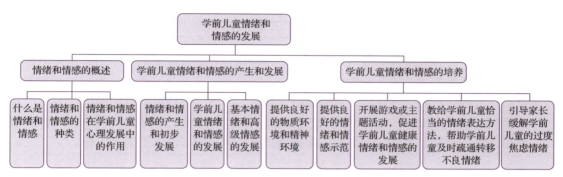

刚开学，莎莎老师带的小班活动室里热闹极了，到处都是各种各样的哭声。大多数儿童声嘶力竭地大哭大闹："我要找妈妈，我要妈妈，我不要来幼儿园。"刚满3岁的萌萌因为尿裤子放声大哭；兰兰一个人垂头丧气地待在教室角落里，因为绮雯小朋友不跟她玩；呱呱眼角挂着泪珠，揉着眼睛对自己说："我是男子汉大丈夫，我不会哭的。"

第一节　情绪和情感的概述

情绪和情感是一个极其复杂的心理现象，有着独特的心理过程。情绪最能表达人的内心状态，是人心理状态的晴雨表。情绪和情感既是人的心理活动中动力机制的重要组成部分，也是个性形成的重要方面。

一、什么是情绪和情感

（一）情绪和情感的概念

情绪和情感是人对现实世界的一种特殊的反映形式，是根据客观事物是否满足人的需要而产生的主观体验及相应的行为反应。

首先，情绪和情感是由一定的客观事物引起的。美丽的自然景观让我们赏心悦目，热闹非凡的节日气氛让我们激动不已，引发我们情绪和情感的事物可以是各类自然景象、人类社会生活中的各种事件，以及我们生理上的变化，如感冒等。

其次，情绪和情感的产生必然和个体的需要密切关联。情绪和情感是以个体的愿望和需要为中介的一种心理活动。当客观事物或情景符合主体的需要和愿望时，就会产生积极、肯定的情绪和情感。如饥肠辘辘的乞讨者得到了一份热气腾腾的饭菜会感到心满意足,渴望知识的人得到了一本好书时会感到欣喜,人们看到助人为乐的行为会产生敬意等。反之,就会产生消极、否定的情绪和情感。如失去亲人会感到悲痛,无端受到批评会郁闷和不满等。

最后,情绪和情感会伴随着一系列的主观体验、外部表现和生理唤醒。一方面,情绪和情感体验是一种主观体验,是个体对不同情绪状态的自我感受,个体不同,其情绪体验就不一样,如开心或失望等;另一方面,情绪和情感常常会伴随着面部表情、动作形态和语调高低等方面的变化,如开心时手舞足蹈、眉飞色舞、声音高亢等。另外,生理唤醒是指情绪产生时的一系列生理反应,包括心跳、血压、呼吸、皮肤电等方面的反应。

积极情绪具有促进认知和行为发展的功能,使心态放松,更容易发现事件的积极意义。而处于消极情绪状态时,个体的思维会变得越来越狭窄,心态会变得紧张。

拓展阅读

情绪对认知的影响

有情绪问题的儿童是否在认知加工上也存在同样的问题,伦敦精神病学研究所的研究人员对这个问题产生了兴趣。他们用一系列有关注意、记忆和判断的认知任务检验那些有临床抑郁、焦虑和创伤后应激障碍(Post Traumatic Stress Disorder, PTSD)的儿童,任务中的刺激或者和外伤有关,或者和恐吓有关,或者和抑郁有关,或者是中性的。

结果显示,在情绪性斯托普(Stroop)注意任务中,焦虑的儿童倾向于选择与恐吓有关的信息(Taghavietal, 1997),PTSD 的儿童倾向于选择和外伤有关的信息(Moradi, 1996;Moradi et al., 1997),而抑郁的儿童对任务中的两种信息都没有注意(Neshat Doost et al., 1997)。然而,在记忆任务中,抑郁的儿童选择性地记住了更多与抑郁有关的单词(Neshat Doost et al., 1997)。在判断任务中,要求被试估计坏事将降临在他们自己身上或者某个不确定的他人身上的可能性。结果是,在焦虑组、PTSD 组和控制组之间没有差异,所有被试组都认为,坏事将发生在别人身上,而不是发生在自己身上。而抑郁组的儿童认为,坏事发生在自己身上和发生在别人身上的可能性是一样的(Dalgleish et al., 1997)。

(二)情绪和情感的区别和联系

情绪和情感是与人特定的主观愿望和需要相联系的,常作为一个统一的心理过程,历史上曾统称为感情。在当代心理学中,人们分别采用个体情绪和情感来更确切地表达感情的不同方面。情绪和情感是既有联系,又相互区别的两个概念。

1. 区别

情绪主要指感情过程,即个体需要与情境相互作用的过程,也就是大脑的神经机制活动的过程,如饥饿时吃到食物的开心,饥寒交迫时产生的忧愁等。情感则常用来描述那些具有稳定的、深刻的社会意义的感情，如对祖国的热爱、对敌人的憎恨、对美的欣赏等。从这个角度上讲，情绪更多地与生物性需要相联系，情感更多地与高级的社会性需要相联系。情绪往往来得快、去得快，与当时所处的情境相联系，随着情境的变化而变化，具有明显的激动性、外露性和外部表现。情感则更深刻、稳定，常常与内心体验相关联，具有较大的内隐性和含蓄性。另外，情绪伴随着个体的出生而出现，更多地与生理需要相联系，根据生理需要的满足与否会产生相应的情绪体验。而情感更多的是在个体社会化的过程中，伴随着社会性需要的出现而产生的一种主观体验，最早的社会性需要一般是在婴儿出生几个月后出现的母婴依恋关系。情绪和情感的区别如表5-1所示。

表5-1 情绪和情感的区别

项目	情 绪	情 感
需要角度	情绪是和有机体的生物需要相联系的	情感是和高级社会性需要相联系的
发生角度	情绪是原始的，产生较早，为人类和动物所共有	情感产生较晚，是人类特有的，是个体发展到一定阶段才产生的
稳定性	情绪不稳定，具有较大的情景性、激动性和暂时性	情感具有较大的稳定性、深刻性和持久性
表现形式	情绪一般发生得迅速、强烈而短暂，有强烈的生理变化，有明显的冲动性和外部特征	情感比较内隐，多以内在体验的形式存在

2. 联系

情绪和情感之间虽有区别，但同时两者之间又是相互依存、不可分离的。一方面，情绪是情感的基础，情感的产生和巩固离不开情绪，稳定的情感是在情绪的基础上形成的，同时又通过情绪表现出来，离开了具体的情绪过程，人的情感及其特点就不可能现实存在；另一方面，情绪也离不开情感，情绪的各种不同变化一般受限于已经形成的情感及其特点，情绪是情感的具体表现。情感的深度决定了情绪表现的强度，情感的性质决定了在一定情境下情绪表现的形式。在情绪产生的过程中，往往蕴含着情感因素。

（三）情绪和情感的功能

情绪和情感是个体对客观世界的一种主观体验，能使个体对不同刺激事件产生灵活自如的适应性反应，调节或保持个体与环境间的关系，是人心理的重要组成部分，对个体的生存、社会适应、心理发展等各方面有着重要作用。

1. 适应功能

人的行为总伴随着一定的情绪和情感状态，情绪和情感是人类最早赖以生存的手段，人们通过各种情绪、情感来了解自身或他人的处境与状况，适应社会需要，以求得更好的发展。比如有机体可以通过微笑表示友好，通过痛哭表示遭遇危难，同时有机体也可以通过察言观色来了解他人的情绪状况，以做出适应性反应等。

2. 动机功能

情绪和情感是动机的源泉之一，是动机系统的一个基本成分。适度的情绪兴奋，可以使身心处于活动的最佳状态，进而推动人们有效地完成工作任务。有研究表明，适度的紧张和焦虑能够使个体处于完成任务的准备状态，以更好地思考和解决面临的问题。当然，过度紧张和焦虑或过度放松也会干扰人的行为和工作效率，比如高考时过度紧张反而会影响正常水平的发挥，对成绩造成影响等。

3. 组织功能

情绪对其他心理活动具有组织作用，这种作用表现为积极情绪的协调作用和消极情绪的破坏、瓦解作用。研究表明：中等强度的愉快情绪有利于增强认知活动的效果，而消极的情绪，如恐惧、痛苦等会对操作效果产生负面影响。消极情绪的激活水平越高，操作效果就越差。积极的情绪状态能够影响个体知觉的选择，维持对客体稳定的注意，增强个体的记忆效果，推动思维的发展并进一步影响个体的行为表现。

4. 信号功能

情绪和情感在人际具有传递信息、沟通思想的功能，这种功能是通过情绪的外部表现，即表情来实现的。例如，人们通过眉开眼笑表示对人对事的满意或赞赏，通过垂头丧气表示对人对事的失望或气馁。

二、情绪和情感的种类

（一）情绪的种类

一个人在特定的生活环境中，于一段时间内所产生的情绪、情感体验叫情绪状态。根据情绪状态的强度和持续时间可分为心境、激情和应激。

1. 心境

心境是一种微弱、持久、带有渲染性的情绪状态。心境具有弥散性，它不是关于某一特定事物的特定体验，而是以同样的态度体验对待一切事物。所谓"情哀则景哀，情乐则景乐"，说的就是心境。

生活中的顺境和逆境、个人的健康情况、人际关系的融洽程度、工作环境的变化等，都可能成为引起某种心境的原因。诱发一定的情绪状态后，这种情绪状态一般不会很快消失，其持续状态依赖引起心境的客观刺激的性质，同时还会影响工作、生活、学习、健康等方方面面。

2. 激情

激情是一种强烈的、迅猛爆发、激动而短暂的情绪状态。这种情绪状态通常是由对个人有重大意义的事件引起的，如获得成功之后的狂喜、亲人突然死亡引起的极度悲哀等，都是激情状态。

过度的兴奋与抑制都容易引起激情，它往往会伴随着生理变化和明显的外部行为表现，如盛怒时的面红耳赤，狂喜时的手舞足蹈等。在激情状态下，人往往容易出现"意识狭窄"现象，即认识活动的范围缩小，理智分析能力受到抑制，自我控制能力减弱，进而使人的行为失去控制，甚至做出一些鲁莽的行为或动作，如犯罪等。但是相较于心境，激情状态持续时间一般较为短暂，冲动劲一过，激情也就弱化或消失了。

3. 应激

应激是一种由出乎意料的紧急情况引起的十分强烈的情绪状态。当人在危险情境下而又需要迅速做出重大决策时，就可能导致应激状态的产生。例如，正常行驶的汽车发生故障时，司机紧急刹车，就是一种应激的表现。

在应激状态下，有机体可能有两种表现，一种是应激造成的高度紧张会抑制人的思维，阻碍认知功能的正常发挥，如目瞪口呆、手足无措；一种是应激引起的身心紧张有利于解决紧急问题，有助于认知功能的发挥，使思维清晰明确，如急中生智，及时摆脱险境。应激有积极的作用，也有消极的作用。一般的应激状态能使有机体具有特殊防御能力，能使人及时摆脱困境。但是人如果长期处于应激状态，不仅有害于身体健康，严重的还会危及生命。

（二）情感的分类

情感是同人的社会性需要相联系的主观体验，是人类特有的心理现象之一。人类高级的社会性情感主要有道德感、理智感和美感。

1. 道德感

道德感是人们根据一定的社会道德规范评价自己和他人的行为时产生的一种内心体验，是人类特有的一种高级社会性情感。

道德属于社会历史范畴，不同时代、不同民族、不同阶级有着不同的道德评价标准。个体在适应社会的过程中，会逐渐掌握社会认可的道德标准，将其逐步内化为自己的道德需要，并以此评价自己或他人的行为。

2. 理智感

理智感是在智力活动过程中，认识和评价事物时产生的情绪体验，如对事物的好奇心，对真理的追求和对谬误的憎恨等。

理智感是人们认识和掌握事物发展规律的动力之一。与人的认识活动的成就、需要的满足、对真理的追求及思维任务的解决相联系。人的认识活动越深刻，求知欲望越强烈，追求真理的兴趣越浓厚，人的理智感就越强。理智感受社会道德观念和人的世界观的影响，它反映了每个人鲜明的观点和立场。

3. 美感

美感是根据一定的审美标准评价事物时产生的情感体验，是由具有一定审美能力的人对外界事物的美进行评价时产生的一种肯定、满意、愉悦、爱慕的情感。

审美标准是美感产生的关键，而人的审美标准既反映事物的客观属性，同时也受到个人的思想观点和价值观念的影响。因此，美感既有普遍性，又同时兼备个别性。不同思想观点和价值观念的人会对相同的客观事物产生不同的美感体验。优美的自然风光、高尚的道德行为会给人带来美感。在不同文化背景下，不同民族、不同阶级的人对事物美的评价也各不相同。

三、情绪和情感在学前儿童心理发展中的作用

（一）情绪和情感是学前儿童适应生存的重要心理工具

儿童从出生开始，就要在适应中生存，而儿童对环境的适应主要通过交往来实现，他们通过情绪信息向成人传递各种需要。例如，用哭声反映身体的不适，引起成人对自己的关注；用微笑反映舒适、愉快。儿童表现出的这些情绪、情感最能激起母亲给儿童以无微不至的关怀和积极的情感回应，从而使儿童的身心得到健康的发展。随着儿童年龄的增长，其情绪也日益社会化，直到学前儿童期，其情绪仍然是适应环境的工具。在学前儿童期，情绪的干扰作用尤为突出，往往比语言的感染作用大。儿童通过情绪和情感的表达向成人传递需求，以更好地适应环境。

（二）情绪和情感是学前儿童心理活动的激发者

情绪和情感在心理活动中的激发作用，是其他心理过程不能代替的，是人的认识和行为的唤起者和组织者，这种作用在学前儿童身上尤为突出。情绪直接指导学前儿童的行为。学前儿童在愉快的情绪下，做什么事都积极、听话，反之则不爱动、不爱学，也不听话。比如，看图讲故事时，学前儿童情绪在愉快时会主动争取讲话；而情绪不佳时，即使老师请他开口，他也不愿意。"学前儿童是情绪的俘虏"是情绪对学前儿童心理活动具有动机作用的最好说明。因此，若想使教育活动取得良好的效果，就应让学前儿童保持积极的情绪状态。

（三）情绪和情感推动、组织学前儿童的认知加工

情绪和认知是密切联系的，情绪和情感对学前儿童的认知活动也起着或推动、促进，或抑制、延缓的作用。不论是感知、记忆，还是注意、思维，都受学前儿童情绪的很大影响，受其制约、调节。许多心理学家的实验研究，都证明了情绪对认知的组织作用。诸多研究结果表明，不同情绪状态对学前儿童智力操作的影响具有显著的差别。积极的、正向的情绪，使学前儿童与外界事物（包括任务、物体和人）都处于和谐的状态，使学前儿童容易接近、接受外界事物和人，并倾向于被这些事物和人吸引。因此，积极、愉快状态和兴趣状态，能为学前儿童进行认知操作提供最佳的情绪背景，使其操作更快、更有效，显示出最优的操作效果；而消极的、负面的情绪会阻碍、干扰思维加工，造成学前儿童智力操作速度慢、效果差。

（四）情绪和情感是学前儿童人际交往的有力手段

表情作为情绪的外部表现，是学前儿童与成人交往的重要工具之一。新生儿几乎完全借助于面部表情、动作、姿态及不同的声音等与成人沟通，使成人了解他的各种需要，给他情感上的抚慰。表情是一种重要的交流工具，它和语言一起共同促进学前儿童与成人、同伴的社会性交往。许多研究表明，情绪是学前儿童维持正常社会关系的必要手段。

（五）情绪和情感促进学前儿童个性的形成

案例

有一次，3岁的丁丁为穿什么衣服去幼儿园与妈妈发生争执。妈妈从保暖的角度考虑，让她穿得厚一些，而丁丁执意要穿漂亮的小裙子。妈妈很纳闷，3岁的小不点就学会"臭美"了？叶子4.5岁时，会指着一个瓷盘说："是谁让这个盘子这么美？就像一幅画！"快5岁时，叶子会说："云彩多么好看呀，天空是蔚蓝的，而它是洁白的。"她看到一只鸟飞过，还会说："它飞得多美呀。"

学前儿童经常受到特定环境刺激的影响，反复体验同一情绪状态，这种状态会逐渐稳固下来，成为稳定的情绪特征，而情绪特征正是性格结构的重要组成部分。亲人的长期爱抚、关注有助于学前儿童形成活泼、开朗、自信的性格情绪特征，而长期缺乏亲人的关怀和爱抚，会使学前儿童形成孤僻、抑郁、胆怯、不信任人的性格情绪特征。

第二节 学前儿童情绪和情感的产生和发展

大量的研究表明，即便是很小的婴儿也有感情，他们也会表达情绪和情感。在生命的前两年里，儿童有各种情绪，如哭、笑、恐惧等，随着年龄的增长，这些情绪和情感与社会性需要的关联性增强。儿童在生活经验不断丰富、思维水平不断提高的同时，其高级的社会性情感，如道德感、美感、理智感等也开始萌芽，表现出这个年龄阶段的一些特点。

一、情绪和情感的产生和初步发展

（一）原始的情绪反应

大量的观察和研究普遍表明，儿童出生后就有情绪反应，比如新生儿出生时的哭、安静和四肢舞动等，都是原始的情绪反应。原始的情绪反应具有两个特点：一是与生理需要是否得到满足有直接的关系，如儿童吃饱喝足时，一般会变得安静或愉快；二是原始的情绪反应是与生俱来的本能，具有先天性。

经典婴儿情绪发展理论的代表人华生对500多名婴儿进行了观察和研究，认为婴儿原始的情绪反应有三种，即怕、怒和爱，并详细阐述了怕、怒、爱三种情绪反应产生的原因及表现。

1. 怕

怕是由大声和失持引起的。当婴儿静静地躺在地毯上时，如果用铁锤在他头部附近敲击钢条，立刻就会引起他的惊跳反射、肌肉猛缩，以及大哭。其他的高声，如器皿掉落的声音等也会引起类似的反应。另外，当婴儿的支持物移开，身体突然失去支持，或者身体下面的毯子被人猛抖时，其也会出现屏息、抓手、闭眼、皱唇，继而出现哭喊等行为。

2. 怒

怒是由于限制儿童运动引起的。例如，用毯子把儿童紧紧裹住，或者双手温和坚定地按住婴儿的头部，阻止其身体的活动时，婴儿就会发怒，表现为身体挺直、手脚乱动，甚至屏息、哭泣、号叫或者面红耳赤。

3. 爱

爱是由抚摸、轻拍或触及身体敏感区域引起的，这些敏感区域包括唇、耳、颈、臂等。例如，母亲温柔地抚摸儿童的皮肤或者柔和地轻拍、摇动会使婴儿安静下来，产生一种广泛的松弛反应，表现为微笑、展开手指和脚趾或者发出咿呀的声音。

华生指出，成人的情绪也是经由上述三种基本情绪通过条件作用和泛化发展而形成的。但是不少心理学家做了类似的实验性观察，并没有验证华生的结论，对其提出的三种原始情绪反应理论提出了批评。人们认为婴儿的这些情绪反应是实验者强加给婴儿的。多数心理学家认为，原始的情绪反应是笼统的，还没有分化。

（二）情绪的分化

在人类进化的过程中，情绪成了人们为生存而衍生的适应功能。随着社会刺激在形式上的增多和质量上的增长，情绪也逐渐发展分化。布里奇斯、林传鼎、伊扎德和孟昭兰针对儿童情绪的分化和发展基于各自的研究提出了不同的观点。

1. 布里奇斯的儿童情绪发展理论

在婴儿长大成人过程中的情绪类别，由单一到多样，由原始、简单的基本情绪到复杂的高级情感。加拿大心理学家布里奇斯的情绪分化理论是早期比较著名的理论。布里奇斯通过对100多个婴儿的观察，提出了关于情绪分化的较完整的理论和0~2岁儿童情绪分化的模式。该理论认为，情绪的发展就是在出生时未分化的一般性激动或兴奋状态的基础上，逐渐成为分化的与某种情境和动作反应相联系的不同情绪。布里奇斯认为，初生婴儿只有皱眉和哭的反应，这种反应是未分化的一般性激动。3个月以后，婴儿的情绪分化为积极的和消极的两个方面——快乐和痛苦。在此之后，情绪继续分化。6个月以后，分化为愤怒、厌恶和恐惧。12个月以后，快乐的情绪分化为高兴和喜爱。18个月以后，又分化出喜悦和忌妒。到2岁左右，儿童已具有大部分成人的复杂情绪。

依据布里奇斯的理论，情绪的分化和整合是逐步发生的，每个年龄阶段具有显著意义的情绪是不同的。布里奇斯的情绪分化理论在早期被较多的人接受，一些人还用不同的形式把情绪分化模式表示出来。但是，心理学家认为，布里奇斯的情绪分化理论是以观察而不是以实验为基础的，同时，其对新生儿的行为没有予以充分的注意。另外，布里奇斯的情绪分化阶段缺乏具体的指标，难以鉴别每种情绪是如何区分出来的，也没有说明形成分化的机制。

2. 林传鼎的儿童情绪发展理论

我国的心理学家林传鼎曾观察了500多个出生1~10天的新生儿的动作变化，根据观察结果提出了不同于华生提出的原始情绪高度分化理论，也不同于布里奇斯关于出生时情绪未分化的看法。林传鼎的情绪分化理论认为，儿童的情绪分化过程可以分为泛化阶段、分化阶段和系统化阶段。

泛化阶段（0~1岁）：此阶段的儿童往往是生理需要引起的情绪占优势。他认为，新生儿已具有2种完全可以分清的情绪反应，即愉快和不愉快，两者都与生理需要是否得到满足有关。在这两种情绪反应的基础上，到3个月时，婴儿出现了6种情绪：欲求、喜悦、厌恶、忿急、烦闷、惊骇。但这些情绪不是高度分化的，只是在愉快与不愉快的基础上增加了一些面部表情。4~6个月时，婴儿开始出现由社会性需要引起的喜欢、忿急等情绪。

分化阶段（1~5岁）：此阶段的儿童情绪开始多样化，3岁后，进一步产生同情、尊敬、羡慕等20多种情感。一些高级情感，如道德感、美感等开始萌芽。

系统化阶段（5岁以后）：这一阶段的基本特征是情绪的高度社会化，这个时期道德感、美感、理智感等多种高级情感达到一定的水平，有关世界观形成的情绪也初步建立起来。

林传鼎的理论对我国的情绪发展研究曾产生很大的影响。他关于婴儿情绪分化的不少观点，特别是新生儿已有2种完全可以分清的情绪反应，4~6个月的婴儿相继出现与社会性需要有关的情感体验，社会性需要逐渐在婴儿情感生活、交流中起越来越大的作用等观点，始终为人们所接受，并不断被现今的研究证实。

3. 伊扎德的儿童情绪发展理论

心理学家伊扎德是当代美国和国际著名的情绪发展研究专家。他关于婴儿情绪发展的研究以及据此提出的情绪分化理论，在当代美国情绪研究中颇有影响。伊扎德和其同事用录像记录了婴儿在面对诸如握住冰块、玩具被人拿走、看见母亲回来等时的反应，以研究婴儿的情绪表达。

根据研究结果，伊扎德认为婴儿出生时具有5种情绪：惊奇、痛苦、厌恶、最初的微笑和兴趣。随着年龄的增长和大脑的发育，婴儿的情绪也逐渐增多和分化，4~6周时，出现社会性微笑；3~4个月时，出现愤怒、悲伤等情绪；5~7个月时，出现惧怕等情绪；6~8个月时，出现害羞等情绪；0.5~1岁时，出现依恋，以及分离时的伤心、对陌生人的恐惧等情绪；1.5岁左右，出现羞愧、自豪、骄傲、焦虑、内疚和同情等情绪。

伊扎德认为每一种情绪都有对应的面部表情模式，他把面部分为3个区域：额—眉，眼—鼻—颊，嘴唇—下巴，并提出了区分面部动作的编码手册。

在伊扎德的研究中，每一种新出现的情绪反应都有具体、客观的指标，易于鉴别、判断，较之前人的研究，在科学性和可测性上都大大提高。

4. 孟昭兰的儿童情绪发展理论

我国情绪心理学家孟昭兰（1989）认为，人类婴儿在种族进化过程中通过遗传获得8~10种基本情绪，如愉快、兴趣、惊奇、痛苦、愤怒、惧怕、悲伤等，它们在个体的发展过程中相继出现。情绪的诱因由开始的生理需要和防御本能向社会性诱因变化。对婴儿的刺激包括社会的、视觉的、触觉的和听觉的四种，前两项作用最大。此外，孟昭兰还提出了个体情绪产生的次序、时间和诱因。

孟昭兰的情绪分化理论是基于其对婴儿情绪发展的一系列研究和他人的众多研究而提出来的，对理解、把握婴儿情绪的分化、发展及诱因、条件的个别差异性有很大的促进作用。

二、学前儿童情绪和情感的发展

儿童出生后，就有情绪表现。随着儿童的发展，在成熟和后天环境的作用下，儿童的情绪和情感也在不断地变化和发展。学前儿童情绪发展的趋势主要体现在三个方面：社会化、丰富化和深刻化、自我调节化。

（一）情绪和情感的社会化

儿童最初出现的情绪是与生理需要相联系的，是一种原始的、本能的反应，由机体内外的某些刺激引起，并反映机体当时的内部状态、生理需要。随着年龄的增长，儿童逐渐进入人类社会中，和成人进行交往，因而情绪逐渐与社会性需要相联系。社会化成为儿童情绪发展的一个主要趋势，也是近年来探讨得最多的热点课题之一。

1. 引起情绪和情感反应的社会性动因不断增加

情绪性动因是指引起学前儿童情绪反应的原因。婴儿的情绪反应主要和其基本生理需要是否得到满足相联系。在3岁以前儿童情绪反应的动因中，生理需要是否满足是主要动因，温暖的环境、吃饱、睡足、身体舒适等，都是引起愉快情绪的动因。随着儿童年龄的增长，触发情绪的情景或事件开始转向社会性需要。如儿童焦虑和恐惧的原因由无法解释或直接处理的"威胁"（真实或想象的）变成重要的生活事件。又如学习上的难关或者与同伴建立良好关系并得到他们的信任。

1~3岁儿童的情绪除了与满足生理需要有关外，还出现了与社会性需要有关的情绪反应。例如，这个年龄段的儿童有独立行走的需要，如果父母让其在一定范围内自由行走，儿童就会感到愉快；如果父母硬抱着走，不满足儿童的愿望，儿童就会哭闹。

3~4岁儿童仍然喜欢身体接触，如刚入园的儿童很愿意老师牵他的手，喜欢让老师抱一抱、亲一亲。这表明3~4岁儿童情绪的动因处于以主要满足生理需要向主要满足社会性需要的过渡阶段。

5~6岁儿童情绪反应的社会性动因更加明显。例如，小朋友不和他玩，成人对他不理睬、不注意，会让他觉得伤心，表现出不良的情绪状态。

有研究表明，儿童产生愤怒的原因有：生理习惯问题，如不愿吃东西、睡觉、洗脸和上厕所等；与权威矛盾的问题，如被惩罚、受到不公正待遇、不许参加某种活动等；与人的关系问题，如不被注意、不被认可、不愿和人分享等。研究结果发现，2岁以下儿童生理习惯问题最多，3~4岁儿童与权威矛盾的问题占45%，4岁以上儿童则与人的关系问题最多。

由此可见，学前儿童的情绪和情感与社会性交往、社会性需要的满足密切联系，学前儿童情绪和情感正日益摆脱同生理需要的联系，逐渐社会化。社会性交往、人际关系对儿童情绪影响很大，是左右儿童情绪和情感的主要动因。

2. 情绪和情感中社会性交往的成分不断增加

在学前儿童的情绪活动中，涉及社会性交往的内容随着年龄的增长而增加。例如，社会性微笑的出现是婴儿情绪社会化的开端，而对学前儿童交往中微笑的研究也发现，随着年龄的增加，儿童逐渐对社会性交往的内容、对象展现出更多的微笑。有研究发现，学前儿童交往中的微笑可以分为三类：第一类，儿童自己玩得高兴时的微笑；第二类，儿童对教师微笑；第三类，儿童对小朋友微笑。在这三类中，第一类不是社会性情感的表现，后两类则是社会性的。该研究所得 1.5 岁和 3 岁儿童三类微笑的次数比较如表 5-2 所示。

表 5-2　1.5 岁和 3 岁儿童三类微笑的次数比较

年龄	自己笑		对教师笑		对小朋友笑		总　数	
	次数	比例 /%	次数	比例 /%	次数	比例 /%	次数	比例 /%
1.5 岁	67	55.37	47	38.84	7	5.79	121	100
3 岁	117	15.62	334	44.59	298	39.79	749	100

从表 5-2 中可以看到，1.5~3 岁，儿童非社会性交往微笑的比例下降，社会性微笑的比例则不断增长。从儿童的微笑看，1.5 岁左右的儿童对自己微笑的比例比较大，对小朋友微笑的比例很小，而 3 岁儿童对自己微笑的比例很小，对教师、同伴微笑的比例很大。即 3 岁儿童非社会性的微笑逐渐减少，社会性交往的微笑则大为增加。

3. 情绪和情感表达的社会化

每个社会都有一系列情绪表达的规则，规定着在各类场合下哪些情绪可以表达，哪些情绪不可以表达。例如，儿童在收到长辈礼物时应该表示高兴和感激，即便这些礼物并不是他们想要的，也要会学会掩饰自己的情绪。

表情是情绪的外部表现。学前儿童不仅通过表情传达丰富的情感，随着年龄的增长，还通过情绪和情感表达其社会性需要。表情的表达方式包括面部表情、肢体语言和言语表情。儿童在成长过程中，逐渐掌握各类表情手段，表情日益社会化。儿童表情社会化的发展主要包括两个方面：一是理解（辨别）面部表情的能力；二是运用社会化表情手段的能力。1 岁的婴儿已经能够笼统地辨别成人的表情，比如，如果对他做笑脸，他就会笑；如果对他拉长脸，做出严厉的表情，他就会哭起来。儿童从 2 岁开始，已经能够用表情手段去影响别人，并学会在不同场合用不同方式表达同一种表情。

（二）情绪和情感的丰富化和深刻化

情绪和情感的丰富化包括两种含义：一是情绪和情感过程越来越分化。刚出生的婴儿只有少数的几种情绪，随着年龄的增长而不断分化、增加。以笑为例，刚出生的婴儿一般是生理性的微笑，之后逐渐学会羞涩的笑、嘲笑、冷笑、狂笑等等。二是情绪和情感指向的事物不断增加。有些原先不能引起儿童体验的事物，随着年龄的增长，引起了情感体验。学前儿童入园之后，实践活动领域扩展了，集体生活、学习活动和社会生活对儿童提出了更具体的要求，这些要求一旦被儿童接受，便会成为他们的社会生活需要，根据需要满足与否，产生对应的情感，从而使情绪和情感的指向物不断丰富。例如，3 岁前的婴儿不太在意小朋友是否和他一起玩，而 3 岁以后的学前儿童面对小朋友的孤立以及成人的不理睬，特别是被误会、不公正对待、批评等，会感到非常伤心。

情绪和情感的深刻化是指它所指向的事物的性质的变化，从指向事物的表面到指向事物内在的特点。如幼小的学前儿童对父母产生依恋，主要是基于父母满足他的基本生理需要，而年长的学前儿童对父母的依恋，已包含对父母劳动的尊重和爱戴等内容。又如，学前儿童对行动有不同的体验，对自己的行动成就可能表现出骄傲，而对别人行动的成就可能表现出羡慕。儿童情绪和情感的深刻化，一方面是由于引起情感的社会性需要增多，如大班的儿童希望得到老师的表扬，帮助其他小朋友或者为班集体服务；另一方面，随着年龄的增长，儿童开始根据一定的道德标准来评价好坏，情绪和情感的表现从最初的从自我角度出发或从具体关系出发到从一定的道德标准出发来评价他人或事件，从而使情绪和情感深刻化。

（三）情绪和情感的自我调节化

1. 情绪和情感的冲动性逐渐减少

幼小的学前儿童常常处于激动的情绪状态。在日常生活中，他们往往由于某种刺激而非常兴奋、情绪激动。当处于高度激动的情绪状态时，他们完全不能控制自己，大哭大闹或大喊大叫，短时间内不能平静下来，在这种情况下，即使成人要求他们"不要哭""不要闹"也无济于事，他们甚至听不见成人说话。

幼小的学前儿童的情绪冲动性还常常表现在他们用过激的行动表达自己的情绪。随着大脑的发育以及语言的发展，他们情绪的冲动性逐渐减少。起初对自己情绪的控制是被动的，即在成人的要求下，因服从成人的指示而控制自己的情绪。到了学前晚期，个体对情绪的自我调节能力才逐渐发展。例如，打针时感到痛，但是认识到要学习解放军叔叔的勇敢精神，能够含着泪露出微笑。又如，母亲因为工作需要外出，能够控制自己不愿与母亲分离的情绪。这个年龄的儿童能够调节自己的情绪表现，做到不愉快时不哭，或者在伤心时不哭出声音等。

2. 情绪和情感的稳定性逐渐提高

学前儿童的情绪不稳定、易变化。我们知道，情绪是有两极对立性的，如喜与怒、哀与乐等等。学前儿童的两种对立情绪，常常在很短时间内互相转换。比如，当学前儿童由于得不到心爱的玩具而哭泣时，如果成人给他一块糖，他就会立刻笑起来。这种"破涕为笑"的现象在小班儿童中尤为明显。学前儿童的情绪不稳定与两个因素有关：

（1）情境性。学前儿童的情绪常常被外界情境所支配，某种情绪往往随着某种情境的出现而产生，又随着情境的变化而消失。例如，对看得见而拿不到手的玩具，婴儿会产生不愉快的情绪。但是，当玩具从眼前消失时，不愉快的情绪也会很快消失。

（2）易感性。学前儿童的情绪非常容易受周围人的情绪影响。新入园的一个儿童哭着要找妈妈，会引得班里其他儿童都哭起来。听故事时，一个儿童笑，其他儿童也会跟着哈哈大笑起来。

随着年龄的增长，知识经验逐渐丰富，抽象思维能力开始萌芽，情绪的稳定性逐渐提高。到学前晚期儿童的情绪比较稳定，情境性和易感性逐渐减弱，这时期儿童的情绪较少受一般人感染，但仍然容易受亲近的人，如家长和教师的感染。因此，父母和教师在学前儿童面前必须注意控制自己的不良情绪。

3. 情绪和情感从外露到内隐

婴儿期和幼儿初期的儿童，不能意识到自己情绪的外部表现。他们的情绪完全表露于外，丝毫不加以控制和掩饰。随着语言和学前儿童心理活动有意性的发展，学前儿童逐渐能够调节自己的情绪及其外部表现。

学前儿童调节自己情感外部表现的能力，比调节情感本身的能力发展得早，例如，他们一边抽泣，一边自言自语地说："我不哭了，我不哭了。"这说明学前儿童产生了调节控制自身情感表现的意识，但还不能控制自己的情感表现。

处于学前晚期的儿童，调节自己情绪和情感表现的能力已有一定的发展。学前儿童还会在不同场合下以不同方式表达同一情感，如在别人家看见喜爱的食物，从伸手去拿，到默默注视，再到以问长问短的方式表达喜爱。

学前儿童情绪外显的特点有利于成人及时了解他们的情绪，并给予正确的引导和帮助。但是，控制调节自己的情绪表现以及情绪本身，是社会交往的需要，主要依赖正确的培养。同时，由于处于学前晚期的儿童情绪已经开始有内隐性，因而成人要细心观察和了解其内心的情绪体验。

三、基本情绪和高级情感的发展

情感是一种非常复杂的心理现象，是个体基于对刺激事件的反应所产生的一种态度。情绪通过与认知的相互作用，为个体的生存和人际交往提供心理动力。按照社会化程度区分，可分为同生理社会事件相联系的基本情绪和同社会意识相联系的高级情感。学前儿童的基本情绪和高级情感在其社会化的过程中不断发展，呈现出一定的顺序性和阶段性。

（一）学前儿童基本情绪的发展

1. 哭

人出生时，最明显的表现就是哭，啼哭是新生儿与外界沟通的第一种方式，新生儿啼哭是由饿、冷、痛、睡眠被打扰和活动被限制引起的。随着年龄的增长，啼哭的诱因由以生理性的为主变为以社会性的为主。

婴儿啼哭的主要模式有：①饥饿时的啼哭。这是婴儿的基本哭声，有节奏，频率为250~450赫兹，伴有闭眼、双脚乱蹬等行为。②发怒时的啼哭。啼哭时声音往往失真。③疼痛性啼哭。事先没有呜咽，而是突然高声大哭，极度不安，脸上有痛苦的表情。④恐惧和受惊吓时的啼哭。突然发作，强烈且刺耳，伴有间歇性时间较短的号叫。⑤不称心时的啼哭。从无声开始，起初两三声是缓慢而拖长的，持续不断。⑥吸引别人注意的啼哭。从第3周开始，先是长时间"哼哼唧唧"，哭声低沉单调、断断续续，如果没人理会，则会大哭。

婴儿的啼哭经历了三个发展阶段：

第一阶段：生理—心理激活（出生~1个月时）。这个时候婴儿的啼哭通常表现为生理性啼哭，是饥饿、腹痛或者一般性身体不适导致的。面对这一阶段婴儿的啼哭，成人应及时查看婴儿的生理需求，细心观察，及时安抚他们，并尽可能满足他们的各种需求。

第二阶段：心理激活（1个月后）。这个阶段婴儿的啼哭有了分化，表现为一种低频率、无节奏的没有眼泪的"假哭"。这种啼哭通常意味着婴儿想被注意或照看，当这种需求被满足时，"假哭"就会停止。大约在第6周时，当母子对视时，婴儿倾向于停止啼哭。而到了3个月时，吸吮拇指可以减少啼哭的次数。成人面对这个阶段婴儿的啼哭时，要有更多的耐心，并且与婴儿进行更多的身体接触，这是防止婴儿啼哭最有效的方法。

第三阶段：有区别的啼哭（2~22个月时）。这个阶段婴儿的啼哭是一种有区别的啼哭。这种啼哭其实是一种社会性行为，是真正意义上的"哭"，反映着婴儿的某种需要。这种啼哭可以由不同的人来激活或者终止。依恋对象，如母亲往往是最能激活或终止婴儿啼哭的人。成人面对这个阶段婴儿啼哭，应该尽量分散其注意力，并给予适当的安抚，不可大惊小怪，夸大婴儿的啼哭行为。

随着年龄的增长，学前儿童啼哭现象逐渐减少，一是因为学前儿童对外界环境和成人的适应能力逐渐增强，周围成人对学前儿童的适应性也逐渐改善，学前儿童不愉快情绪减少；二是因为学前儿童逐渐学会了用动作和语言来表达自己不愉快的情绪。随着言语的发展，在3~4岁时，学前儿童自我控制和掩饰内心不愉快情绪的能力逐渐形成，哭的现象是较少的。

2. 笑

笑是一种愉快情绪的表现，是婴儿与人交往的基本手段之一。婴儿的笑比哭发生得晚。笑既可以使婴儿获得照料者更多的关爱，与父母之间形成温暖的、支持性的关系，也有利于婴儿的身心健康发展。

婴儿的笑主要包括自发性的笑和诱发性的笑。自发性的笑，也称内源性的笑，是婴儿最初的笑，主要发生于婴儿的睡眠中，通常是突然出现的、低强度的笑。诱发性的笑是由外界刺激引起的笑，包括两种，一种是反射性的笑，如温柔的抚摸、声音，以及有趣的、动态的事物诱发的笑；一种是社会性的笑，是一种对社会性物质的微笑反应，如对人脸、人声的微笑。

婴儿的笑经历了自发微笑、无选择的社会性微笑和有选择的社会性微笑三个阶段：

第一阶段：自发微笑（0~5周）。1个星期左右，新生儿在清醒时间内，吃饱了或听到柔和的声音时会笑。这种早期的微笑通常可以在没有任何外部刺激的情况下发生，通常在3个月后逐渐减少。这种早期的微笑是一种生理表现，而不是交往的表情手段。

第二阶段：无选择的社会性微笑（5周~3.5个月）。这一阶段，能使婴儿微笑的刺激范围大大缩小，人的声音和面孔特别容易使婴儿微笑。两三个月的婴儿会出现社会性微笑，3个月后，婴儿与人交流时经常会笑。这种诱发性的社会性微笑是无差别的，对主要抚养者或者家庭其他成员与其他陌生人的微笑是不加区分的。

第三阶段：有选择的社会性微笑（3.5个月之后）。从3.5个月，尤其是4个月开始，婴儿出现有差别的社会性微笑，他们对熟悉的人比不熟悉的人笑得更多，对熟悉的人无拘无束地笑，而对陌生人带有一种警惕性，此时笑已成为一种明显的社会信号。

随着年龄的增长，儿童愉快的情绪进一步分化，愉快情绪的表现手段不只是笑和面部表情，他们更多地会用其他方式，如手舞足蹈及语言来表示。

3. 恐惧

恐惧是一种消极的情绪体验，强烈的恐惧会使人变得感知狭窄、动作笨拙、思维受抑制，导致儿童逃避和退缩。但恐惧并不总是有害的，它的原始适应功能在于起到警戒作用，有助于从逃避中得到解救或在群体动荡的情况下保证个体的安全。

学前儿童的恐惧发展经历了四个阶段：

第一阶段：本能的恐惧（0~4个月）。恐惧是先天性的、本能的、反射性反应。婴儿出生就有恐惧情绪，由巨大的声响或身体失重引起。

第二阶段：与知觉和经验相联系的恐惧（4~6个月）。从4个月左右开始，婴儿出现与知觉相联系的恐惧，过去曾经出现过的恐惧经验刺激，如被火烫过、被小猫抓过等，有可能再次引起恐惧反应，其中视觉对恐惧的产生起主要作用。如婴儿在一定主动爬行经验的基础上，开始产生深度知觉的恐惧。

第三阶段：怕生（6个月~2岁）。随着婴儿认知分化、表征能力的增强、客体永存能力的发展，六七个月的婴儿开始对陌生刺激物感到恐惧，怕生与依恋同时产生，依恋感越强，怕生情绪就越强烈。一般在6~8个月时，婴儿开始对陌生人产生恐惧，当陌生人接近时，婴儿会特别警觉并拒绝接近。这一阶段，婴儿不仅害怕陌生人，还害怕许多陌生、奇怪的物体和没有经历过的情况。

第四阶段：预测性恐惧（2岁以后）。2岁左右的婴儿随着想象、推理能力的发展，开始怕黑、怕坏人、怕狼，不愿一个人关灯睡觉等。此时，成人可以通过讲解、肯定和鼓励的方式来帮助儿童克服恐惧。

（二）学前儿童高级情感的发展

高级情感是指人对具有一定文化价值或社会意义的事物产生的复合情感，主要表现为道德感、理智感、美感。

1. 道德感

1岁时，婴儿就表现出一种对人的简单的"通情感"，看到别的儿童哭或笑，也会跟着哭或笑，这就是所谓的"情感共鸣"，它是高级情感活动产生和发展的基础。

2~3岁的儿童已经产生了简单的道德感，此时的道德感主要指向个别行为，往往是由成人的评价引起的，被成人表扬就高兴，被批评则不高兴。

3岁前儿童只有某些道德感的萌芽。3岁后，特别是在幼儿园的集体生活中，随着儿童掌握了各种行为规范，道德感逐渐发展起来。但是，3~4岁儿童的道德体验不深，往往容易随着成人的改变而改变。他们的道德判断容易受到成人的暗示，只要成人说是好的，或者他自己觉得感兴趣的，就认为是好的，否则就是坏的。同时，他们判断某件事情时，只凭结果，而不注意行为的动机。

4~5岁的儿童已经掌握了生活中的一些道德标准，他们不但关心自己的行为是否符合道德标准，而且开始关心别人的行为是否符合道德标准，由此产生相应的情感。如中班儿童常常"告状"，就是由道德感引起的一种行为。

5~6岁大班儿童的道德感进一步发展和复杂化，他们对好与坏、好人与坏人有鲜明的不同感情。同时，他们开始注重某个行为的动机、意图，而不是单从结果来进行判断。在这个年龄，爱小朋友、爱集体等情感已经有了一定的稳定性。

2. 理智感

学前儿童理智感的产生，在很大程度上取决于环境的影响和成人的培养。适时地提供恰当的知识，关注智力的发展，鼓励和引导提问等等，有利于促进理智感的发展。

学前期是理智感开始发展的时期，学前儿童理智感的发展有两种特殊的表现形式：

一种是好奇好问。一般来说，5岁左右的儿童，理智感明显地发展起来，突出表现在很喜欢提问题，并由于提问和得到满意的回答而感到愉快。他们特别喜欢问成人："这是什么？"因此，心理学家也常将这个时期称为"疑问期"。学前儿童认识事物的强烈兴趣不仅能使他们获得更多的知识，也进一步推动了理智感的发展。

学前儿童理智感的另一种表现形式是与动作相联系的"破坏"行为，如新买的玩具，可能一眨眼的工夫，就被儿童拆得七零八落了。一般来说，6岁的儿童喜爱各种智力游戏，如下棋、猜谜语、拼搭大型建筑物等等，这些活动既能满足他们的求知欲和好奇心，又有助于促进理智感的发展。家长和教师要珍惜学前儿童的探究热情，并创造机会"解放"他们的双手。

家长和教师应注意对学前儿童的探究热情和求知欲给予正确的引导，鼓励他们多提问、多思考、多探究，并创造机会让他们探索和创造；学前儿童在游戏和学业上取得成功时要及时给予表扬，尽量避免让他们体验过多和过强的失败情绪；教师布置的任务和要求要切合学前儿童的实际；要善于发现他们在认识活动中的优势领域和兴趣，成功和兴趣是推动学前儿童理智感发展的重要保证。

3. 美感

在幼儿园一日活动中，我们可能经常会看到这种现象：有的小朋友一不开心就哭；有的小朋友只要遇到开心的事情就开怀大笑；有的内向的小朋友选择"沉默是金"。然而，班级是一个大家庭，班级里人数多或者各种原因容易导致教师不能及时发现某个儿童的情绪变化。于是，我们不乐意看到的事情就发生了：不开心的小朋友可能选择打人、骂人等手段来发泄自己的不良情绪，或者引起他人的注意；有些小朋友可能连笑都不笑，把一切藏在心中；有些小朋友从来不关心别人，以自我为中心。

美感是一种复杂的情感，随着儿童的认知、理解和想象能力的发展而发展。同时，儿童对美的体验有一个社会化过程。

婴儿从小喜好鲜艳悦目的物品以及整齐清洁的环境。有研究表明，新生儿已经倾向于注意端正的人脸，而不喜欢五官丑陋的人脸。他们喜欢有图案的纸板甚于纯灰色的纸板。

幼儿前期的儿童仍然主要是对颜色鲜艳的东西、新的衣服鞋袜等产生美感。他们自发地喜欢相貌漂亮的小朋友，而不喜欢形状丑陋的物品。这个时期的儿童喜欢穿漂亮的衣服和鞋子，知道要搭配起来才好看。

在环境和教育的影响下，学前儿童逐渐形成审美的标准。比如，对衣服邋遢的样子感到厌恶，对于衣物、玩具摆放整齐产生快感。同时，他们也能够从音乐、舞蹈等艺术活动和美术作品中体验到美，3岁后的儿童能够感受线条、形状、色彩等符号所表达的意蕴，关注艺术作品外在的、普遍的形式化特征。学前儿童也能较好地关注音乐和诗歌中的节奏感，感受音乐的旋律美，能够根据自己对音乐的理解，自发地舞蹈等，而且对美的评价标准也日渐提高。

第三节 学前儿童情绪和情感的培养

良好的情绪和情感对学前儿童智慧的发展、德行的养成以及整个人的成长来说，如同阳光雨露。不良的情绪和情感，更不利于健康人格的形成，因此，幼儿园教师和家长绝不能忽视对学前儿童健康情绪和情感的培养。

一、提供良好的物质环境和精神环境

（一）创设温馨、舒适的生活环境

宽敞的活动空间、优美的环境布置、整洁的活动场地和充满生机的自然环境，对学前儿童情绪和情感的发展是非常重要的。研究表明，学前儿童如果长期生活在狭小的环境中，就会经常出现情绪暴躁不安的现象。可见生活的整体环境对学前儿童情绪、情感的影响是不容忽视的。良好的生活环境，无压抑感，充满激励的氛围，可以使学前儿童感到安全和愉快。为此，成人应尽可能地为他们创造良好的生活环境，合理安排好他们的一日生活，使他们在生活中处处都能感受到轻松和愉快，以促进其情绪、情感的健康发展。

（二）营造宽松、和谐的交往氛围

物质环境对学前儿童情绪的影响固然很大，但精神环境更不容忽视。学前儿童与周围人的关系是影响其情绪、情感的重要因素。良好的师幼关系和同伴关系有助于学前儿童形成积极的情绪和情感体验，使其喜欢上幼儿园；反之，则会反感上幼儿园，在幼儿园也会感到孤独寂寞，心情不好。因此，教师要为学前儿童创设一种欢乐、融洽、友爱、互助的氛围，如教师要经常有目的地组织学前儿童自由交谈和玩"过家家"等交往游戏，使他们感到在幼儿园的生活十分愉快。对于那些胆小懦弱的学前儿童，要鼓励他们敢于表现自我，善于与人交往。教师尤其要注意那些受排斥型和被忽视型的学前儿童，要使他们能够和小伙伴友好相处，从与同伴的交往中得到快乐。对那些缺乏温暖的离异家庭的学前儿童，教师要给予更多的爱，使他们在幼儿园里获得更多的快乐，能够健康成长。教师可在幼儿园的某个角落布置一个温馨舒适的"心情角"或"悄悄话小屋"，让学前儿童有一个和同伴单独相处的小空间，在这里他们可以发泄自己的不良情绪，也可以和好朋友说说心里话。此外，成人还要注意教育学前儿童在交往中互相关心、互相爱护、互相帮助，要学会与人分享快乐和同情别人的不幸，体验集体的温暖和真挚的友情，培养学前儿童积极健康的情绪、情感。

（三）创造良好的学习环境

学前儿童良好的情绪也依赖幼儿园丰富多彩的学习环境。因为单调的刺激容易使人产

生厌烦等消极情绪，而环境的变化与多样能激发人的探索兴趣。丰富的生活内容会让学前儿童产生兴趣，有探索欲望，感到快乐和满足。因此，教师和家长要尽量为学前儿童提供丰富多彩的活动内容，如创设手工操作区、娃娃乐园、科学实验室等，也要多带学前儿童进行各种户外活动，让他们有更多亲近自然、感知世界的机会。教师和家长还可以选择适合学前儿童年龄特点的文学作品，使他们在欣赏这些文学作品的同时培养高级的社会情感，如《萝卜回来了》中的小动物们在困境中还能关爱自己的伙伴等。这些活动都有利于学前儿童健康情绪、情感的养成。

二、提供良好的情绪和情感示范

学前儿童的情绪易受感染、模仿性强，因此成人的情绪、情感示范非常重要。家长和教师在日常生活中所显现出的积极热情、乐于助人、关爱儿童等良好的情绪、情感，对学前儿童良好情绪和情感的发展会起到潜移默化的作用；反之则会造成不良后果。教师和家长要以身作则，为学前儿童树立良好的情绪和情感榜样。同时，成人对学前儿童的教育管理应有科学的教养态度。如教师、家长要随时以亲切的微笑、和蔼的面孔出现在学前儿童的面前，跟他们亲切地交谈，适度地给他们以抚摸、搂抱等，让他们获得愉快、积极的情绪、情感体验；能公平合理地对待学前儿童，满足其提出的合理要求；坚持正面教育，不恐吓、不威胁，也不能溺爱或过分严厉地对待学前儿童；对学前儿童进行爱心教育，培养他们的爱心和同情心等。

三、开展游戏或主题活动，促进学前儿童健康情绪和情感的发展

游戏是学前儿童最喜爱的活动。在游戏中，他们可以自由地宣泄自己的情绪，不受真实活动的条件限制，充分地展开想象，从事自己向往的各种活动，从而获得心理的满足，产生积极愉快的情绪。如绘画、玩泥、玩水、玩沙、唱歌、跳舞等都可以使学前儿童充分表达自己不同的情绪，使学前儿童感到轻松愉快。学前儿童由于年龄小，还不能完全理解自己内心发生的事情，不可避免地会出现某种程度的焦虑或不满，而游戏正好可以使他们从这些不愉快的情绪中得以释放和解脱，有利于积极情绪的发展。如游戏中，中班的一个女孩自己想当"理发师"，而别人不愿意带她一起玩，她一个人偷偷地哭泣。教师发现后，先是稳定她的情绪，让她说出不高兴的原因，然后帮她分析自己的情绪，让她知道遇到事情生气、哭是没有用的，并引导她想出克服不良情绪、解决问题的方法。最后，她与别人商量先当"顾客"，然后再轮流当"理发师"，这使得她顺利地参与到同伴的游戏中，情绪也逐渐变得愉快积极起来。

此外，应开展有关情绪的主题活动。教师可以通过开展如"我们都是好朋友""会变的情绪""赶走小烦恼"等主题活动，增强学前儿童的自信心和独立性，培养他们积极健康的情感。

第五章 学前儿童情绪和情感的发展

四、教给学前儿童恰当的情绪表达方法，帮助学前儿童及时疏通转移不良情绪

每个学前儿童在生活中都有可能发生冲突、受到挫折，从而表现出不良的情绪反应。家长和教师一定要充分理解和正确对待他们的发泄行为，不要让幼小的心灵总受压抑，并且要为他们创设发泄情绪的环境和情境，培养他们多样化的发泄方法，促使他们学会自我疏导。

（一）合理宣泄法

每个学前儿童在生活中都会有消极情绪，家长和教师的任务不是要求他们一味压抑，而是帮他们学习选择用对自己和他人无伤害的方式去疏导和宣泄这种情绪。成人可以通过多种方式为学前儿童提供机会诉说自己心中的感受，引导他们表达自己的情绪、情感。例如：在学前儿童因争执产生愤怒、悲伤等情绪反应时，教师能够支持鼓励他们充分表达各自的感受，耐心倾听他们对于冲突的解释，这有利于他们及时疏通消极情绪，以平和的心态面对矛盾，积极寻求解决问题的办法。

（二）自我控制法

自我控制能培养学前儿童的忍耐力，缓解不良情绪带来的过度行为。教师可教会他们在发怒时默数"1、2、3、4……"或默念"我不发火，我能管住自己"等，暂时缓解紧张，避免做出冲动的行为。

（三）学会哭诉

哭是学前儿童表达和发泄情绪的最好方式。当一名儿童开始哭或发脾气时，很重要的一点是教师要留在他（她）的身边，倾听他（她）的诉求，温和地抚摸或搂住他（她），讲几句关心的话，但不要多，如"再告诉我一些""老师爱你""发生这样的事真令人难过"；假如此时说得太多，可能会在这种交流中凌驾于学前儿童之上，要耐心倾听学前儿童的声音，而不是"企图"纠正它，这样学前儿童会深深地感受到老师的关心。

（四）注意力转移法

学前儿童的注意力相对较弱，注意某一事物的时间相对较短。因此，当学前儿童对某一事件具有不良情绪反应的时候，教师可以将其注意力转移到高兴的事情上，如看电视、做游戏、玩玩具，也可以讲一些笑话或快乐的事，使学前儿童的情绪重新变得愉快。

（五）负强化

当学前儿童的情绪失控时，成人的训斥打骂不仅无益于问题的解决，还有可能造成他的逆反心理。成人可以用"负强化"的方法，即以不予理睬的方法来对待学前儿童的情绪失控。例如，他吵着要买玩具，甚至在地上打滚，家长可采取不劝说、不解释、不争吵的方法，让他感到父母并不在意他的这些行为。当他闹够了，从地上爬起来时，父母可以说："我们知道你不开心，但你现在不闹了，真是一个好孩子。"并表示高兴和关心，跟他讲道理，分析他刚才行为的不对之处。

五、引导家长缓解学前儿童的过度焦虑情绪

对于学前儿童的过度焦虑，教师和家长要引起注意，要分清焦虑的种类对症下药。

（一）缓解入园焦虑

与父母或抚养者分离引起的分离焦虑中，以入园焦虑居多。家长要在学前儿童入园前为其做好一定的交往准备。如在入园前要有计划地扩大他们的交往范围和活动空间，帮他们找玩伴，让其多和其他儿童接触，引导他们主动和他人交往。家长之间也要多接触，以帮助学前儿童建立良好的人际关系和社会关系，初步建立交往的信任感和安全感。

（二）针对不同的气质类型缓解学前儿童的焦虑情绪

有些学前儿童由于自身气质类型，会对外界的细微变化较敏感，容易产生焦虑情绪，他们的父母常常也有不同程度的焦虑现象。因此家长要注意言传身教，不要当着孩子的面焦虑不安，以免孩子染上焦虑情绪。同时应对不同气质类型的学前儿童区别对待：

（1）哭闹不稳定型：这类学前儿童焦虑情绪尤为严重，简单的亲近方式和玩具都无法消除他们的不安全感。家长应给予他们更多的关心，多顺应，多满足，让他们感受到父母的关爱。

（2）安静内敛型：这类学前儿童性格多内向、害羞，表现出一种极不安全感，往往借助玩具来安慰自己，难以亲近陌生人。因此，可用循序渐进的方法让他们逐步摆脱焦虑感。

（三）缓解学前儿童的期待性焦虑

期待性焦虑多见于家长对学前儿童的期望过高，超过了他们的实际能力，使他们无法满足家长的要求，担心受到父母的责备，因此产生焦虑不安的情绪。如很多家长会横向比较，总是夸奖别人的孩子，对自己的孩子给予更多的任务和期望，如让他们学琴考级等。对于这种情况，家长要实事求是，从孩子的兴趣出发，多给他们鼓励而不是过高的期待和要求。

此外，还可以运用音乐法和游戏法来缓解学前儿童的焦虑情绪。还要注意，焦虑的学前儿童不适合做安静的活动，因为在安静的环境中，他们很容易产生伤心的情绪，因此需要多组织一些令他们开心愉快、情绪兴奋的活动，从而转移他们的注意力。"玩"是学前儿童的特性，为吸引他们的注意力，可增添户外活动环境的自然情趣和魅力，让他们在大自然中缓解自身的焦虑情绪。

检测你的学习

1. 单项选择题

（1）喜欢小动物的儿童，会经常接近小动物，在接触过程中，逐渐了解小动物的生活习性，掌握有关小动物的常识。那些害怕小动物的儿童，则很难做到，

这体现了情绪的（　　　）。
　　A.动机功能　　　　B.组织功能　　　　C.适应功能　　　　D.信号功能
　　（2）情绪与人的身心健康相互制约、互相影响，下列做法不利于学前儿童保持健康情绪的是（　　　）。
　　A.使学前儿童经常处于愉快的情绪状态
　　B.允许学前儿童进行适当的宣泄
　　C.束缚学前儿童的活动和交往
　　D.帮助学前儿童学会认识和评价自己和他人
　　（3）拆卸玩具表现出学前儿童的（　　　）。
　　A.道德感　　　　B.理智感　　　　C.美感　　　　D.情绪
　　（4）新入园的学前儿童，看见妈妈离去伤心地哭，会引起别的学前儿童也跟着哭起来，这是学前儿童情绪的（　　　）。
　　A.易感性　　　　B.感情内隐　　　　C.感情掩蔽　　　　D.稳定性

2.简答题

幼儿教师应该如何帮助学前儿童排解不良的情绪体验以及应对日常生活中的挫折？

3.材料分析题

小樱是一个6岁的女孩。她妈妈是个有心人，把小樱在4.5~5.5岁一年中的提问做了详细的记录，共4 000多个问题，而且涉及面非常广泛。她妈妈也是个兴趣广泛的人，对孩子的提问总是认真对待，并鼓励孩子提问。老师评价说，小樱知识面广、非常聪明，这些与她妈妈的正确教育是分不开的。

请分析：案例中的小樱心理发展的突出特点是什么？请对小樱妈妈的做法做出评价，并提出学前儿童良好情绪、情感培养的其他有效措施。

第六章 学前儿童个性的发展

本章导航

许多人都对心理学当中的个性心理感兴趣:"为什么我的同桌跟我有这么大的区别?为什么我觉得很平常的事情,她会那么气愤?""为什么有些人好像不知道累一样,天天像小鸟一样活蹦乱跳?""怎么掌握小朋友的心理,让他们都喜欢我?""为什么有些人离开朋友就了无生气,有些人却那么喜欢一个人待着?""为什么我和我的姐姐有同样的父母、同样的家庭环境,受同样的教育,却仍然有截然相反的性格?"所有这些问题都涉及个性的特点,我们很想去搞清楚,以便更好地了解他人、完善自身。

世界上没有两片一模一样的叶子,更没有一模一样的人,哪怕是双胞胎,在气质、性格、能力及自我意识等方面的区别也是很明显的。个性是个体区别于他人最主要的特点,它是在自己与外界的互动中逐步完善的。每个人生下来都带着自己的生理特点(如体征)和心理特点(如气质),在外界环境及教育的影响下,通过带有自己特点的活动,形成了自己的性格、能力和自我意识。本章主要从气质、性格、自我意识方面阐述学前儿童个性发展的过程及特点,并针对学前儿童的个性特点、个体差异提出教育建议和培养策略。

学习目标

1. 掌握气质类型,理解气质的稳定性与可变性特点,能针对学前儿童的不同气质特点选择合适的教育方式。
2. 掌握学前儿童性格发展的特点,促进学前儿童的性格养成。
3. 理解和掌握自我意识的发展特点,采用教育措施促进儿童自我意识的发展。
4. 掌握学前儿童个性发展的基本规律和特点,并在教育活动中应用。
5. 理解学前儿童个体差异的具体表现与形成原因,掌握并运用相关知识分析适宜性教学中的相关问题。

第六章　学前儿童个性的发展

知识结构

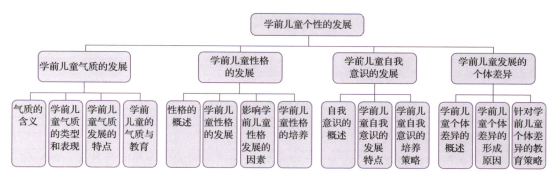

第一节　学前儿童气质的发展

> 安安的父母从事幼教工作，对早期亲子关系的质量很重视，很清楚亲子关系的质量对儿童今后发展的影响。他们从安安出生的第一天起，就尽量满足安安的各种情感需求，即使女儿半夜哭闹，他们也会轮流起来耐心地看护、照顾、喂奶，几乎做到了"有哭必应"。虽然这样做很累，但他们仍然坚持了下来，他们相信这是为孩子的发展着想，孩子的情绪会一步步好起来的。但事情并不像他们想象的那样，安安2岁的时候，与其他儿童相比，仍旧是一个爱哭闹、不易安抚的小孩。最后这对父母不得不承认"她就是这样的脾气"。

很多家长在谈到孩子的某些特点时，经常会涉及宝宝刚出生时的表现。如一个妈妈说，自从孩子出生，他就是一个好宝宝，经常乐呵呵的，家里人谁抱都行，脾气很好；而另一个妈妈说，从出生那天起，他就经常哭闹、缠人，很难安抚，脾气很大。在心理学上，我们把"这样的脾气"称为一个人的气质。

一、气质的含义

气质是人的心理活动表现出来的比较稳定的动力特征。它表现为一个人心理活动的速度（如言语速度、思维速度等）、强度（如情绪体验强弱、意志努力程度等）、稳定性（如情绪的稳定性）和指向性（如内向或外向）等方面的特点和差异组合。这与日常生活中我们说"张某很有气质，而李某一点气质也没有"的"气质"有所不同。我们日常使用的"气质"一词，多指一个人的言谈举止等方面的修养；而心理学上的"气质"相当于我们所说的脾气、秉性、本性。

在生活中，每一个人的行为都有其独特且稳定的气质烙印：有的人易激动、好发怒、不可抑制；有的人热情、活泼好动；有的人敏感、容易抑郁；还有的人冷静、沉稳。而且这些特点在出生时就已经有所表现，如有些新生儿活泼好动、哭声响亮，对外界变化敏感；有些则安静、声微气小，对外面的变化反应较慢。所谓"江山易改，本性难移"，气质在人一生的发展中都保持很大程度的稳定性，具有一定的基因决定色彩。

二、学前儿童气质的类型和表现

（一）传统的气质分类

古希腊著名医师希波克拉底认为，人之所以表现出不同的特点是因为其体内的液体成分不同，他将人的气质大致分成了四类：胆汁质、多血质、黏液质、抑郁质。虽然他用体液成分解释气质的生理基础是不科学的，但他对气质的分类获得苏联心理学家巴甫洛夫有关人类高级神经活动类型理论的支持，也得到了社会的广泛认可并流传至今。

1. 胆汁质

案例

林林是班上最活跃的儿童之一。有一次老师在讲完故事后说："现在我要提几个问题，小朋友们注意听哦！"话音刚落，具体问题还没等老师说完，林林就把小手举得高高的，着急地喊："老师，我会、我会！"老师听到了对他说："林林，等老师讲完问题，想一想再举手回答好吗？"他听后暂时把手放下了一小会儿，但很快又抢在老师说完之前举起手来，经常答非所问。

胆汁质的儿童外向，情绪易兴奋；精力旺盛，敢作敢为，性情急躁；直率热情，表里如一；反应快速，容易冲动，很难约束自己的行为；情绪强烈，但持续时间短，整个心理活动带有迅速、突发的特点。

2. 多血质

案例

雯雯5岁了，是一个活泼的小女孩，她总能把身边的小朋友叫到一起玩游戏，很少单独玩。在游戏中，她总能有办法让小朋友按照她制订的规则一起玩她想出来的游戏。当有新的小朋友加入时，她能很快地调整人物角色，在游戏中常常是"小领袖"。

多血质的儿童也较为外向，性格开朗；热情活泼，爱交际；有同情心，灵活机智，乐观；反应迅速，适应性强；粗枝大叶，兴趣和注意力易转移。

3. 黏液质

平平4岁多了，很喜欢画画。有一次放学回到家里，他拿了一张白纸画汽车，画了一辆又一辆，一定要画到自己满意才可以。期间，妈妈叫他去吃水果，他好像没听见一样；哥哥在旁边玩皮球，也打扰不到他。妈妈说，他做什么事都能坚持。比如，小区有很多同龄的儿童开始卸掉辅助轮、独立骑单车了，平平一连几天每天放学都一定会出去练单车，从一开始的歪歪扭扭、无法把握平衡，到后来能够双脚踏在脚蹬上踩一下。在这个过程中他也有很沮丧的时候，但都没有放弃过，终于在第5天的时候，学会了独立骑单车。

黏液质的儿童比较内向，交际适度；不易激动，不易发脾气，也不易流露情感；能自制，不常显露自己的才能；稳重有余而灵活性不足，缺乏朝气。

4. 抑郁质

5岁的婷婷是个文静的小姑娘，做起事情来慢条斯理，哪怕是快要迟到了，也不见她大步地跑向幼儿园。上课时也非常安静，很少主动地与老师互动，都是老师点到她，她才慢慢地站起来回答问题。课下游戏时，常喜欢一个人玩，喜欢看书，不喜欢人多的区域。老师发现，婷婷虽然不怎么爱说话，但是在玩"找不同"的游戏时，她有着敏锐的观察力，总是能很快找到有细微差异的地方，有时老师也自叹不如。

抑郁质的儿童内向，情绪压抑；外表温柔，怯懦；对事物敏感，善于发现问题，有毅力；情绪产生慢，但体验深刻；行为迟缓，郁郁寡欢。

（二）托马斯和切斯的婴儿气质分类

1956年，美国心理学家亚历山大·托马斯和斯特拉·切斯开始了一项著名的长期调查研究——纽约纵向研究。他们选取了141名婴儿作为研究对象，定期收集家长对儿童行为的描述，直到这些婴儿长大成人。研究结果发现，新生儿具有某些明显的气质特征，不大容易改变，会一直持续到成年以后。他们把婴儿的气质类型划分为三种：易养型、难养型和启动缓慢型。

1. 易养型（约占40%）

易养型婴儿突出的特点是生活规律，情绪乐观，能很快适应新环境。他们的吃、喝、睡等生活有规律、可以预测，对父母来说照顾起来相对容易一些。他们平时比较愉快、随和，不吵闹，爱玩，喜欢与人互动，看到生人也常常微笑，到了一个新的地方也能适应新事物、新环境。

这类婴儿往往被认为是可爱的儿童，更容易受到成人的关怀和爱护。

2. 难养型（约占10%）

这类婴儿突出的特点是生活没有规律，情绪强烈、消极，很难适应新环境。

平时表现为：一醒来，还未睁开眼睛就哭闹，烦躁易怒，不易安抚；对新事物和新环境适应较慢，在饮食、睡眠等生物机能活动方面没有规律，成人无从掌握他们的饥饿和大小便；一遇到困难就大哭大闹、大发脾气。

这类婴儿的心情不愉快，家长很难得到他们的积极反馈，难以形成密切的亲子关系，所以需要成人极大的耐心和宽容。

3. 启动缓慢型（约占15%）

这类婴儿突出的特点是不活跃，情绪消极但不强烈，对新环境的适应比较慢。他们的活动水平较低，有点抑郁，情绪总是消极的，会对环境刺激做出温和低调的反应。他们对新经验的适应较慢，不喜新的情境，表现出退缩或逃避，如第一次洗澡、第一次吃新的食物或第一次碰到陌生人等，便不高兴、拒绝或哭闹。但在没有压力的情况下，他们也会对新刺激缓慢地产生兴趣，在新情境中能逐渐地活跃起来。

这一类婴儿通过成人的抚爱和教育可以培养起对新事物的兴趣，反应逐渐积极起来。但如果家长缺乏关爱和耐心，他们也容易形成不安全型的亲子依恋关系。

此外，仍有35%的婴儿不符合上述三种典型的气质类型，他们具有上述两种或三种气质类型混合的特点，属于上述三种气质类型的中间型或过渡型。

拓展阅读

NYLS 3~7岁儿童气质问卷

气质是个性心理特点之一，美国儿童心理学家及精神病学家托马斯和切斯领导的研究小组通过著名的纽约纵向研究（New York Longitudinal Study, NYLS）提出儿童气质包括九个维度，即：活动水平、节律性、趋避性、适应性、反应强度、情绪本质、坚持度、注意分散度、反应阈，并根据其中五个维度（节律性、趋避性、适应性、反应强度、情绪本质）将儿童分为易养型、难养型和启动缓慢型，其余为中间型。1977年，NYLS小组设计了家长评定的3~7岁儿童气质问卷（Parent Temperament Questionnaire, PTQ），选定符合九个气质维度且能清楚、独立地代表儿童日常生活一般表现的72个条目。该问卷为其他儿童气质测查量表的发展奠定了基础，目前仍是测查3~7岁儿童气质的常用工具。

三、学前儿童气质发展的特点

（一）气质的稳定性

气质作为儿童与生俱来的、与神经生理密切相关的特点，在整个儿童期内都具有相对稳定的特点。托马斯和切斯在他们的纽约纵向研究中发现，多数婴儿出生后表现出的气质特点到其成人后还一直存在；美国心理学家格塞尔曾对同卵双胞胎 T 和 D 进行了长达 14 年的跟踪研究，结果也发现他们的气质发展表现出首尾一致的个体差异，具有较强的稳定性和连续性。比如一个难养型的儿童，在几年之后，与同龄人相比仍然容易哭闹不安、不易安抚，难以适应环境的变化，与陌生人不易接触。

（二）气质的可塑性

气质虽然具有相对稳定的特点，但儿童的高级神经系统还在不断发育，在与周围环境的不断互动中，其气质特点也在一定程度上发生着变化。研究者曾发现一个女孩，她的行为表现明显属于抑郁型，但神经活动类型检查结果是"强、平衡、灵活型"。原来，该儿童由于长期生活在压抑和受到冷遇的家庭及幼儿园中，无法施展天性，渐渐变得兴趣索然、迟钝和精神萎靡起来，以致形成的条件反射系统掩盖了原有的高级神经活动类型，而表现出了敏感、畏缩和缺乏生气等行为特点。当然，一旦条件允许和经过适当的激发，这种天真活泼的气质又会重新展现出来。这表明气质具有可塑性。

四、学前儿童的气质与教育

每位儿童都带着自己的气质特点与周围环境中的人和物互动着，努力发展各种心理品质，发挥自身潜能，以更好地适应环境和社会、实现自身价值。但就像每枚硬币都有两面一样，一种气质类型的突出特点往往伴随着它所带来的便利与不便之处。如，胆汁质的儿童做事雷厉风行、勇敢、迅速，但是随之而来的便是这种迅速带来的鲁莽、粗暴、任性；多血质的儿童充满热情、朝气蓬勃、兴趣广泛，随之而来的是虎头蛇尾、粗枝大叶；黏液质的儿童稳重、理性、有耐心，但是活力不足、呆板、不灵活；抑郁质的儿童细致、敏感、有毅力，随之而来是行为迟缓、郁郁寡欢。因此，气质类型没有好坏之分，每种类型都是儿童适应环境和发展自身的一种途径。俗语说"条条大路通罗马"，气质类型的差别并不能预测儿童最终的发展水平，适宜的教育能够在儿童发展道路上助其一臂之力。

（一）正确认识学前儿童的气质特点

1. 要了解学前儿童的气质特点

气质没有好坏之分，但它会影响到儿童的全部心理活动和行为，无形中影响着父母及教师对待儿童的方式。如果不能正确理解儿童的气质特点，误解儿童的行为动机，可能会对儿童的个性形成造成不良影响。儿童教育工作者更要了解儿童的气质特点，这可以使今后的教育更有针对性、更加有效。

儿童的气质特点会表现在他们的日常活动之中，教师要善于观察、分析、综合。观察儿童进行活动时能否坚持，注意是否稳定持久，跟别人是否热情亲近，脾气是否急躁，情感是否容易激动，对新环境或陌生人能否很快适应，旧的生活习惯是否容易改变，活动时有没有信心，在集体中是否容易羞涩退缩等，把观察结果和气质类型的典型特征相对照，以全面、客观地了解学前儿童的气质特点。

2. 不要轻易对学前儿童的气质类型下结论

学前儿童虽然表现出各种气质特征，但教师不要轻易下结论，断定一个学前儿童属于某种气质类型，这是由于在实际生活中纯粹属于某种气质类型的人是极少的，很多人都属于两种或几种气质组成的混合类型。另外，某一种行为特点可能为几种气质类型所共有，如"安静"这一特点在黏液质和抑郁质儿童身上都有体现。因此，教师必须经过长期的反复观察，比较综合各种行为特点，再谨慎地确定某一儿童的具体气质特点，以免引起教育上的失误。

3. 要接受儿童的气质特点，理解不同气质类型儿童的不足之处

儿童的气质发展具有稳定性的特点，对于一个胆汁质的儿童，如果期望他长大后成为一个稳重、克制的人，恐怕会让人失望的。家长和教师应该无条件地接受他们的勇气和激情，以及这种特点所带来的莽撞和任性。如果做不到这一点，处处与别人家孩子的某些方面进行比较，容易忽视儿童气质特点的有利之处；一味地指责和批评儿童的短处，不但达不到改变的目的，还会损伤儿童的自尊心，打击儿童的自信心，从而影响儿童的心理健康和后续发展。

（二）根据学前儿童的气质特点因材施教

1. 教师应根据学前儿童的气质特点，扬长补短

学前儿童带着自身气质特点适应环境、接受教育，他们在某方面很擅长，而在其他方面有不足。教师应该遵循扬长补短的原则，既善于利用每一种气质类型的积极方面，使他们获得成就感；同时也能弥补他们的短处，发展他们的个性，以更好地适应环境和任务。比如有的教师让胆汁质的儿童利用他们精力旺盛、敢作敢为的特点负责一些集体活动的筹备工作，在与不同气质类型的其他小组成员互动的过程中，他们也能形成克制情绪、认真细致等特点，从而更好地促进他们的发展。

2. 教师应设计多样化的教育活动内容

案例

> 轩轩是个精力旺盛、喜欢冒险的典型的胆汁质儿童，在幼儿园组织的"独木桥"游戏中，总是一遍又一遍地很快完成。而亮亮总是小心翼翼，双脚刚站上去就紧张得满头冒汗，走了两步就下来了。站在一旁的教师着急地说："亮亮，这样可不行，去，再试一次。快点！你看轩轩，人家都敢走，你怎么这么胆小。"第二次，亮亮仍旧不敢走，听到教师又开始说他，他便不想再玩这个游戏了，就走到旁边的大树下，看着其他的小朋友发呆。

上例中，本来黏液质的亮亮可以借助这次游戏形成一些应对挑战的心理能力，但是教师拿轩轩的高标准来要求他、评价他，导致他最后放弃了这次机会，不能不说是教师教育过程中的遗憾。因此，幼儿教师在组织与设计教育活动时，应该注意到学前儿童的气质差异，设计多样化的教育活动，不应以相同的标准化要求每一个儿童。如在体育游戏活动中，多血质及胆汁质的儿童活跃、主动、精力充沛，在活动量大、有挑战性的游

戏中起到带头的作用；黏液质及抑郁质的儿童则不喜欢一直参与类似的活动，教师应注意设计一些安静的、活动量稍小的游戏穿插其中。在活动中，要充分调动不同气质类型的儿童参与各种活动的积极性，照顾到他们的活动特点和行为方式，不要搞"一刀切"，硬性树立学习榜样，武断地批评其他儿童，否则会挫伤他们的活动积极性，伤害他们的自尊心、自信心。

3. 根据儿童气质类型，采取适宜的教育方式

案例

在一次幼儿园的开放日，洋洋的妈妈看到了一幕场景，这让她觉得老师很不公平。原来，老师在向大家介绍图形知识的时候，洋洋不时转过身跟旁边的浩浩小声嘀咕。老师让洋洋站起来，很严厉地批评了他，并告诉他再也不许上课时随意讲话；而对浩浩一点也不严厉，仅仅是看着他，轻声道："浩浩，听老师说好吗？"虽然两个儿童接下来都停止了说话，很认真地听老师讲课，但是洋洋的妈妈还是觉得老师太偏心、太不公平了。在课后与老师的交流中，洋洋的妈妈才解开了心结。

原来，据老师的观察、与家长的沟通，大家都认为洋洋属于精力旺盛、不善于克制自己的偏胆汁质的儿童；而浩浩情绪敏感、心思细腻，有时只需要老师一个眼神，就能马上停止自己的不当行为，是个偏抑郁质的儿童。老师正是根据儿童本身的特点进行了适当的教育：如果对洋洋也仅仅是说说而已，他会口头认错，但一会儿就会再犯；而抑郁质的浩浩对错误敏感，老师尽量不要在公开场合批评他，否则会让他更加内疚和羞愧，在同伴面前抬不起头。

第二节 学前儿童性格的发展

1978年，75位诺贝尔奖获得者在巴黎聚会。人们对于诺贝尔奖获得者非常崇敬，有个记者问其中一位："在您的一生里，您认为最重要的东西是在哪所大学、哪个实验室里学到的呢？"

这位白发苍苍的诺贝尔奖获得者平静地回答："是在幼儿园。"记者感到非常惊奇，又问道："为什么是在幼儿园呢？您认为您在幼儿园里学到了什么呢？"诺贝尔奖获得者微笑着回答："在幼儿园里，我学会了很多很多。比如，把自己的东西分一半给小伙伴；不是自己的东西不要拿；东西要放整齐；饭前要洗手；午饭后要休息；做了错事要表示歉意；学习要多思考，要仔细观察大自然。我认为，我学到的全部东西就是这些。"所有在场的人都对这位诺贝尔奖获得者的回答报以热烈的掌声。

事实上，有不少科学家认为，他们终生所学到的最主要的东西，就是小时候形成的良好习惯。儿童带着自身气质特点在适应社会的过程中，与人相处、互动、成长，从而形成了一些更具社会性的稳定态度和行为习惯，使他们能够更好地保护自身、融入社会、发展

能力。如一个儿童非常具有爱心，对人友善，愿意把自己的玩具分享给大家，愿意帮助老师整理桌椅、书籍，愿意安慰因摔倒而哭泣的小朋友，从而得到别人的肯定和认同，快乐地与老师和同学们相处。这些现象可能发生在胆汁质和多血质的儿童身上，也可能发生在黏液质和抑郁质的儿童身上，只不过他们做出这些举动时的方式不同而已：胆汁质的儿童热情、直接些，黏液质的儿童稳重、被动些。我们把人的心理活动表现出来的比较稳定的动力特征叫作气质，而把人对外界事物的态度和行为方式中比较稳定的心理特征的总和称为性格。

一、性格的概述

（一）性格的含义

我们把一个人对现实的态度和习惯的行为方式称为性格。性格是个性中最重要的心理特征，代表着个体个性的本质，是人与人之间差别的最明显的特点。比如，当我们走在拥挤的人群中，看到地上有一张百元钞票，不同性格的人可能会有不同的表现：有的人会捡起来，大大方方地放进自己的口袋里；拾金不昧的人会拿起钱大喊"谁的钱丢了"，无人认领就会交给警察来处理，不是自己的东西不会拿；有的人会偷偷用脚踩住，待人群走过，再慢慢地佯装系鞋带偷偷地把钱捡起来攥在手里，然后迅速离开现场；还有的人会装作没看见，多一事不如少一事。

性格作为一种稳定的态度和习惯的行为方式，基本上表现在一个人"做什么"和"怎么做"两个方面。追求什么，拒绝什么，这是态度；如何追求，采用什么方式去追求，这是行为方式。性格一旦形成，就具有稳定性，会经常性地表现在生活的很多方面。因此，我们不但可以看到自私的人看到百元钞票时的表现，还可以推测他在工作与生活中，在与人相处时可能会发生的事情。

性格与气质之间联系密切，且相互渗透、相辅相成，共同构建一个人的个性。不同的是：气质主要受个体神经系统活动特点的影响，是先天的；而性格受环境与教育的影响，是后天的。同一种气质类型的人，由于社会环境和接受的教育不同，可能有着不同的性格。比如胆汁质的人可能是慷慨大方、不拘小节的，也可能是多吃多占、蛮横霸道的。由此可见，气质本身并没有好坏之分，而性格有好坏之分。

（二）性格的类型

一个人的性格特征会表现在生活的方方面面，如果把性格作为对象来深入研究，对性格进行分类是必要的。但是心理学界对性格的划分并不统一，不同的研究者从不同的角度，把性格分成了不同的类型。我们简要介绍一下常见的几种分类。

1. 情感抑制型和情感非抑制型

美国心理学家凯根认为儿童性格的最重要的指标是儿童适应新环境的难易程度，根据适应新环境的难易程度，他把性格分为情感抑制型和情感非抑制型。情感抑制型性格的儿童对周围事物的感知水平较高，对不熟悉、不可预测的环境反应往往比较强烈，因此他们

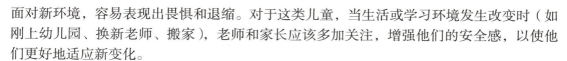

面对新环境，容易表现出畏惧和退缩。对于这类儿童，当生活或学习环境发生改变时（如刚上幼儿园、换新老师、搬家），老师和家长应该多加关注，增强他们的安全感，以使他们更好地适应新变化。

情感非抑制型的儿童对新环境有着强烈的兴趣和自信，乐于探索，敢于冒险，总能在新环境中发现乐趣、结交朋友。当环境过于稳定或需要集中注意力的时候，教师和家长应该多关注他们，引导他们耐心地完成应该做的事情。

2. 外向型和内向型

根据心理活动的倾向性，可以把性格分为外向型和内向型。瑞士心理学家荣格从心理能量活动的倾向性角度，将性格分为外向型和内向型，这是心理学界最有影响的性格分类，也是生活中应用最广泛的。

外向型性格的人重视外部世界，活泼开朗、反应迅速、善于交际、热情直率、喜欢去影响别人；内向型性格的人重视内部精神世界，沉静稳重、反应迟缓、善于思考、含蓄谨慎，不善于接受关注和评价。

3. 场独立型和场依存型

根据个人认知方式的差异，可以把性格分为场独立型和场依存型。美国心理学家威特金根据自己的场理论，发现人们在认知活动中对外界影响的依赖程度不同，据此把性格分为场独立型和场依存型。

场独立型性格的人，善于独立思考、不易受环境暗示和干扰、有决断力、有坚定的信念、不盲目听从别人的建议，但喜欢将自己的意见强加给别人；场依赖型性格的人则容易犹豫不决、没有主见，喜欢听从别人的建议，不善于独立思考，很容易受暗示，抗外界干扰能力差。

二、学前儿童性格的发展

（一）婴儿期性格的萌芽

性格是个体在出生后，带着自身先天的气质特点，在与周围环境的相互作用过程中逐渐形成的。对婴儿来说，最重要的环境就是家庭，最重要的相互关系便是母婴关系。1岁前，婴儿主要依赖母亲的照顾，他与母亲的依恋关系的质量，为今后其性格的形成奠定了基础。随着自身心理机能、心理过程及自我意识的发展，儿童在2岁左右性格开始萌芽，3岁左右在以下几个方面表现出最初的性格差异。

1. 合群性

在与同伴的相处中，有的儿童喜欢跟别的小朋友一起玩，在单独玩耍时会感到孤独、厌烦、没有兴致；有的儿童则不喜欢跟很多人一起玩，专注于自己正在进行的活动，在集体活动中不太活跃；有的儿童在群体中很受欢迎，具有同情心，会领导别人一起游戏，在发生分歧时也能灵活地处理；有的儿童则比较霸道专断，具有较强的攻击性，喜欢欺负别人。

2. 独立性

独立性是婴儿期发展较快的一种特征，独立性强的儿童能够自己完成许多事情，如很早就学会了自己吃饭、穿衣、穿鞋袜，自理能力较强；独立性弱的儿童则显得比较黏人，做什么事情都让大人陪同或协助，离开大人的陪同就容易沮丧，不知道干什么好。

3. 自制力

总体上讲，婴儿期的儿童对自身情绪和行为的自制力还不成熟，容易冲动、任性。但在3岁左右，在正确的教育和引导下，有些儿童已经掌握了一些社会性行为的规范，发展出一定的"延迟满足"的能力。如不抢夺别人的玩具，学会了交换玩具或轮流玩的方法；在看到超市里的零食时，能够按与妈妈的约定来购买；看到可口的冰激凌，能够等病好了再去吃。而有些儿童不具备这些品质，看到好玩的、好吃的就要马上得到，得不到满足就会发脾气、大哭大闹，甚至躺在地上不起来，自制力极弱。

4. 活动性

2~3岁儿童的身体动作有了一定的发展，能够控制自己的肌肉系统，能够自由运动。不同的儿童在活动中也开始表现出一些明显的差异：有的儿童精力充沛，似乎一刻也闲不下来，到处跑来跑去，对很多事物都感兴趣；有的儿童则比较安静，喜欢看书、画画类静态的游戏，不喜欢激烈的运动，活动的范围也较小。

（二）幼儿性格的年龄特点

性格是后天形成的，与个体的生活经验密切相关。幼儿的性格由于环境和教养的不同而有着明显的差异，但同时也因为年龄的关系，幼儿的身体发育、活动能力和范围，以及生活节律的相似，使得生活经验也具有高度相似性，因此幼儿的性格具有突出的年龄特点。

1. 好动

与其他年龄阶段相比，活泼好动是幼儿最突出的特点之一。他们似乎闲不住，整天动个不停，很少能保持长时间的安静，就连那些内向、害羞的幼儿，在熟悉的环境中，也表现出这一明显的特征。据观察，幼儿在活动过程中好像总也不会厌烦，他们玩累了休息一会儿，马上又能投入活动之中。他们总会不断变换活动的内容和方式，单调的、受限制的活动很容易使他们丧失兴趣。成人如果能在活动上满足幼儿，就容易培养出开朗的性格。

2. 好奇、好问

幼儿的知识经验较少，但好奇心强。他们对身边的很多事物都感到新鲜，什么都想试一试、摸一摸、看一看，求知欲很强。他们看到蜗牛，会认真地观察蜗牛的爬行，还可能会拿根小棍子去戳它的触角，当蜗牛触角缩回去时，他们就会很兴奋，并乐此不疲地玩上很久也不愿离开。有一些幼儿，甚至想要拿起蜗牛仔细研究，用各种办法去探索。好奇心是求知的开始，这对幼儿将来的学习有着积极的作用。

在好奇心的驱使下，幼儿很喜欢发问：蜗牛为什么会缩进去？太阳为什么会落下去不见了？他们总想弄清楚周围世界为什么是这样的。有时因为好奇心太强，还可能会做出一些破坏玩具的行为或危险的行为（如研究家里的插座），因此成人在保护幼儿好奇心的同时，应该注意引导，充分保证探索行为的安全性。

3. 好模仿

模仿是幼儿生活和学习的一种有效方式，有研究显示，刚出生10分钟的婴儿就能模仿父亲吐舌头和张嘴巴的行为。幼儿很喜欢模仿别人的语言和行为。如喜欢模仿自己喜欢的老师给小朋友上课，喜欢模仿父母的行为，甚至模仿在动画片里看到的行为。例如，看到别人骑单车，自己也兴致勃勃地骑上去；看到别人写字，自己也像模像样地拿着笔去写；看到别人读书，自己也拿本书去看。

幼儿好模仿，但其本身没有主见，对事情的判断能力不强，成人应该注意对幼儿行为进行正面教育、避免说反话，使幼儿在模仿中建立良好的行为习惯。

4. 好交往

幼儿特别喜欢与同伴一起玩耍，游戏和活动是他们建立同伴关系的重要纽带。只要有好玩的游戏，哪怕不认识的幼儿也能很快玩在一起。孤独对他们来说很难忍受，他们总是要求到外面去找小朋友玩，喜欢到别人家做客，也喜欢邀请别人来自己家里。被拒绝、被孤立的幼儿会产生更多的消极情绪。因此，教给幼儿一些人际交往的规则和方法，教会幼儿与人友好相处都是必要的。

三、影响学前儿童性格发展的因素

杨丽珠、邹晓燕在1992—1993年的一项调查研究中发现，儿童也存在着一些常见的不良性格，如任性、依赖性强、坚持性差等。学前期是儿童性格初步形成的重要时期，这一时期，儿童的性格具有很强的可塑性，我们要充分注意儿童性格的年龄特征，在此基础上对影响他们性格发展的因素加以分析，为今后更好地培养儿童的良好性格打好基础。普遍认为主要有以下三种因素影响儿童性格的发展。

（一）家庭环境

家庭是儿童最主要的环境，不仅为他们的发展提供了物质基础，也对他们性格的形成和发展有着深远的影响，甚至有人说"家庭就是制造人类性格的工厂"。

1. 依恋关系

心理学家弗洛伊德认为婴儿和母亲的关系是独一无二、无可比拟的，母亲作为最早，也是最稳固的爱的对象，影响着儿童今后所有的爱的关系的模式。可见，儿童出生后的亲子关系对儿童性格的形成有着重要的影响。埃里克森的理论也认为，0~1岁的婴儿与母亲的依恋关系的质量，影响着婴儿安全感的建立，今后会形成对人及环境的信任或不信任的性格。

2. 教养方式

美国心理学家鲍姆令德在一项著名的、长达10年的研究中，根据父母的教养方式将他们分为四种类型：权威型、专制型、溺爱型、忽视型。

（1）"权威型"父母在对儿童的要求方面有适当的"高"和"严"，施行"理性、严格、民主、关爱和耐心"的教育方式。在这样的教导之下，儿童会慢慢养成自信、独立、善合作、积极乐观、善社交等良好的性格品质。

（2）"专制型"父母会拿自己的标准来要求儿童，对儿童缺乏热情和关爱，要求儿童无条件服从。在这种"专制"下，儿童容易形成对抗、自卑、焦虑、退缩、依赖等不良的性格特征。

（3）"溺爱型"父母对儿童充满了无尽的期望和爱，无条件地满足儿童的要求，却很少对儿童提出要求。这些儿童随着年龄的增长，会变得任性、冲动、幼稚、自私，做事没有恒心、耐心。

（4）"忽视型"父母不关心儿童的成长，他们不会对儿童提出要求和行为标准，对儿童冷漠。这类儿童自控能力差，对一切事物都采取消极的态度，还会有其他的不良心理特征。

3. 家庭氛围

在和谐有序的家庭氛围中，家庭成员之间坦诚相待、相互尊重、相互包容、关系融洽，儿童在这样的家庭中比较愉快、有安全感、信心十足，容易形成乐观、开朗、自信等积极的性格特点。在冷漠、焦虑或关系紧张的家庭氛围中，家庭成员之间相互猜疑、相互指责、经常吵架或"冷战"，儿童在这样的家庭中情绪不稳定、精神紧张、缺乏安全感，且担心家庭解体，容易形成爱自责、对人不信任、悲观等消极的性格特点。

（二）教育环境

幼儿园是学前儿童主要的教育环境，是学前儿童教育的专门机构，它根据儿童的身心发展特点，有计划地开展全面教育。幼儿园集体生活的规则制约着儿童对事物的态度和行为方式，有利于纠正儿童已经形成的不良性格。一个任性、爱发脾气的儿童，在幼儿园中会遭到小朋友的冷落与拒绝，他要想与大家共同游戏，就必须控制自己的行为方式，这时老师的引导能使他学会与人相处的良好模式（如等待、协商），从而促进他性格的发展。

幼儿园的教育教学促进儿童良好性格的发展。幼儿园的教育内容结合儿童的特点，使用合适的方式，在学习和活动中促使儿童对真善美的事物产生向往之心，同时摒弃假恶丑的事物和行为，塑造其良好的性格。

幼儿园教师的榜样示范也对儿童的性格形成有着重要的影响。儿童进入幼儿园后，教师逐渐取代了父母的权威地位，儿童非常崇拜老师，喜欢模仿老师，老师做的都是对的、应该的，老师给他们的行为提供了学习榜样。如，一个乐观的老师影响着儿童从积极的角度看问题，使他们在潜移默化中形成乐观的态度和性格。

（三）个人因素

性格是儿童的先天因素和后天因素在相互作用的过程中形成的，儿童自身的特点是性格形成的自然前提，家庭和教育环境在此基础上发挥作用，共同构建出儿童特定的性格特征。一般来讲，儿童的个人因素有以下几个方面：

1. 生理特点

1）性别

男孩、女孩生理特征的差异也会影响到其性格特点。一般而言，女孩比较富有同情心、体贴、温顺、乐于助人、胆怯、容易害怕；男孩则更愿意冒险，更加活泼好动，支配性和独断性较强，行为具有更强的冲动性。

2）身体特征

在幼儿园，漂亮的儿童容易得到同伴和老师的关注、赞美和鼓励，表现得更加自信、合群；身材高大的儿童容易在同伴中获得领导者或主导者的地位，表现出更多的支配性和独断性。

2. 心理特点

儿童出生时就带着自己高级神经活动的特点——气质，如胆汁质的人精力充沛，但反应不够灵活、耐性差，在发展顺利的条件下，比其他气质类型的人更容易形成勇敢、进取的性格；在不顺时，也更容易形成轻易放弃、自暴自弃的性格。在自制力方面，黏液质的人比胆汁质的人更容易养成自制力。

四、学前儿童性格的培养

儿童的性格是在自身先天条件的基础上，在与周围环境的互动中形成的，其中后天的环境和教育起着决定性的作用。学前期是儿童各方面性格形成的关键期，这一时期儿童的性格还未定型，可塑性很强，它是未来性格形成的基础。

（一）抓住性格发展关键期，促进学前儿童性格的发展

1. 分享行为

2~4岁是分享行为的萌芽期，5~6岁是分享行为的飞跃发展期。在这一时期，家长和教师应鼓励儿童的分享行为，以正面教育为主，不强迫、不批评、不嘲笑、不贴负面标签（如小气、自私等），可以采用榜样示范或角色扮演的方式，促进儿童形成乐于分享的性格。

2. 独立性

3~4岁是儿童行为独立性发展的重要时期，4~5岁是儿童情感独立性发展的重要时期。成人应给儿童创造宽松的环境，让儿童自己完成力所能及的事情；培养儿童自己做主的能力，使儿童能够独立地活动、自主地解决困难，培养其独立的性格。

3. 坚持性

1.5~2岁，儿童的坚持性开始萌芽，但坚持水平较低；3~5岁是培养儿童坚持性的非常重要的时期；5~6岁，儿童的坚持性进一步提高。在儿童专心看书、画画或游戏时，成人不应随意打断，应耐心等待他们完成自己的任务，这有利于培养他们坚持、专心的性格。

4. 抗挫折能力

学前期是儿童经历挫折的高峰期，3~4岁是培养抗挫折能力的重要时期。如果成人对儿童过度保护或忽视不管，都不利于其抗挫折能力的发展。成人应帮助和引导儿童正确认识挫折，鼓励他们"再试一次"，不断积累成功的经验，提高应对挫折的能力。

5. 延迟满足能力

延迟满足能力强的儿童能够抵制眼前的诱惑，愿意为更有价值的长远的目标放弃现时的满足，这对其未来的发展大有好处。3~5岁是儿童延迟满足能力发展的重要时期，成人应教会儿童学会"等一等"，学会等待的方法，比如"等一等"的时候可以玩游戏，也可以做自己喜欢的事情，从而培养儿童有耐心的性格。

（二）正面引导，榜样示范

儿童有好模仿的心理，家长、教师、同伴、传播媒介中的人物形象都可以成为儿童模

仿的榜样；但同时儿童的分辨力不强，容易受暗示。结合这样的特点，教师和家长对儿童应该以正面引导为主，不讽刺贬低，不使用反面典型，以积极的形象树立好榜样，使儿童在正面的语言和行为下受到影响，在模仿中形成良好的行为习惯和性格特征，不然就有可能发生可悲又可笑的事情。

案例

幼儿园小班在上计算课，作业内容是手口一致地点数"2"。老师讲完之后，带领小朋友一起练习。她问一个小朋友："你数一数，你长了几只眼睛？"小朋友回答说："长了3只。"年轻的老师一时感到生气，就说："长了4只呢。"那个小朋友赶快说："长了4只。"老师说："长了5只。"那个小朋友又说："长了5只。"老师气得一跺脚，大声说："长了8只。"小朋友也猛劲跺了一下脚说："长了8只。"老师忍不住笑了起来，那个小朋还以为自己答对了，也开心地笑了起来。

（三）家园合作，对儿童提出一致的教育要求

对儿童的性格养成教育要一以贯之，不能出现幼儿园和家庭两个标准、两条线的情况。比如幼儿园要求儿童自己的事情自己做，培养儿童的独立性；家里的爸爸妈妈或爷爷奶奶对孩子娇宠溺爱、凡事包办，这样冲突的教育方式很可能造成儿童的双重性格，家里家外两个样，不利于儿童良好性格的养成和身心发展。

家园合作要求家长与教师多沟通、相互配合。家长对儿童的特点最清楚，而教师也有着专业的教育教学方法，应两相配合，做到因材施教，共同促进儿童养成良好的性格，为其今后的发展打下坚实的基础。

第三节 学前儿童自我意识的发展

2岁多的乐乐最近有点"小气"，对平时玩得很好的小伙伴也是这样。有一天，乐乐开着爸爸新买的玩具汽车在小区里神气地转悠，妞妞看见了非常羡慕，走到他跟前说："乐乐，让我开开行吗？"乐乐马上就开走了，乐乐的妈妈说："妞妞不是你的好朋友吗？给她玩玩吧。"乐乐拒绝："这是我的！"乐乐的奶奶无论如何劝导，都没能使他同意。后来他自己玩厌了，把车放在一边，玩起了别的。妞妞走过去，他又马上开走了，好几次都是这样。不仅如此，别的小朋友来家里做客，他也不让别人玩他的玩具；妈妈抱别的小朋友，他也把人家推开，还说："这是我的妈妈，你去找你的妈妈去！"

乐乐的奶奶担心地说："现在乐乐怎么那么小气呀？以前他可从来不这样。"乐乐的妈妈却说："不用担心，这很正常，每个儿童都有这个阶段。"妈妈明白，乐乐现在的行为正是他自我意识发展的表现：他开始意识到自己与别人是不同的，意识到有些东西是属于自己的而不是别人的。分享行为不能强迫，还需要慢慢地引导。

一、自我意识的概述

（一）自我意识的含义

自我意识，也称自我，是个体对自身的认识。如果教师请儿童做一个自我介绍，他们很可能会说，"我叫×××，我4岁了""我是一个男孩""我喜欢吃冰激凌""我有很多玩具汽车""我最喜欢打篮球"等。这反映了儿童能把自己当作一个认识对象来反观自身，这也是儿童自我意识的表现。

自我意识既包括对自己生理状况的认识，如自己的外貌、身高、体重、体形等；也包括对自己心理特征的认识，如兴趣爱好、能力、性格等方面；还包括对自己与他人关系的认识，如自己与他人的互动关系、自己在群体中的地位和价值等。自我意识是人类特有的反映形式，是人的心理区别于动物心理的一大特征。

（二）自我意识的结构

自我意识是一个复杂的系统，我们可以从内容和形式两个方面来认识它。

1. 从内容上看，自我意识可分为物质自我、心理自我、社会自我

（1）物质自我。即个体对自己的身体和所有属于自己的事物（如物品、家庭成员等）的意识，如"这是我的玩具""这是我的妈妈""我的个子高高的""我的衣服很漂亮"等，反映的是儿童对物质自我的认识。

（2）心理自我。即个体对自己的认知、情感、意志等心理行为过程，以及对自己的能力、气质、性格等个性心理的意识，如儿童会谈到"我喜欢跑步""我会画画，我画的画可好看了""我是个听话的乖孩子"等，反映的是儿童对心理自我的认识。

（3）社会自我。即个体在人际交往中对自己所承担的角色、义务、责任，拥有的权利，以及自己在群体中的地位、声望和价值的意识，如儿童所说的"我是老师的小帮手""我是小组长，大家听我的""好多小朋友都喜欢跟我玩"等，反映的是儿童对社会自我的认识。

2. 从形式上看，自我意识可分为自我认知、自我体验和自我调控

1）自我认知

阿波罗神庙的大门上刻着一句经典的名言：认识你自己。千百年来，这句话成为人们不断思考的内容：我是谁？我是怎么样的人？我要做什么？我为什么是这样的人？人作为观察者，也作为被观察者，不断地观察、分析和评价着自己的各种心理活动和行为。

自我认知是自我意识的认知成分。自我认知包括自我观察、自我分析和自我评价。

（1）自我观察。就是将自己的心理活动作为被观察的对象。曾子说"吾日三省吾身"，这里的"省"就有自我观察的意思。如"我听到自己获奖时，脚步轻盈起来，整个人顿时轻松起来"，这便是对自己的感知、情感和行为的观察。

（2）自我分析。人把通过自身的思想与行为所观察到的情况加以分析、综合，在此基础上概括出自己个性品质中的本质特点，找出有别于他人的重要特点。比如我们结合对自身在遇到挫折后的心理与行为反应的分析，认为自己是一个理性客观、思维缜密的人，或者是一个情绪主导、爱憎分明的人。

（3）自我评价。即一种价值判断，建立在自我观察和自我分析的基础之上，是对自己的能力、品德及其他方面的社会价值的判断。

自我评价有适当与不适当两种。适当的、正确的自我评价使主体对自己采取分析的态度，并能将自己的力量与所面临的任务及周围人的要求加以恰当的比较，如"我虽然在手工方面表现不如某某，但我认为我还是能够胜任这项任务的"。不适当的自我评价又分为过高的自我评价和过低的自我评价，比如认为自己十分优秀，谁也比不上，或认为自己一无是处，生下来就是别人的累赘等。

2）自我体验

自我体验是自我意识的情感成分，主要有自尊感和自信感。

（1）自尊感。自尊感也称自尊心。人们生活在一定的群体中，在生理需要和安全需要得到满足的条件下，总希望在群体中占有一定的地位，享有一定的声誉，得到良好的社会评价，这就是自尊的需要。

当社会评价满足个人自尊需要时，就会产生自尊感，它促使自己更加奋发向上，追求实现更高的社会期望。当社会评价不能满足个人的自尊需要，甚至产生矛盾时，可能会产生两种后果：一种是产生自我压力感，从而使自己加倍努力，迎头赶上；另一种是将这种压力转化为对自己的不满，产生自卑心理，从此自暴自弃、一蹶不振。

案例

路路的妈妈给他报名参加小区组织的唱歌比赛，路路开始有点不愿意参加。经过妈妈耐心的劝导、辅导和训练，他在比赛场上表现不错，还被大家评为一等奖。拿着奖状和奖品，他高兴极了："妈妈，下次比赛，我还参加！"

（2）自信感。自信感也称自信心，是因完成任务而产生的自我体验。自信是对自身力量的确信，深信自己一定能做成某件事，实现所追求的目标。自信感与自我认识和评价紧密联系。儿童的自信心建立在他对自己正确的自我评价的基础上，而不恰当的自我评价会导致儿童自信感的变化。在自我评价过高的情况下，自信会转化为自负；当自我评价过低时，自信又会转化为自卑。

3）自我调控

自我调控是自我意识的意志成分，指人对自己的行为、活动和态度进行调控。主要表现为自我检查、自我监督和自我控制。

（1）自我检查。自我检查是主体在头脑中将自己的活动结果与活动目的加以比较、对照的过程，以保证活动的预定目的与计划得以实现。

（2）自我监督。自我监督是一个人以其良心或内在的行为准则对自己的言论和行为实行监督，有人把它比作一个人内心的"道德法庭"。

（3）自我控制。自我控制是主体对自身心理与行为的主动的掌握。自我控制表现为两个方面：一是发动作用，如玩具要收拾好，坚持利用课余时间进行阅读等；二是制止作用，如睡觉前不说话，上课时停止小动作等，都是自我控制的结果。

（三）自我意识的作用

自我意识是个性系统中最重要的组成部分，制约着个性的发展。自我意识负责统合个性中的各个部分（如气质、能力、性格、兴趣、需要等等），也是推动儿童个性形成与发展的内部动因。

自我意识的发展水平直接影响着个性的发展水平，自我意识发展水平越高，个性就越成熟和稳定。

二、学前儿童自我意识的发展特点

儿童出生时并没有自我意识，自我意识是在儿童感知经验逐渐丰富、掌握了语言、活动和交往范围逐步扩大的基础上产生并不断发展起来的。下面主要从自我认识、自我评价、自我体验、自我控制四个方面来认识学前儿童自我意识发展的过程。

（一）学前儿童自我认识的发展

学前儿童的自我认识包括对自己的身体、行动和心理活动的认识。

1. 对自己身体的认识

儿童认识自己比认识外界事物更加困难，需要的时间也更久一些。几个月的婴儿还没有把自己与周围的物体区分开，还不能意识到自己的存在，也不知道身体的哪些部分是属于自己的。我们常会看到婴儿像对待玩具一样兴致勃勃地对着自己的手或脚又啃又咬，甚至有时用力过大，把自己都咬哭了。

随着认知能力的发展和成人的不断教育，1岁左右，儿童逐渐认识了自己身体的各个部分；到了1.5岁左右，儿童基本上认识了自己的整体形象。在著名的"点红测验"中（在婴儿的鼻子上点个红点，然后让他照镜子，看他是摸镜子里的红点还是摸自己鼻子上的红点）发现：有一些15个月的儿童会去摸自己的鼻子，大多数超过21个月的儿童都会摸自己的鼻子；1.5~2岁的儿童借助镜子立即去摸自己鼻子的人数迅速增加，在自我意识上有了质的飞跃。

2岁左右，儿童开始意识到自己身体的内部状态，比如饿了、吃饱了、肚子痛等等。

2. 对自己行动的认识

动作的发展是儿童产生对自己行动的意识的前提条件。婴儿通过偶然性的动作逐渐能够把自己的动作和动作的对象区分开，并意识到自己的动作与物体的关系。比如他无意中摇了摇手中的铃铛，铃铛发出悦耳的声音，接下来他摇铃铛的动作就会经常发生。

1岁以后，儿童经常想要独立行动，如试图自己吃饭。特别是学会独立行走之后，常拒绝成人的帮助，自己去拿玩具或走向某个地方，按自己的想法和目标支配自己的行动。

3. 对自己心理活动的认识

儿童从3岁左右开始，出现对自己内心活动的认识，这比对自己的身体和动作的认识更困难，需要有较高的思维发展水平的支持。他们开始认识到"愿意"和"应该"的区别，以前总是"高兴做什么就做什么"，现在知道了"该做什么才能做什么"。

4岁儿童开始出现对自己的认知活动和语言的意识，他们慢慢地可以根据要求来管理自己的活动。比如，老师说"请安静"，他们就停止了喧哗，看着老师。

掌握"我"字是自我意识形成的主要标志。儿童从知道自己的名字发展到知道"我"，意味着在行动中真正地成为主体，意识到了自己是各种行动和心理活动的主体。

（二）学前儿童自我评价的发展

自我评价也属于自我意识的认知成分，是自我认知的一个方面。自我评价包括：个体掌握别人对自己的评价；在与别人的比较中对自己做出评价；自我检验。自我评价在2~3岁时出现，在整个学前期儿童对自己的评价能力都是不高的，主要具有以下特点：

1. 主要依赖成人的评价，但逐渐出现独立的自我评价

儿童的自我评价主要依赖成人，特别是年龄较小的儿童，他们常常会不加怀疑地轻信成人对自己的评价，把成人的评价意见看作自己对自己的评价。

到了幼儿晚期，独立的自我评价开始萌芽。这个时候，儿童的自我评价虽然在很大程度上仍依从成人的评价，但成人对他们的评价不符合实际或不公正时，他们会提出疑问，甚至表示反对。比如我们对一个容易害羞的儿童说："你肯定是个大大方方、不怯场的孩子。"这个儿童就会摇头反驳："不是的，我会害羞。"

2. 自我评价带有主观性和情绪性，逐渐趋于客观

幼儿初期的儿童在进行自我评价时，往往不从事实出发，而从情绪出发，带有明显的主观性。例如，在欣赏美术作品时，问谁画的画漂亮，绝大多数儿童都会说自己的最好；如果告诉他有一幅是老师画的，哪怕这幅明显比他的差，他也说老师的最好，自己的与其他小朋友的相比，还是自己的最好。

儿童一般都会过高评价自己，随着年龄的增长，自我评价逐渐趋于客观。

3. 自我评价具有表面性和片面性，逐渐出现从多方面评价和对内心品质的评价

由于认知能力有限，儿童的自我评价常常是表面的和片面的。在评价自己时，他们很容易只看到自己的优点，看不到自己的缺点。而且儿童的自我评价往往局限于对一些具体行为的评价。例如，他们认为一个打了人的小朋友就不是好孩子；一个分享玩具给自己的小朋友就是好孩子。

到了幼儿晚期，儿童开始从多个方面进行自我评价，并出现向对内心品质评价过渡的倾向。例如，同样在回答好孩子的原因时，6岁的儿童会说："我是好孩子，因为我喜欢帮助人。在家我帮妈妈干活，见到认识的人主动问好，上课积极发言，还帮老师收拾图书。"

（三）学前儿童自我体验的发展

4岁左右，儿童的自我体验开始发展，表现在儿童会说"我生气了""我很开心"来表达自己的内心感受。学前儿童自我体验的发展具有以下特点：

1. 从生理性体验向社会性体验发展

学前儿童的自我体验显示出从生理性体验向社会性体验发展的特点。如儿童最初的愉快和愤怒往往是生理需要（饥饿、疼痛等）的体验，而委屈、羞愧、自尊是社会性体验的表现。

2. 自我体验易受暗示，但受暗示性逐渐减弱

学前儿童的自我体验表现出易受暗示的特点。成人的暗示对儿童的自我体验起着重要作用，年龄越小，表现就越明显。

> 我们问 3 岁的儿童："如果做捂眼睛贴鼻子游戏时，被老师发现你私自拉下毛巾（违反游戏规则），你会觉得难为情吗？"有 26.67% 的儿童有这种自我体验（"我觉得很难为情"）；而如果只问："你会觉得怎样？"就只有 3.33% 的儿童有这种羞愧的自我体验。

这说明大多数 3 岁左右的儿童在成人的暗示下才会有羞愧感，成人应注意到儿童自我体验易受暗示的特点，多使用积极暗示促进儿童自我体验的发展（如自尊、自信），同时避免消极暗示带来的不良影响。到了 5~6 岁，儿童受暗示性则不再明显。

3. 自我体验随年龄增长逐渐丰富，自尊感逐渐形成

儿童的自我体验随年龄增长而逐渐丰富，并有一定的顺序性。其中愉快感和愤怒感发展较早，自尊感和委屈感发展较晚。

自我体验中最为重要的是自尊，它是儿童对自己的价值判断所引起的情感。学前儿童主要有两个方面的自尊：社会接受（即自己受欢迎的程度）和能力（自己擅长做什么和不擅长做什么）。少数 3 岁的儿童可以体验到自尊感，到了 6 岁，绝大多数儿童都能体验到自尊感。

自尊心强的儿童会高度估计自己，希望得到他人好的评价，对自己的要求比较高，并以此激励自己表现得更好；自尊心弱的儿童则不能正确认知自己，行为退缩，会对获得正常的自尊丧失信心。

由于学前儿童的自我评价主要依赖成人的评价，因此获得成功的机会越多，受到别人的鼓励越多，自尊的水平就越高。有些儿童表现出来的信心不足，只能看成他尚未充分形成自信，不能武断地认为是自卑，更不能给儿童贴上"笨、胆小、没出息"等负面标签，加剧儿童自尊水平的降低。

（四）学前儿童自我控制的发展

1. 自我控制的年龄特点

自我控制的特点主要表现在坚持性和自制力上。普遍认为学前儿童开始自我控制的年龄转变期为 4~5 岁：3~4 岁的儿童坚持性和自制力都很差，自我控制的水平是非常低的，主要受成人的控制；5~6 岁，他们逐渐学会使用简单的控制策略进行自我控制，自我控制水平也相应提高。

2. 自我控制的性别差异

大量研究表明，男孩的自我控制能力明显低于女孩，且这种趋势随着年龄的增长而明显化。这是由于受到男孩和女孩不同的生理特点以及文化背景的影响，男孩的神经活动性明显高于女孩，在大多数行为上表现出更多的冲动性。而且在大多数文化背景下，人们都更倾向于容忍男孩的淘气行为，而对女孩较为严厉。

3. 学前儿童的自我控制发展受父母控制特征的影响

2岁左右的儿童自我控制水平很低，主要受成人（特别是父母）的控制。随着年龄的增长，在教育的影响下，学前儿童的自我控制能力逐渐增强。

在父母控制水平低、对学前儿童要求低或者要求很少的家庭中，学前儿童的自我控制水平低，攻击性行为较多；在父母控制水平高、对学前儿童管教严厉的家庭中，学前儿童有压抑、盲目服从等过度自我控制的倾向。

拓展阅读

延迟满足实验

1968年，心理学家沃尔特·米歇尔（Walter Mischel）在位于美国斯坦福大学的比英幼儿园主持了著名的"棉花糖实验"。在32名成功参与实验的儿童中，最小的3岁6个月，最大的5岁8个月。实验开始时，每个儿童面前都摆着一块棉花糖。儿童被告知，他们可以马上吃掉这块棉花糖，但是假如能等待一会儿（15分钟）再吃，就能得到第二块棉花糖。结果，有些儿童马上就把糖吃掉了，有些等了一会儿也吃掉了，有些等待了足够长的时间，得到了第二块棉花糖。在那之后，先后有600多名儿童参与了这项实验。

这项实验最初的目的，只是研究儿童在什么年龄会发展出某种自控能力。然而，18年之后，在1988年的跟踪调查中却获得了意外的发现：当年"能够等待更长时间"（延迟满足能力强）的儿童，在青春期的表现更出色。1990年第二次跟踪的结果提供了更客观的依据：延迟满足能力强的儿童，SAT（美国高考）的成绩更优秀。2011年，当初参加实验的儿童已经步入中年，他们接受了最新的大脑成像检查，结果发现早年延迟满足能力强的人，大脑前额叶相对更为发达和活跃，而这个区域负责人类最高级的思维活动。

三、学前儿童自我意识的培养策略

（一）培养学前儿童自我服务能力和简单的劳动技能，增强自信

幼儿园的一日活动中包括许多自我服务的机会，如穿衣、吃饭、洗手、洗脸、收拾图书和玩具等等。有些家庭对儿童过度包办代替，导致儿童生活能力差；到了幼儿园，他们会面临很多困难，如担心自己不如别的儿童，缩手缩脚，在班里处于弱势地位。

针对这些情况，成人应该尽早教会儿童一些简单的劳动技能，使其掌握一定的自我服务能力，锻炼他们的生活能力，使儿童在集体中、在与别人的比较中获得成就感和自信。尽可能多安排缺乏自信心的儿童帮老师做事情，如擦餐桌、分发餐具、扫地、收拾玩

具及教具等，同时给予肯定和鼓励，让他们知道自己也很能干、会做许多事情，从而增强自信心。

（二）成人应多给予学前儿童客观、积极的评价

学前儿童处于自我意识形成的初期，经验少，认知水平低，他们常常把成人对他们的评价当作自己对自己的评价。因此成人的评价十分重要。经常得到家长及教师肯定和表扬的儿童，往往会对自己产生一种积极的看法，能比较有信心地面对各种问题，敢于积极尝试和面对挫折。

学前儿童的认知水平低，各项能力正在发展，在做事情时难免会出差错，成人应对儿童的行为做出正确的评价，既不可褒扬过度，造成儿童骄傲自满；也不可随意贬损，导致儿童产生自卑心理。例如，有的儿童认为自己不行、自己笨，问其原因，竟然是"老师说我不行""爸爸骂我是笨蛋"。因此成人应从儿童的实际出发，客观、积极地评价他们。

拓展阅读

夸聪明不如夸努力

美国哥伦比亚大学的心理学家们选择412名11岁的儿童进行了六次实验，结果发现：那些被夸奖聪明的儿童过于重视考试成绩，将好的分数看得比什么都重要，一遇到挫折就灰心丧气，不愿再努力选择新的和富有挑战性的学习任务；而那些被夸奖学习努力和刻苦的儿童，则具有持久的上进心和学习兴趣，他们认为智力及能力是可以通过学习来提高的，从而更愿意承担风险和具有挑战性的学习任务。

"表扬儿童应该更注重他的努力而非能力。"虽然夸奖聪明能够让儿童感觉很好，但也促使他们害怕失败、避免挑战。而且这种夸奖似乎也在暗示他们无须努力即可成功，让他们失去了努力的动力，一旦他们失败，便意味着自己不再"聪明"了，动力被摧毁，儿童将会迷茫崩溃。而肯定儿童的努力，"他会觉得不是自己不行，而是努力不够，这样对学习的渴望就会超过对失败的害怕"。

（资料来源：http://news.ifeng.com/gundong）

（三）多给学前儿童提供自我评价和评价他人的机会，使其提高自我评价能力

自我评价能力的发展对学前儿童良好个性的形成、心理的健康发展以及良好人际关系的建立有着重要的意义。儿童的大多数时间都是在与同伴的交往中度过的，在日常生活中为儿童提供自我评价及评价他人的机会，有助于儿童正确地认识自己。例如，在游戏、绘画活动结束后，帮助儿童通过积极导向的谈话活动，如"我觉得自己哪些地方进步了""我看到谁的哪些进步""我最欣赏的人"等，通过自己对自己的评价、同伴对自己的评价，形成多方面积极客观的自我评价。

（四）鼓励自主探索，创设表现机会，使学前儿童获得成就感

儿童来到这个世界伊始，就怀着强烈的好奇心和良好的动机，允许他们用自己独特的方式去探究周围世界，对儿童形成良好的自我意识有着重要的作用。

> 一名儿童偷偷往兔子窝里扔巧克力，认为兔子吃萝卜会厌烦的；一名男孩戴上爸爸的眼镜，想变成什么都懂的人。这些行为看似幼稚，其实是主动探索的开始，成人不应该呵斥、制止，而应尽量放手让他们去探索、体验快乐。例如，种蚕豆时，儿童不知是大头向上还是小头向上种，教师故意装作不知道，请众多儿童一起探索，用大头、小头分别向上的不同的方法种。过了几天，蚕豆芽长出来了，挖出来仔细观察发现：小头向上的蚕豆芽是呈"U"形长出来的，而大头向上的是笔直向上长出来的，于是，大家为找到了正确的栽种方法而欢呼雀跃。这样儿童不仅有了成功的体验，还学会了种植的方法，减少了对成人的依赖，也有效地促进了独立性的发展。

在充分认识儿童各方面能力的实际情况后，应尽量为儿童创造能够充分表现自己的机会，使他们也能享受成功的乐趣。如让儿童轮流做小老师、区域中的负责人、值日生、礼貌宣传员等，帮助老师为大家服务。在这个活动中，不管儿童的能力强弱，都有机会为同伴服务，在不同的角色中丰富自我的体验，使其在一些积极的角色中领悟到人与"我"的关系。又如举办小小画展、小小故事会等，为每位儿童提供展示自己的"舞台"，使他们发挥出应有的潜力，体验到成功的快乐和幸福。

（五）在游戏活动中提高学前儿童自我控制的能力

游戏是儿童最喜欢的活动。游戏的规则帮助儿童从以自我为中心向社会合作发展。在游戏中，儿童可逐步摆脱以自我为中心的桎梏，以愉快的心情再现现实生活。在玩"医院"游戏时，平时自制力、坚持性较差的儿童常被选为"医生"，"医生"必须坚守自己的岗位，只能眼睁睁地看着其他儿童看完病去玩耍，自己却不能参与。这会引起被选为"医生"的儿童的心理冲突，他需要极大的意志力克制自己才能坚守岗位。这种感受会加强他对自己行为的调节能力，从而将这种能力迁移到别的活动中去。

另外，在游戏过程中，在与同伴的沟通、协作中，应引导儿童使用礼貌用语，教育儿童学会分享、协商、合作等技能。例如，要求儿童站在他人角度思考问题，关心他人，理解他人的心情；学会自我控制、宽容忍让，重新认识、评价自己，调整自己的言行。儿童的自我意识正是通过一次次的误会、争吵、和好、共享不断改进的。这样，儿童在与人、事、物、境相互作用中逐步提高交往能力，他们的自我意识也随之建立和形成。

（六）家园合作，指导家长实施正确的教育

家庭教育是儿童教育的重要组成部分。家长的言谈举止在潜移默化中影响着儿童，家长的评价直接影响着儿童对自己的认识和评价。幼儿园教师要经常和家长交流，家长要树立正确观念，认识儿童自我意识培养的重要性；帮助家长全面了解自己的孩子；帮助家长

对儿童进行正确评价，不要与别的儿童进行横向比较，以免挫伤儿童的自尊心；提醒家长要注意发现儿童的优点，多给予支持和鼓励，帮助儿童正确地认识和评价自己。

第四节 学前儿童发展的个体差异

> 作为一名新入职的幼儿园教师，小张老师在与儿童每日的相处和互动中，学着观察与了解每一个儿童的发展水平和能力差异。小张老师发现，儿童在发展上存在不平衡性：有些儿童在语言上发展较好，但在动手操作方面比较差；有的儿童大肌肉运动能力较强，但小肌肉运动能力比较弱，折、剪等手工活动完成效果不佳；有些儿童在音乐方面发展得比较好，但在运动能力方面弱一些。

每个儿童都是不一样的。在沿着相似进程发展的过程中，每个儿童各自的发展速度和到达某一水平的时间不完全相同，发展水平、速度和方向也不相同，其差异表现在许多方面，如气质、性格、能力、性别、学习类型等。因此，教师要善于了解学前儿童发展个体差异的类型及原因，这有助于教师针对每一个儿童的能力、气质、学习类型及性别特点开展适宜性教学，从而支持和引导儿童从原有水平向更高水平发展。

一、学前儿童个体差异的概述

所谓个体差异（Individual Difference），也称个别差异，是指个体在成长过程中因受到遗传与环境的交互影响，而出现的不同个体之间在身心特征上所显示的彼此不同的现象。《3~6岁儿童学习与发展指南》中指出：尊重学前儿童发展的个体差异。每个学前儿童在沿着相似进程发展的过程中，各自的发展速度和水平不完全相同。了解学前儿童的个体差异，满足每个学前儿童的特殊需求，是幼儿园教师实施有效教学的重要条件。学前儿童心理的个体差异主要是指人格、能力、认知方式等方面的差异。

（一）学前儿童人格差异

人格是气质和性格的总称。所谓气质，是指人的心理活动的比较稳定的动力特征，它表现在一个人心理活动的强度、速度、稳定性、灵活性及显露程度等方面；而性格是表现在人对现实的态度和行为方式中比较稳定的心理特征。性格特征是社会化的结果，在个性中占有核心地位。

1. 学前儿童气质差异

人的气质具有天赋性，新生儿即表现出明显的气质差异，这说明人的气质受遗传因素的影响。气质具有很大的稳定性，但由于受到环境等因素的影响，人的气质也可以发生或多或少的变化。气质的类型可以分为胆汁质、多血质、黏液质、抑郁质。具体内容详见第六章第一节。

2. 学前儿童性格差异

每个人的性格都是由不同的性格特征所构成的独特模式，一般认为，性格特征体现在四个方面：

1）对现实态度的性格特征

对己，表现有谦逊与骄傲、自信与自卑、律己与任性、大方与羞怯等差异；对人，表现有诚实与虚伪、善交际与孤僻、有同情心与冷酷无情、礼貌与粗暴等差异；对事，表现有勤奋与懒惰、负责细心与粗枝大叶、革新创造与墨守成规等差异。

2）性格的理智特征

性格的理智特征表现为认知态度和活动方式的差异，在感知方面有分析与综合、描述与解释、主观与客观、主动与被动等差异；在思维方面有独立思考与人云亦云等差异；在记忆方面有敏捷与迟钝、持久与短暂、准确与错误等差异。

3）性格的情绪特征

性格的情绪特征是指在情绪的强度、稳定性、持久性以及主导心境等方面表现出来的稳定特点。儿童之间表现出温和与暴躁、乐观与悲观、热情与冷漠、舒畅与抑郁、安静与激动等方面的差异。

4）性格的意志特征

在意志的目的性、果断性、自制性与坚持性等方面，儿童之间存在着明显差异。

（二）学前儿童能力差异

许多心理学家将认知能力（Cognitive Abilities）等同于智力（Intelligence）。能力是人们顺利地完成某项活动所必须具备的心理特征之一，它是保证活动取得成效的心理条件。学前儿童在任何一项学习活动过程中都必须具备一般和特殊两类能力。一般能力在活动中得到特殊发展，就可以成为特殊能力，也就是说，特殊能力是在一般能力的基础上发展起来的。反之，特殊能力的形成，又促进了一般能力的发展。正如世界上没有完全相同的人一样，个体在能力上的差异显而易见，主要表现在能力发展水平、能力结构、能力类型、能力表现时间等方面。

1. 能力发展水平差异

能力发展水平差异是指个体之间能力水平在高低程度上的差异。研究表明，人类的能力发展水平呈常态分布，能力超常或低常的人占2.2%~2.3%，大部分人属于中等能力范畴。个体之间在能力发展水平方面存在着个别差异，主要是指能力表现高低的差异。据研究，在全体人口中，人的能力水平基本呈常态分布，即智商极高和极低的人是少数，绝大多数人的能力处于中等水平。人们通常将儿童的能力发展分为超常、中常、低常三级水平。

1）超常儿童

能力的高度发展叫超常，大约占全部人口的1%。特曼（Terman）用能力测验来鉴别超常儿童，将智商（IQ）达到或超过140的儿童称为超常儿童。有的学者将IQ超过130者确定为超常儿童或天才儿童。一般来说，超常儿童具有以下心理特点：

（1）求知欲强，兴趣广泛，学习热情高；

（2）观察力敏锐；

（3）思维敏捷，理解力强，善于抓住问题的关键；

（4）注意力集中，能长时间地把注意维持在学习和其他活动上；

（5）想象力丰富，喜欢标新立异；

（6）富有独立性和创造性，不迷信权威，有自己独到的见解；

（7）有强烈的好胜心和坚强的意志，充满自信，积极乐观。

此外，有的心理特点还表现在某些专业活动方面，如音乐、绘画等。

2）低常儿童

低常儿童是指能力发展明显低于同龄儿童的平均水平，并有适应行为障碍的儿童，又被称为"能力落后儿童""弱智儿童"或"低能儿童"。一般来说，智商在70以下的都可以被称为"低常"。低常儿童的特点是心理活动各个方面的水平都很低下，具体表现为：感知速度缓慢、范围狭窄、内容贫乏；对词或直观材料的识记能力比较差，再现时错误多、遗忘快；言语发展迟缓，词汇贫乏，语言混乱，缺乏连贯性；思维缺乏概括性，抽象思维差，想象力贫乏。对这种儿童应该及早发现，及时予以诊断、治疗，尽可能给他们提供学习的机会，使他们获得一定的生活自理能力。

根据能力落后的程度，通常把能力低常的人分为三个等级：

（1）轻度（智商为50~69）。其特征是：生活能够自理，感知速度慢，认知范围狭窄、内容笼统而贫乏；言语出现较迟，词汇贫乏，缺乏连贯性；思维带有很大具体性，很难形成抽象概念，数概念差，难以胜任抽象的学习任务。

（2）中度（智商为25~49）。其特征是：会简单的生活用语；动作基本正常或有障碍；生活能半自理，通过适当训练，可以进行简单学习，但很难掌握抽象概念。

（3）重度（智商在25以下）。其特征是：动作不正常，不能进行有目的的活动；生活不能自理，缺乏言语或只会发单音，不识数，需要监护。

2. 能力结构差异

多元智力理论是由美国哈佛大学的发展心理学家加德纳于1983年在《智力的结构》一书中提出的。该理论为认识人的智力差异提供了新的视角，为树立新的教育观念提供了强有力的理论依据。加德纳认为，智力不是一个容易被测量的东西，如果一定要去测量智力，应当侧重于智力所要解决的问题或在运用智力时表现出来的创造力。智力是一种或一组个体解决问题的能力，人类的智力有以下几种：

1）言语/语言智力

对语言的掌握和灵活运用的能力。表现为能顺利而有效地利用语言描述事件、表达思想并与他人交流。诗人、演说家、律师等都是言语/语言智力高的人。

2）逻辑/数理智力

对逻辑结构关系的理解、推理、思维表达能力。表现为个人对事物间的类比、比较、因果和逻辑等关系的敏感，以及通过数理进行运算和逻辑推理等。科学家、数学家或逻辑学家是这类智力高的人。

3）视觉/空间智力

对色彩、形状、空间位置等要素的准确感受和表达的能力。表现为个人对线条、形状、结构、色彩和空间关系的敏感，以及通过图形将它们表现出来的能力。如海员和飞机导航员控制着巨大的空间世界；棋手和雕刻家所具有的表现空间世界的能力。

4）音乐／节奏智力

感受、辨别、记忆、表达音乐的能力。表现为个人对节奏、音调、音色和旋律的敏感，以及用演奏、歌唱等形式来表达自己的思想或情感。此类智力在作曲家、歌唱家、演奏家等人身上表现得特别明显。

5）身体运动智力

身体的协调、平衡能力和运动的力量、速度、灵活性等。最典型的例子是从事体操或表演艺术的人。

6）人际交往智力

对他人的表情、说话内容、手势动作的敏感程度，以及对此做出有效反应的能力。对教师、医生、推销员或政治家来说，这种智力尤为重要。

7）自我反省智力

认识、洞察和反省自身的能力。表现为个人能较好地评价自己的动机、情绪、个性等，并有意识地运用这些信息去调适自己的生活。这种智力在哲学家、小说家、律师等人身上有比较突出的表现。

8）自然观察者智力

辨别生物以及对自然世界（如云朵、石头等的形状）的其他特征敏感的能力。这种智力在植物学家和厨师身上有重要的体现。

9）存在智力

指陈述、思考有关生与死、身体与心理世界的最终命运等的倾向性。如人为何到世界上来，动物之间是否能相互理解等。

加德纳认为，每个学生都在不同程度上拥有上述九种智力，它们的不同组合表现出学生间的智力差异。加德纳的多元智力理论提出后，对教育界产生了巨大的影响。

3. 能力类型差异

个体的能力差异不仅表现在水平上，还表现在能力类型上。能力类型差异主要指个体在能力的构成要素及所起作用的程度上的差异。具体表现在以下几方面：

1）知觉类型差异

以知觉过程中的特点为根据，可将知觉类型划分为：

（1）分析型。即在知觉过程中，对细节感知清晰，但概括性和整体性不够。

（2）综合型。富于概括性和整体性，但缺乏分析性，对细节不太注意。

（3）分析综合型。集上述两种类型的优点于一身，既具有较强的分析性，又具有较强的综合性，是较理想的知觉类型。

2）记忆类型差异

以感觉器官的主导作用为根据，可将记忆类型划分为：

（1）视觉型。该类型的人视觉记忆效果最好。

（2）听觉型。即听觉记忆效果最佳。

（3）运动觉型。有运动觉参加时记忆效果最理想，此类学生往往擅长舞蹈、体育等动作学科。

（4）混合型。用多种感觉通道识记时效果最显著。

第六章 学前儿童个性的发展

3）思维类型差异

根据人的高级神经活动中两种信号系统谁占优势进行划分，可分为三种类型：艺术型、思维型和中间型。

（1）艺术型的人感知形象鲜明，善于记忆图形、颜色、声音，思维富于形象性，想象力丰富，具有高度的易感性。适合开展艺术活动，如美术、舞蹈、书法、文学等。

（2）思维型的人感知事物时，喜欢对事物进行分析、概括，善于记忆词义、数字和概念等材料。思维方面倾向于抽象、分析系统化、逻辑构思和推理论证等。这种儿童易于发展数学、语言学等学科的能力。

（3）中间型的人兼具前两者的特点。

关于"成功智力"和"第十名现象"

艾丽丝是一个学习成绩出色的学生，老师和同学们一致认为她是最聪明的，可她在以后的职业生涯中一直表现平平，同班同学中的70%~80%在工作中都表现得比她出色。这种例子很多。中国近年来也开始关注"第十名现象"，发现学习最好的学生不一定是工作最出色的人，而学习排名在第十名左右的学生，可能会在工作中游刃有余。这一现象说明学业成就的高低并不完全决定一个人是否成功，这涉及成功智力的问题。

成功智力是一种用以达到人生中主要目标的智力，是在现实生活中真正能产生举足轻重的影响的智力。成功智力与传统的学业智力是有区别的，美国心理学家斯腾伯格将学业智力称为"惰性化智力"，它只能对学生在学业上的成绩和分数做出部分预测，而与现实生活中的成败较少联系。斯腾伯格认为智力是可以发展的，特别是成功智力。在现实生活中，真正起作用的不是一成不变的学业智力，而是可以不断修正和发展的成功智力。

成功智力包括分析性智力、创造性智力和实践性智力三个方面，分析性智力涉及解决问题和判定思维成果的质量，强调比较、判断、评估等分析思维能力；创造性智力涉及发现、创造、想象和假设等创造思维的能力；实践性智力涉及解决实际生活中问题的能力，包括应用知识的能力。

成功智力是一个有机整体，用分析性智力发现好的解决办法，用创造性智力找对问题，用实践性智力来解决实际问题，只有这三个方面协调、平衡时才最为有效，一个人知道什么时候运用成功智力的三个方面比仅仅具有这三方面的素质更为重要。

（资料来源：贾林祥，张新立. 心理学基础［M］. 南京：南京大学出版社，2014：193.）

4. 能力表现时间差异

人的能力表现有早有晚：有的人能力表现较早，有的人能力表现较晚。具体有以下三种类型。

1）人才早熟

人才早熟也被称为"能力的早期表现"或"早慧"，有些人在儿童期就表现出某些方面较高的能力水平。例如，诗人白居易 1 岁开始识字，6 岁左右就会作诗，9 岁已通声韵；奥地利作曲家莫扎特 5 岁作曲，6 岁举办演奏会，12 岁创作大型歌剧；美国控制论的创始人维纳 3 岁会阅读，9 岁上高中，14 岁从哈佛大学毕业，19 岁获博士学位，成为控制论的创始人。能力的早期表现在音乐、绘画等领域最为常见。能力的早期表现既与良好的素质基础有关，同时与环境的早期影响、家庭的早期教育和实践活动密切相关。

2）中年成才

中年是成才和创造发明的最佳年龄阶段。因为中年人年富力强、体格健壮、精力充沛、感知敏锐、不保守，既有较强的抽象思维能力和记忆力，又有较丰富的基础知识、实际经验和强烈的创新意识。诺贝尔奖获得者获得成果的最佳年龄是 30~51 岁，美国心理学家莱曼认为科学家、艺术家、作家成才的最佳年龄是 25~40 岁。

3）大器晚成

有的人能力表现较晚，即"大器晚成"。例如，我国著名画家齐白石，40 岁才表现出绘画才能；达尔文 50 岁才开始有研究成果，写出世界名著《物种起源》；李时珍在 61 岁时才写出巨著《本草纲目》。大器晚成的原因是多方面的。从主观方面来看，可能是早期不够努力，后来加倍勤奋学习造成的；从客观方面来看，可能是因为环境没有及时提供学习和施展才能的机会，或者是因为有些领域比较复杂，需要经过长期的努力奋斗才能取得一定的成果。

（三）学前儿童认知方式差异

认知方式又称认知风格，是指个体习惯性地加工信息的方式。所谓"加工信息"，是指感知、思维、记忆等认识活动；所谓"习惯性"，是指没有意识到的偏好。由于习惯性的行为是一种稳定的行为，因此，个体认知方式的差异一般也是稳定的，儿童期表现出来的某种认知方式可能会保持到成年。认知方式有许多种，最常见的有三种：场依存型—场独立型、冲动型—沉思型、同时型—继时型。

1. 场依存型—场独立型

这是美国心理学家威特金提出的一对认知方式。"场"意指问题的空间。场独立型是指当个体面对一个作为认知目标的问题时，很少或甚至不依赖该问题空间的一些其他线索，而是根据认知目标本身的结构来搜索信息；场依存型是指当个体面对一个作为认知目标的问题时，较多甚至完全依赖该问题中的一些其他线索，从这些线索中搜索信息。

场依存型与场独立型作为一种认知方式的个体差异表明，为了认识事物而获取参照信息时，个体之间在侧重信息源的习惯性或偏爱性上有所不同。场依存型的人习惯性地侧重从外部环境（即所谓的"场"）中搜索信息，由于这种"搜索"过程往往是不自觉的，所以表现为"受外部环境影响"的行为方式；场独立型的人则相反，他们习惯性地侧重根据认知目标本身的结构来搜索必要的信息，因此表现为"不易受外部环境影响"的行为方式。

场独立型与场依存型的差异，表现在心理活动的许多方面。场独立型的儿童认知重构能力强，在认知中具有优势，而场依存型的儿童社会技能高，在人际交往中具有优势；在学习内容上，场独立型的儿童多偏爱数学和自然科学，场依存型的儿童多偏爱艺术和人文学科；在学习方式上，场独立型的儿童喜欢正规的、结构严谨的教学，场依存型的儿童则更喜欢松散的讨论式学习；从学习中的支援力量源来看，场独立型的儿童更多地依赖资料本身，场依存型的儿童在学习中遇到困难时，更喜欢请教别人；从未来职业选择来看，场独立型的儿童喜欢从事理论研究、工程建筑、航空等工作，场依存型的儿童则喜欢社会定向的职业。

2. 冲动型—沉思型

这是心理学家卡根提出的一对认知方式。冲动型的特点是：反应快，但精确性差。冲动型的人面对问题总是急于求成，不能全面细致地分析问题的各种可能性，不管正确与否就急于表达出来，有时甚至没有弄清问题的要求就开始解答问题。冲动型的人使用的信息加工策略多为整体性策略，当学习任务要求做整体解释时，成绩较好。沉思型的特点是：反应慢，但精确性高。沉思型的人总是把问题考虑周全以后再做反应，他们注重解决问题的质量，而不是速度。这种人在加工信息时多采用细节性策略，在需要对细节进行分析时，他们的成绩较好。

在元认知知识和认知策略方面，两种认知方式也存在差异，斯托伯（Stober）的研究发现，8岁儿童中"沉思"与元认知水平显著相关。沉思型的儿童能认清认知的目标和使用策略的有效性。也有研究发现，一至三年级具有"沉思"认知方式的儿童，具有更多的元认知知识，能使用较多的策略，记忆成绩也较好。

在学习能力上，两种认知方式也有差异。沉思型的儿童阅读能力、记忆能力、推理能力、创造力都比较好，而冲动型的儿童往往有阅读困难，学习成绩也不太好。

冲动型—沉思型认知方式差异的形成与教养方式有关系，这对幼儿园教育特别有意义，因为这就意味着冲动型—沉思型认知方式是可以训练的。如果教师认为沉思对完成某些学习任务来说是更合适的认知方式，就可以训练儿童的沉思型认知方式，特别是训练认知上倾向于冲动型的儿童转向沉思型。一些实验研究表明，训练还是比较容易奏效的。有的训练只是要求冲动型儿童在一开始反应的时候就抑制这一反应，过一会儿再说。结果受过训练的冲动型儿童比未受过训练的冲动型儿童在解决问题时显得相对"沉思"了，作业表现也明显好转。有的训练是指导冲动型儿童观察沉思型儿童的行为，然后模仿其行为，也能取得一定的效果。

3. 同时型—继时型

加拿大心理学家达斯等人根据对脑功能的研究，提出了同时型和继时型两种认知方式。他们认为，左脑有优势的个体表现出继时型的加工风格，而右脑有优势的个体表现出同时型的加工风格。同时型的人在解决问题时，采取宽视野方式，同时考虑几个假设，并兼顾解决问题的各种可能性。许多数学操作和空间问题的解决都属于同时型加工。继时型的人在解决问题时，一步一步地分析问题，每一个步骤只考虑一种假设，提出的假设在时间上有明显的前后顺序,第一种假设成立后再检验第二个假设,解决问题的过程像链条一样,一环扣一环,直到找到问题的答案。言语操作和记忆属于继时型加工。

教师的教学方式与儿童的认知方式相匹配,能提高儿童的学习效果。帕斯克(Pask)研究了教师的教学方式与儿童的认知方式的关系。结果显示,当学习材料与儿童的认知方式匹配时,学习效果好;反之,当学习材料与儿童的认知方式不匹配时,学习成绩一般都不及格。研究者还通过同时型与继时型加工策略的训练,来帮助学习有困难的学前儿童,结果表明,训练对学习有困难的学前儿童是有帮助的,特别有利于阅读水平的提高。

二、学前儿童个体差异的形成原因

案例

中班李老师在组织体育活动时,要求小朋友以最快的速度通过各个障碍物。其中有一项是要通过高3米、长约5米的拱形桥,大部分儿童都能通过。但是李老师发现雯雯在这个障碍物面前却步了,表现出不安、焦虑的表情,不过在老师的鼓励下,她调整好心态通过了障碍物。而另一个小朋友童童,她也不敢跨出第一步,李老师依旧鼓励她,为她打气,但是她最终还是不敢尝试。李老师困惑了:为什么雯雯和大多数小朋友都能通过拱形桥,而童童不能呢?是能力差异还是个性差异?

关于个体差异的形成原因,有人归结于遗传,有人归结于不同的经验与环境影响,有人认为是遗传与环境交互作用所致。如某种遗传性会导致儿童痴呆,某种生理机能成熟较晚会导致相应的心理机能发展较迟(如有的儿童很晚才会说话);也有文化环境和教育方面的因素,包括社会历史文化、家庭、幼儿园、社区等。这些不同的因素会对学前儿童的心理发展产生重大影响。我们认为,虽然导致个体差异的原因多种多样,但主要集中在生物学因素、环境因素,以及学前儿童的个体实践因素等方面。

(一)生物学因素

不同个体即使在同一环境中生长,也会朝着各自的遗传基因所决定的方向和水平发展。生物因素可以有两种类型或来源,一种是来自父母亲的遗传,另一种是后天的各种人为的生物影响。

1. 遗传性因素

遗传性因素是由遗传基因规定的个体内在因素,主要指那些与生俱来的解剖生理特点,如神经系统、感觉器官、运动器官等的特性,其中脑的特性对个体差异的形成尤为重要。遗传性因素主要通过基因传递父母的性状结构和机能特点。遗传学上同卵双生子与异卵双生子有特殊研究价值,同卵双生子由同一受精卵发育而来,遗传关系更密切,智商相关也更高,达到0.75~0.88;异卵双生子由两个受精卵发育而来,因而其智商相关只有0.50~0.60,与同胞兄弟姐妹相当;分开抚养的同卵双生子,其智商相关也有0.75,比在一起抚养的异卵双生子智商相关还高。这些都说明遗传对智力确实具有极为重要的影响。

2. 人为的生物性因素

近代医学研究表明，非遗传性的生物因素对个体发展也有很大影响。母亲怀孕时的营养、服药情况以及分娩状况都会影响婴儿的智力，如在分娩过程中婴儿头颅由于产钳使用不当受到损伤或产程过长而窒息等，都会严重损害大脑，导致低能。无论是遗传因素还是非遗传因素，对个体发展的影响都表现在提供可能性上。如果没有必要的遗传因素，后天的教育将难以发挥作用。但我们也应注意，在强调生物因素作用的同时，应注意与遗传决定论划清界限，把遗传视为制约人的能力发展的唯一决定因素的绝对化观点是不正确的。

遗传对人的心理和行为的影响不可否认，但也不能过分夸大遗传的作用。遗传只能提供个体发展的自然前提和可能性，现实环境和教育则决定着个体发展的方向和水平，它是将遗传的潜在可能性转化为现实可能性的关键因素。

（二）环境因素

环境因素（Environmental Factors）有广义与狭义之分。广义的环境指个体生活的整个社会环境，大到世界、国家经济环境，小到个体居住的城市环境，所在的社区、学校、家庭环境等；而狭义的环境是针对教育而言的，主要指学校教育环境以及与学生的能力、性格发展有关的环境。我们所说的环境因素是广义的，其中早期经验和教育是环境因素中的主导力量。

环境因素是外在因素，分为两个方面：自然条件和社会环境。自然条件是个体维持生命所必需的条件，例如，地理条件、气候变化和食物结构；社会环境是个体生活在其中的社会生活条件和教育条件，包括社会、家庭和幼儿园等各种条件。研究表明，父母的教育方式和期望、家庭的氛围会潜移默化地对学前儿童的心理发展产生影响；幼儿园课程及教师的人格特征和教学方式等会有目的、有计划、系统地影响学前儿童的发展，即个体步入社会，在社会交往中不断习得社会规范和积累经验，最终实现自然人向社会人转化。这些都是影响学前儿童差异的重要环境因素。总之，环境是学前儿童心理发展的外部条件，它使通过遗传获得的潜在可能性素质逐步地变成现实。我们一方面要研究遗传是在什么样的环境影响下发挥作用的，另一方面要研究环境是在什么样的遗传背景下产生作用的。

（三）学前儿童的个体实践因素

除了生物学因素和环境因素，学前儿童的个体实践因素（Personal Practical Factors）也对个体差异起着积极的作用。我们知道，人的心理是在实践活动中产生和发展的，人们是在实践活动中增长才干的。实践的不同性质、不同广度和不同深度造成了不同的个体。

总之，个体的差异依赖多种因素的交互作用。虽然各种影响因素所占比重无法精确计算，但有一点是不可否认的，即生物学因素、环境因素和学前儿童的个体实践因素在造成学前儿童个体差异中的作用缺一不可。其中，遗传性因素是个体发展的基础和内在根据，环境因素是个体发展的外因条件，遗传性因素可以使一个人的发展达到某个上限，环境因素导致个体在遗传性因素的可变范围内达到实际发展的水平和高度。因此，在遗传和环境对个体差异性交互动态影响的过程中，任何差异都会导致个体形成与发展的不同，并最终导致个体差异的出现。

三、针对学前儿童个体差异的教育策略

> 在中三班角色游戏"小舞台"区域，总是聚集着几个小女孩天天在那里做小演员，唱歌跳舞，表情生动，动作变化多，还会配上自己学习的儿歌。她们乐此不疲，非常投入，文文就是其中的一员，她是班上儿童公认的最佳演员。但她很少去建构区玩建筑类游戏，即使去玩，搭建出来的东西也总是缺乏新意或喜欢模仿他人的作品。小男孩明明则特别喜欢智力游戏。他总是沉浸在七巧板的游戏中，不断操作摆弄，尝试新的玩法，但他不喜欢去玩美工游戏，尤其是对折手工纸缺乏足够的耐心，折出来的作品几乎辨认不出是什么。

发现、研究学前儿童之间的差异，幼儿园教师要做到因材施教，充分发挥每个学前儿童的潜能，有的放矢地进行教学，促进学前儿童个性的发展，使每个学前儿童不同的爱好和特长都能得到最大限度的发展。

（一）创设能顺应学前儿童天性的幼儿园环境

皮亚杰认为：学前儿童的学习是一个主动过程，遵照学前儿童的认知特点，学前儿童只有在一个充满好奇的情境中、能实现好动的环境中、能满足好模仿需求的活动中才会有兴趣，才会将主动性充分发挥出来。当兴趣发展成为从事某种活动的倾向时，就会成为爱好，从而有助于个性的形成和发展。教师应顺应学前儿童的天性，设法培养他们的多种兴趣，因材施教。如：教师可以根据学前儿童的兴趣点来设计活动教案或与他们共同设计并参与活动，让学前儿童从中获取知识及丰富的认知经验。因此，教师应创设丰富多彩、多功能、多层次、具有选择自由度的环境，让学前儿童有机会接触符合自己特点的环境，用自身特有的方式同化和吸纳外界。如手绢挂钩的分配，展示墙上每个学前儿童展示框的安排，教师都要根据他们的身高仔细布置，以利于每个学前儿童自理。活动时桌椅的摆放方式应便于学前儿童活动；教具、材料的准备应丰富，既要考虑学前儿童的年龄、能力层次需要，又要符合活动内容；教具、材料出示的先后顺序应合理，等等。这正是将因材施教体现于细节，将学前儿童的需要考虑周全的表现。

（二）科学认识并尊重学前儿童的个体差异

充分了解学前儿童的个体差异是因材施教的基础。当学前儿童在各自不同的家庭背景

第六章 学前儿童个性的发展

中经历了人生最初的3年，带着初具倾向性的人格特征来到幼儿园时，教师所面对的是一个个活生生的、具有明显差异的个体。在学前儿童教育中因材施教，首先应了解学前儿童之间的个体差异，对每个学前儿童的爱好、脾气等情况了如指掌，才能有针对性地为其量身制订出合适的教学方式和方法。教师要做的就是尊重客观的事实，及时、尽早发现每个学前儿童所具有的优势和不足，以便日后做到根据学前儿童不同的发展水平和个性特点给予不同的发展机会、条件并采取不同的教育策略，促进所有学前儿童都能在自己先天的基础上得到最大限度的发展。

（三）善于捕捉教育契机，因材施教

根据学前儿童的个性差异因材施教是教育的精髓。重视个性差异，教师就应该对学生的个性发展采取针对性教育，这就是说，要从学前儿童的实际出发，有的放矢地进行教育。每个学前儿童都是独一无二的，每个学前儿童都是可塑之才。学前教育应该坚持个性教育的原则，即教育必须承认学前儿童的个性差异，必须根据学前儿童的个性特征选择教育内容和教育方法，使学前儿童在全面发展的基础上，成为拥有不同个性的新一代人才。

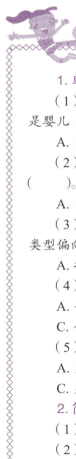

检测你的学习

1. 单项选项题

（1）让脸上抹有红点的婴儿站在镜子前，观察其行为表现，这个实验测试的是婴儿（　　）方面的发展。

A.自我意识　　　B.防御意识　　　C.性别意识　　　D.道德意识

（2）渴望同伴接纳自己，希望自己得到老师的表扬。这种表现反映了幼儿（　　）。

A.自信心的发展　　B.自尊心的发展　　C.自制力的发展　　D.移情的发展

（3）有的幼儿反应快，容易冲动，精力旺盛，很难约束自己的行为，其气质类型偏向（　　）。

A.抑郁质　　　B.黏液质　　　C.多血质　　　D.胆汁质

（4）有关个性，下列描述中正确的是（　　）。

A.个性是天生的　　　　　　　　　B.有些人有个性，有些人没有个性

C.个性是一个人整体的精神面貌　　D.个性非常稳定，无法改变

（5）能力存在性别差异，下列选项中不恰当的是（　　）。

A.男女能力水平差异不大　　　　　B.能力差异体现在言语能力上

C.男女在空间想象力上存在差异　　D.女生的语言能力比男生强

2. 简答题

（1）简述学前儿童自我评价的发展并举例说明。

（2）结合实际，谈谈如何培养学前儿童积极的性格。

（3）结合实际，谈谈幼儿的气质与教育的关系。
（4）结合案例说明学前儿童个体发展差异的表现。
（5）如何根据学前儿童的个性差异因材施教？

3. 材料分析题

材料1：小虎精力旺盛，爱打抱不平，但是做事急躁、马虎、爱指挥人，稍不如意便大发脾气，甚至动手打人，事后虽然也后悔，但遇事总是难以克制……

请根据小虎的上述行为表现，回答下列问题：

（1）你认为小虎的气质属于什么类型？为什么？
（2）如果你是小虎的老师，你准备如何根据其气质类型的特征实施教育？

材料2：奇奇是这样一个儿童：他胆子小，上课不主动发言，即便发言，小脸也涨得通红，声音很小，特别害怕失败与挫折。他也不爱与同伴交往，老师和小朋友邀请他时，他总是把头摇得像拨浪鼓似的……

阅读材料，回答下面的问题：

（1）造成奇奇性格胆小的可能因素有哪些？
（2）你觉得该怎样帮助奇奇？

材料3：贝贝是一个6岁的男孩。他妈妈是个有心人，把贝贝从4.5~5.5岁提出的问题都做了详细的记录，共有4 000多个问题，而且涉及面非常广泛。他妈妈也是个兴趣爱好广泛的人，对孩子的提问总是很认真地对待，并鼓励孩子提问。老师评价说，贝贝知识面广，是一个非常聪明的孩子。

请分析：

（1）根据案例分析贝贝能力发展的突出特点是什么。
（2）家长和教师应该如何正确地促进贝贝的发展？

第七章 学前儿童社会性的发展

本章导航

凡是有人群的地方，就有各种各样的"社会"。人自出生之后便成为各种社会团体中的一分子。从婴幼儿时期起，人就想与他人亲近、与他人来往，希望得到别人的赞许、关心、友谊、爱护、认可、支持。可以说，社会性需要是人类的一种基本需要，也是人类区别于动物的一个根本特征。

学前期是儿童社会性发展的关键时期。社会性发展良好的儿童能够掌握必要的行为方式和社会规范，正确处理人际关系，更好地适应社会生活。学前儿童社会性发展的内容包括学前儿童人际关系的发展、社会性行为的发展以及性别角色的发展。本章主要介绍亲子关系、同伴关系、师幼关系、亲社会行为、攻击性行为以及性别角色发展的概念和过程，并针对社会性行为的不同特点提出相应的培养建议。

学习目标

1. 理解学前儿童社会性发展的意义。
2. 掌握亲子关系、同伴关系、师幼关系的含义、特点。
3. 掌握学前儿童亲社会性行为和攻击性行为的含义、特点。
4. 理解性别角色发展的概念及影响因素。
5. 了解促进学前儿童社会性发展的策略。

知识结构

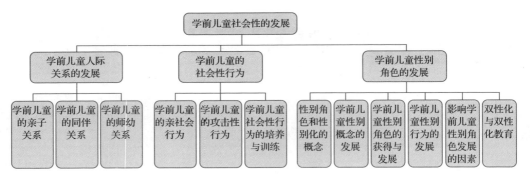

儿童自出生那天起，就生活在社会群体之中，也就是说，儿童一出生就表示其社会性发展的开始。社会性可以说是一种静态形式，而社会性发展是动态的、逐渐建构的过程。社会性发展，也称社会化，是指儿童在一定的社会历史条件下，逐渐掌握社会性行为规范与社会性行为技能，从而能客观地适应社会生活的心理和行为发展过程。学前期是人一生中社会性发展的关键时期，学前期社会性发展的好坏直接影响到儿童以后的发展。社会性发展与身体发展、认知发展共同构成学前儿童发展的三大方面。促进学前儿童社会性发展亦成为现代教育最重要的目标。

第一节 学前儿童人际关系的发展

> 刚进小班的婷婷周一到周五总是哭着不愿意起床，要上班的妈妈每天匆忙地帮她穿好衣服，督促她洗脸刷牙后，抱着哭泣的婷婷上幼儿园。可是一到幼儿园门口，看到那些快乐入园的伙伴，婷婷马上对妈妈说："妈妈，放我下来吧，我自己走。"走到小班的那栋教学楼门口时，婷婷又对妈妈说："妈妈，帮我把眼泪擦干吧！"之后愉快地走进自己的班里，微笑着对老师说："老师，早上好！"再挥手告别妈妈："妈妈，再见！"很快婷婷就加入了同伴的游戏之中。

社会性的核心内容就是人际关系。对学前儿童来讲，只有在人际交往中才能得到全面健康的发展。处于成长过程中的儿童，在与周围人的交往中，逐渐形成了两种不同性质的关系：垂直关系和水平关系。这两种人际关系对儿童的社会化有着不同的意义。垂直关系是指那些比儿童拥有更多知识和更大权力的成人（主要包括父母和教师）与儿童之间形成的关系（亲子关系、师幼关系）。垂直关系的主要功能是为儿童提供保护，帮助儿童学习知识和技能。水平关系是指儿童与具有相同社会权利的同伴之间形成的一种关系（同伴关系）。水平关系具有平等互惠的性质。水平关系是儿童获得平等条件下的社会生活能力的平台。

第七章　学前儿童社会性的发展

一、学前儿童的亲子关系

案例

晚上，3.5岁的可可在独自玩自己的芭比娃娃，一会给它梳理头发，一会又给它脱衣服，玩得很开心。当她给芭比娃娃穿上白色纱裙时，对妈妈说："妈妈，你看它像不像白雪公主呀？"妈妈眼睛盯着电视，说："像。""那你给我讲白雪公主的故事吧？""过一会儿再讲。"妈妈的眼睛仍然没有离开电视。"不行，不能过会儿讲。""我说，你怎么不听话呀，自己玩去。"妈妈生气地说。

亲子交往对儿童认知、情感、个性以及社会性发展等方面都有促进作用。在上述案例中，可可的妈妈忽视了和儿童的互动，实际上，满足儿童此时的需求，一方面可以增长儿童的知识，满足其求知欲；另一方面也可以促进儿童与母亲之间的情感交流。因此，父母要重视亲子之间的交往活动，从而促进儿童心理健康地发展。

（一）亲子关系的含义与特点

亲子关系是指儿童早期与其主要抚养人（主要是父母）的情感联系，也可以包含隔代亲人的关系。亲子关系有广义和狭义之分：广义的亲子关系是指父母与子女的相互作用方式，即父母的教养态度与方式；狭义的亲子关系是指儿童早期与父母的情感联系，即依恋。一般而言，父母是儿童生命中最早接触的"他人"，亲子关系是儿童最早建立，也是最主要的社会关系，它主要具有以下特点：

首先，具有生物性和交往性。亲子关系是一种血缘关系。一般而言，血缘关系是亲子关系建立的基础，它是父母在养育自己的子女时，在一点一滴的交往过程中建立的。

其次，具有互动性。亲子关系和其他任何社会关系一样，是双边的关系，即需要双方共同参与。因此，不仅父母的行为和心理特征会影响亲子关系的性质和质量，儿童的特征也具有重要的影响作用，如儿童的性别、气质、性格、外貌等因素都会影响亲子互动的过程，从而塑造亲子关系。

最后，具有依恋性。亲子关系从本质上说是一种情感联系，它不仅体现在外在的亲子互动、沟通上，更重要的是，父母和子女双方都能从这一关系中获得亲密、关爱、依赖、信任等内部情感体验。

（二）依恋关系

亲子关系的主要表现形式是亲子依恋，是指儿童寻求并企图保持与母亲或主要抚养人的身体接触和情感联系的一种倾向性。依恋关系是儿童早期生活中最重要的社会关系，是个体社会性发展的开端和组成部分。

1. 依恋的发展

英国心理学家鲍尔比提出的习性学依恋理论是当今最有影响力的依恋理论，按照鲍尔比的观点，依恋的发展经历了以下四个阶段。

（1）前依恋阶段（出生～6周）。此阶段的儿童对人的反应几乎都是一样的，并未形成依恋，不过，这个阶段的儿童具有一些先天的能力，如以哭、笑等方式来唤起抚养者的感情，获得照料。哭是一种要求抚慰的信号，当父母给予反应时，儿童会通过安静下来或笑的方式强化父母的这种行为，并给抚养者带来情感上的满足。

（2）依恋关系建立阶段（6周～8个月）。这个阶段的儿童对熟人和陌生人的反应有了区别。儿童在熟悉的人面前会表现出更多的微笑、啼哭和咿咿呀呀，而对陌生人的反应明显减少。这个阶段的儿童和母亲交流时会笑，会牙牙学语，母亲的拥抱会使儿童很快平静下来；当和父母面对面交流时，儿童知道自己的行为影响着父母，他们期望父母对他们发出的信号能积极回应。此时的儿童能从人群中找出母亲，但并不会介意和母亲分开。

（3）依恋关系明确阶段（8个月左右～2岁左右）。儿童从8个月左右开始，对特定的人（常常是母亲）形成特殊的依恋，而且对母亲的依恋变得十分明确，这时儿童会表现出一种分离焦虑。分离焦虑和与之同时出现的认生现象是依恋形成的标志。从依恋建立起来后，母亲的作用就是儿童安全的基地，在这个基础上，儿童才能探究周围的环境。当妈妈回来时，儿童会显得十分高兴，寻求庇护，进而继续在新环境中探索、游戏。当面对不熟悉的情境时，儿童会寻求与母亲身体的亲近。分离焦虑通常在6个月后表现出来，10~18个月表现最为突出，1.5~2岁逐渐消失。

（4）交互关系形成阶段（2岁后）。2岁后随着语言与心智的迅速发展，儿童开始认识到母亲离开并不是抛弃他，而是因为有重要的事不得不暂时离开他，也知道母亲什么时候会回来，于是分离焦虑降低。这时儿童还会与母亲协商，向她提要求（如讲个故事再走），而不是跟在她后面或拉住她不放；而母亲也会向他解释，这些解释使得儿童能够接受母亲的暂时离开。

2. 依恋的类型

尽管所有的儿童都存在依恋行为，但由于儿童和依恋对象的关系密切程度、交往质量不同，因此儿童的依恋存在不同的类型。玛丽·安斯沃斯通过"陌生情境测验"的方法对依恋类型进行研究，将依恋划分为以下三种类型：

（1）安全型依恋。在陌生情境中，母亲在场时，儿童能将母亲作为安全基地进行自由的探索。当母亲离开时，探索性行为会受到影响，儿童会明显地表现出一种苦恼，甚至可能会哭泣；母亲回来后，他们会立刻表现得很兴奋，寻求母亲的安慰和亲近，哭泣也会立刻减弱或停止，同时，对陌生人也能表现出积极的兴趣，但对自己的母亲有明显的偏好。

（2）回避型依恋。母亲（依恋对象）在场或不在场对这类儿童的影响都不大。当母亲离开时，他们并无特别紧张或忧虑的表现；母亲回来后，他们往往也不予理会，有时也会欢迎母亲的到来，但只是暂时的，接近一下又走开了。这种儿童不管是接受陌生人的安慰还是接受母亲的安慰，表现得都一样。实际上，这类儿童内心是痛苦的，并未形成对人的依恋，所以，有的人把这类儿童称为"无依恋的儿童"。这种类型较少。

（3）矛盾型依恋。母亲在场时玩得少，母亲离开时非常痛苦，更重要的是，与母亲重聚时难以平静下来，表现出矛盾行为：既想寻求母亲的安慰，又想"惩罚"母亲，母亲亲近他时他会生气地拒绝，情绪要花很长时间才能平静下来。此后将更加亲近母亲，生怕她再离开。这类儿童在陌生环境中哭得最多、玩得最少，对陌生人难以接近。

回避型和矛盾型的儿童实际上都没有建立起安全感，所以都属于不安全型。

3. 建立良好依恋对儿童发展的重要作用

依恋能促进父母与儿童之间的亲密性和联结性。健康的依恋关系会给儿童带来爱和安全感，同时也有助于儿童在认知、情绪和社会性行为等方面的发展。

（1）在认知方面，安全的依恋有助于儿童积极探索能力的发展。安全型依恋的儿童对环境探索有较高的热情，表现出好奇、探索的倾向，想象力丰富，解决问题时更有耐心和主动性，遇到困难时较少出现消极的情绪反应，他们既能够向在场的成人请求帮助，又不太依赖成人。早期依恋的性质决定着儿童对自我和他人的多方面认识，而这是构成儿童自尊、自信等自我意识系统的重要基础。

（2）在情绪方面，安全型依恋将使儿童产生安全感、自信和处于稳定的情绪状态。

（3）在社会性行为方面，儿童期形成的安全型依恋会使儿童在幼儿园有较强的社会交往能力和良好的社会关系。依恋是儿童出生后最早形成的人际关系，是长大成人后形成的人际关系的缩影。婴儿期的依恋质量会影响儿童的同伴关系。依恋具有传递性，儿童早期形成的安全型依恋，在其长大为人父母时，也更容易与自己的孩子形成安全型依恋。

4. 安全型依恋的形成

（1）要有一个稳定的照料者。稳定的照料者是安全型依恋形成的必要条件。儿童的依恋对象通常是母亲，母亲在儿童依恋形成过程中扮演着重要的角色。如果照料者不稳定，儿童将无法形成安全型依恋。

（2）照料的质量。具体地讲是指母亲的敏感性和反应性。敏感性是指母亲对儿童需求信号的敏锐觉察，反应性是指母亲根据儿童发出的需求信息，恰当、及时、一贯地予以满足。根据儿童需求的性质，可分为两大类：一类是对儿童的饮食、睡眠、身体健康等基本生理需求的敏感性与反应性；另一类是对儿童寻求注意、感情、爱抚等心理需求的敏感性和反应性。

（3）教养态度及方式。专断型的父母和对儿童发展抱有极高期望的父母往往采用高控制的方式对儿童进行教养。脾气温和、性格平稳的父母虽然比较容易接受儿童的行为和态度，但如果他们对子女发展抱有较高期望，就很可能成为权威型父母；而对子女将来不抱太高期望的父母，可能会放任儿童，表现出听之任之的态度。

（4）儿童的特点。因为依恋关系是母亲和儿童共同构筑的，所以儿童的特点也决定了建立这种关系的程度。这种影响主要来自三个方面：外在的体貌特征、身体健康情况和儿童内在的气质特点。一些儿童容易照料，与母亲关系融洽，容易接受抚慰；一些儿童很难照料，异常活跃，拒绝母亲的亲近，不易抚慰。这主要归因于儿童先天特性，尤其是气质的作用。气质在依恋形成与发展中的意义在于，它是影响儿童行为的动力特征的关键因素，它在很大程度上赋予儿童依恋行为特定的速度和强度，制约着儿童的反应方式和活动水平。

（三）家庭教养方式

最早研究父母教养方式的是美国心理学家西蒙兹（Svmons，1939），他提出亲子关系中的两个基本维度：一是接受与拒绝，二是支配与服从。这两种基本要素都不同程度地存在于父母与儿童的相互作用中，可以组成二维坐标系统，如图7-1所示。

图 7-1 西蒙兹亲子关系维度

坐标上的O点是最理想的亲子关系，这样的父母既不特别娇惯儿童，也不过于严厉；既不随心所欲地支配儿童，也不完全听凭儿童的支配。当代有关父母教养方式的研究首推鲍默琳德对儿童及其家庭的著名研究。她根据研究结果提出了教养方式的两个维度：要求和反应性。在鲍默琳德（1971）的早期研究中，将父母教养方式划分为权威型、压制型和放任型三种。1983年，美国心理学家麦考比和马丁在对教养方式分类的基础上，把放任型父母的教养方式按要求和反应两个维度又进一步分为溺爱型和忽视型，从而把父母的教养方式划分为四种类型：权威型、专制型、忽视型和溺爱型，并对每种类型对应的儿童社会性发展特点做了比较详细的描述。

1. 权威型

这是一种具有控制性但比较灵活的教养方式。这种类型的父母也相信儿童应该依规矩行事，但允许合理的讨论，他们愿意与儿童交流思想与意见，并且相信自己也有错。一般而言，权威型的教养方式对儿童的成长与发展是最为有利的。这种类型的父母会对子女提出很多合理的要求，并且会谨慎地说明要求儿童遵守的原因，以保证儿童能够遵从指导。与此同时，他们会表现出对儿童的爱，并认真听取儿童的想法。因此，权威型父母能够认识到并尊重儿童的观点，以合理、民主而非盛气凌人的方式来控制儿童。鲍默琳德通过研究发现，在这种教养方式下成长的儿童，社会能力和认知能力都比较出色；在掌握新事物和与同伴交往的过程中，表现出很强的自信，具有较好的自控能力，并且比较乐观、积极。

2. 专制型

这是一种限制性非常强的教养方式。这种类型的家长通常会提出很多种规则，期望儿童能够严格遵守。他们不向儿童解释这些规则的必要性，而是崇尚服从，相信惩罚可以控制儿童的行为，不许儿童对行为标准的正确性有所怀疑，管理方式粗暴，构成专制型家庭教养方式。在这种家庭中，儿童的人格、自尊、意志、权利不被尊重，家庭亲子关系是一种命令与服从的关系。在这种教养方式下成长的儿童表现出较多的焦虑、退缩等负面的情绪和行为。在青少年期，他们的适应状况也不如民主型教养方式下成长的儿童。但是，这类儿童在学校中也有比较好的表现，出现反社会行为的概率比较少。

3. 忽视型

这是一种放任且具有较低要求的教养方式。这种类型的父母既不会对儿童提出什么要求和行为标准，也不会表现出对儿童的关心。这类父母既缺少爱心、耐心，也缺乏责任感，对儿童放任自流，由于过度关注自己的事情而对儿童投入极少的时间和精力。他们为儿童的成长所做的最多只是提供食品和衣物，或他们很容易做到的事情，而不会去付出努力为儿童提供更好的成长条件。

在忽视型的家庭教养方式下，儿童由于得不到必要的指导和正常约束，会形成缺乏自信、自制力差、不负责任、情绪波动异常、待人处事具有攻击性、易受诱惑、缺乏理想等心理倾向。由于与父母的互动很少，很容易出现适应障碍，所以他们的自我控制能力往往较差，在长大后较多地表现出犯罪倾向。

4. 溺爱型

这是一种接纳而放纵的教养方式。父母盲目地溺爱和疏于管束，构成溺爱型教养方式。在这种溺爱娇惯的家庭环境中，儿童容易养成自我中心、骄横跋扈、疏懒散漫、贪婪无度的"霸王"心态，这种心态如果不能得到及时矫正，很容易发展为反社会型人格。溺爱型的家长对儿童表现出很多的爱与期待，但是很少对儿童提要求和对其行为进行控制。在这种教养方式下成长起来的儿童表现得很不成熟，自我控制能力差。当要求他们做的事情与其愿望相背时，他们几乎不能控制自己的冲动，会以哭闹等方式寻求即时的满足。对于父母，他们也表现出很强的依赖性和无尽的需求，而在任务面前缺乏恒心和毅力。这种情况在男孩身上表现得尤为明显。

（四）亲子交往的引导

1. 了解亲子交往的重要性，科学定位父母在亲子交往中的角色

儿童出生以后，最初接触到的社会环境就是家庭环境，最初的社会交往就是亲子交往。良好的亲子关系对儿童的健康成长具有重要的作用。首先，早期亲子间的情感联系是以后儿童与他人建立关系的基础，儿童早期的亲子关系良好，就容易与其他人建立比较好的人际关系。其次，父母的教养态度和方式直接影响儿童个性品质的形成，是儿童人格发展的最重要的影响因素。如果父母态度专制，儿童就容易懦弱、顺从，而父母溺爱容易导致儿童任性等。

父母角色的科学合理定位是提高亲子交往效能的关键。在亲子交往中，父母既是儿童的交往对象，同时又是儿童的导师；既是儿童交往时的朋友，同时又是儿童的支持者、指导者。父母通过观察、交谈、询问、抚爱等手段，了解儿童的各种需要，给予科学合理的满足与引导，父母的角色是十分重要的，切忌以自己的需要代替儿童的需要。随着学前儿童年龄的增加，他们对高级的亲子交往活动越来越感兴趣，父母要把握好这一时机，开展广泛的亲子交往活动。如在游戏时、劳动中、学习活动中、郊游时等，父母应该有意识地尽可能多与儿童进行交往。

2. 克服不正确的家庭教养方式

父母的教养方式直接影响着儿童社会性的发展。权威型教养方式是最理想的一种教养方式，它结合了专制型和忽视型方式的优点，但是避免了二者的消极影响。这也启示我们，在教育儿童的时候要综合运用情感、认知和儿童自身的经验三个要素促进儿童社会认知和社会情感的内化。同时，研究也指出：父母的支持、奖赏、指导和适当的反应，这些教养方式会影响儿童能力的发展，而对儿童的适当要求不但可以促进儿童认知的发展，而且能促进其社会能力的发展，特别是当要求和对儿童的支持与反应结合时更有效。总之，儿童通过接受父母的教养方式带来的教育影响，集成并形成社会的价值观和传统的行为习惯，并为将来的发展做好心理上的准备。因此，父母应该共同调整对子女的教养方式，使子女在和谐、温馨的家庭环境中健康成长。

3. 重视父亲的参与性，提高亲子互动质量

儿童一出生就处于一定的社会环境中。成人与儿童的互动方式直接影响着儿童依恋的形成。以往人们更注重母亲与儿童的互动，但心理学研究发现父亲在育儿活动中的参与程度及父亲和儿童之间互动的质量也会影响亲子间的依恋关系。因此，父亲也应积极投入育儿活动中，妥善安排时间与儿童进行互动。另有研究表明，父亲在照料方面的能力并不逊于母亲，他们也能敏感地察觉到儿童的需要，并及时给予满足。因此，父亲应主动去发现和了解儿童的需要，正确理解儿童发出的各种信号，及时做出反应。如果儿童哭了，可以从哭声中洞察他们的愿望和要求，并采取恰当的行动予以回应。父亲应多与儿童进行积极的情感交流，如对儿童微笑，以温和的语调与儿童交谈，给儿童提供丰富的触觉、视觉和听觉刺激。当然，父子之间有其独特的互动方式，父亲可以更多地以游戏的方式与儿童互动，在游戏时诱发儿童的积极情绪，给儿童带来快乐和满足，让儿童建立自信，获得对环境的良好适应能力，帮助儿童成为心理功能健全的人。

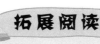

父子关系在儿童发展中的作用

一、对性别角色的影响

有学者认为，父亲对于儿童正确的性别角色发展有重要作用。一些心理学家认为，在儿童性别角色及行为的发展中，父亲的角色比母亲的角色更具有决定性。研究发现，高度男性化的男孩，他们的父亲在奖惩的把握上往往是果断并具有支配性的。相反，如果在家里母亲占有支配性地位，那么，男孩性别同一性的形成可能会受到严重伤害，男孩会表现出更多的女性化特征。而女孩的女性化角色发展不仅与父亲的男性化角色有关，还与父亲支持和赞赏女儿模仿母亲、参与女性活动有关，反而与母亲的女性化角色发展无关。

二、对人格、社会性发展的影响

父亲身上通常具有独立、自信、勇敢、坚强等积极的个性特征，儿童往往会在不知不觉中加以学习和模仿。因此，父亲在儿童形成健康人格以及发展良好的社会适应能力和人际交往能力方面都具有重要作用。大量研究也证实了这一点。如陈小萍在对农村留守儿童的学业成绩、自尊及人格进行考察时发现，父亲角色的缺失对儿童人格的发展存在一定程度的影响，其中，女孩表现得更为谨慎，想

问题比较周到，也更加成熟，而男孩表现得更为冷漠、孤独、不合群。李丹等人对6~8岁儿童同伴互动与父亲教养方式的关系进行了研究，发现儿童同伴交往的主动性水平与父亲的拒绝型教养方式呈负相关。

三、对认知发展的影响

由于父亲自身的特点以及与儿童互动的独特性，儿童从父亲那里得到的认知收获与从母亲那里得到的认知收获不完全相同。儿童从父亲那里可以学到更丰富的知识，并通过各种探索活动，逐步培养动手操作能力，树立创新意识，激发求知欲和好奇心。可以说，父亲对儿童的认知发展有非常重要的影响。

关于父亲角色的参与对儿童学业成绩和行为问题的影响，西方学者做过较多研究。一般认为，父亲对于儿童良好的学业成绩有着重要的作用。在那些由母亲抚养儿童的单亲家庭中，父亲的缺失是导致儿童低幸福感和不良学业成绩的一个重要因素。在那些父亲参与度很高的家庭里，儿童会表现出对数学更感兴趣，且容易取得高分；而在那些父亲参与度很低的家庭里，儿童的行为问题发生率有显著的增加。耶鲁大学的一项最新研究甚至表明，由男人带大的儿童智商更高，学习成绩更好，进入社会后更容易获得成功。

四、对道德和问题行为的影响

父教缺失最常见的影响就是使儿童患上"父爱缺乏综合征"，这类儿童的主要特点是过分怕羞、情绪沮丧、自暴自弃等。德国、日本的儿童心理专家联合对两国的3 000多名儿童进行了一项专题调查，发现儿童父爱缺失时的年龄越小，越容易患上"父爱缺乏综合征"，且男童患上此症的可能性比同龄女童高出一倍。一些研究者认为，父爱在儿童某些特殊发展问题，如行为品行问题等方面，比母爱更有预见性。Chen等人在一项历时两年的追踪研究中发现，儿童同伴间的攻击性行为与父爱的温暖呈负相关，而与母爱的温暖并未表现出相关性。Andry在1962年的一项研究中发现，大多数品行不良的青少年都感觉被父亲拒绝，但没有感觉被母亲拒绝。Priffner等人对相关的56项研究进行回顾分析，结果表明来自离异家庭的儿童比来自完整家庭的儿童表现出更多的不良行为，如身体攻击、犯罪、偷窃、喝酒、吸烟等。

五、对生理的影响

有研究表明，无论是男孩还是女孩，父亲的缺失都会造成其青春期发育的提前，但没有证据表明母亲的缺失或继父的缺失与儿童青春期的提前有关。Anthony的研究表明，没有父亲的女孩或常受父亲辱骂的女孩青春期发育较早，而与父亲关系较好的女孩青春期发育较迟。

（资料来源：强清，武建芬．"父婴依恋"对儿童发展的作用及其教育启示［J］．幼儿教育·教育科学，2011（6）：41.）

二、学前儿童的同伴关系

"小人国"的故事：一个儿童的执着

夏天的早晨，巴学园热闹非凡。早到的儿童或坐在台阶上七嘴八舌地聊着天，或三五成群地在院子里追逐嬉戏。在这热闹的场景中，有个女童却显得格外特殊。她入园后，离伙伴们远远的，静静地站在一个角落里，不时地向大门口张望着。小朋友们进屋了，她没有反应；大家都在吃早餐了，她依然默默地站在外面，两眼不断地瞟向门口，下意识地摆弄着手里的奥特曼玩具，似乎在等什么人。这个女孩名叫展辰，刚从另一所幼儿园转来巴学园两个星期，显得很不合群。这会儿，她会是在等谁呢？看见展辰的样子，老师不禁心中一动，她明白，展辰在等一个名叫南德的小伙伴。

（资料来源：张同道．李跃儿解读：小人国的秘密［M］．北京：京华出版社，2010：54-56．）

（一）同伴关系的含义及作用

同伴是指儿童与之相处的具有相同社会认知能力的人。同伴关系是指年龄相同或相近的儿童之间，或心理发展水平相当的个体之间，在交往过程中建立和发展起来的一种人际关系。儿童在与同伴的交往过程中可以形成两种关系，分别称为同伴群体关系（同伴接纳）和友谊关系。前者表明儿童在同伴群体中彼此喜欢或接纳的程度，后者是指儿童与朋友之间的相互的、一对一的关系。学前儿童尚不能形成稳定的、相互的、一对一的友谊关系，因此，本节谈的同伴关系主要是指前者。同伴关系具有以下作用：

1. 同伴关系是满足儿童社交需要、获得安全感和归属感的重要源泉

归属和爱以及尊重的需要是人类的基本需要。Weiss（1974）提出的社会需求理论假设认为，个体在同伴关系中寻求社会支持，不同类型的关系提供不同的社会支持功能，满足不同的社会需求，如爱、亲密、增进自我价值等。儿童在亲密的友谊关系中和一般同伴群体中所寻求的社会需要是不同的。儿童在社会交往过程中经常会遇到一些烦恼和困惑，除了从父母和老师那里得到帮助以外，他们还可以从同伴那里得到宽慰和同情，并宣泄自己的情感。

2. 同伴关系是促进学前儿童社交技能发展的重要途径

轩轩伸手去抢乐乐手里的图书，乐乐不想给，说："我还没看完呢！"轩轩没有得到图书，马上将脸冲着乐乐，将声音放低、语速放慢，温柔地对乐乐说："你得给我用一下。"乐乐仍旧不理。轩轩这时走向乐乐，声音很低："我们一起看这本书，可以吗？"乐乐没有反对，轩轩拿到了书。

皮亚杰指出，同伴关系中产生的合作与感情共鸣能使儿童开阔社会视野。年幼儿童是以自我为中心的，既不愿也不能意识到同伴的观点、意图、感情。然而随着游戏的开始，儿童之间会建立起平等互惠的同伴关系，同时也对冲突、谈判或协商有所体验。如上述案例所描述的，轩轩在没有征得同伴允许的情况下，就去抢图书，结果遭到拒绝，因此他只得改变方法，调整了交往的方式，在两次被拒绝之后，终于选择了较为适宜的策略，用请求、商量的口吻实现了自己的目的。当儿童学会处理同伴交往中出现的冲突时，便能促进社会观点采择能力的发展，并获得社会交流所需的技能。

3. 同伴交往经验有利于自我概念和人格的发展

同伴交往可以帮助儿童形成自己的态度和价值观念，有助于儿童自我概念的形成和人格的发展。儿童具有被关注、被赞赏的本能倾向。当儿童没有受到或没有受到太多他人的关注时，可能会对自己的价值产生疑问。同伴关系为个体逐渐理解合作与竞争的社会规则和服从与支配的社会角色构建了基本框架。同伴关系作为一种平等关系，它不同于其他社会经验，这是个体第一次"通过他人的眼睛看自己"并体验到与另一个人真正的亲密。图7-2所示为几位大班儿童正在角色游戏区玩游戏。

图7-2 几位大班儿童正在角色游戏区玩游戏

（二）学前儿童同伴关系的发展

儿童的同伴关系是在相互作用的过程中表现出来的。在不同的年龄阶段，同伴关系表现出不同的发展特点。

1. 0~3岁婴儿同伴关系的发展特点

在儿童成长的头三年里，他们虽然主要与父母交往，但事实上也已开始了同伴间的相互交往。儿童随着认知能力的增长、活动范围的扩大，与同伴交往的时间和次数越来越多，同伴交往在其生活中所占的比重越来越大，并对儿童的个性、社会性发展起着日益重要的影响。大量的观察和研究表明，婴儿早期同伴交往会经历以下三个发展阶段：

（1）以客体为中心阶段。在以客体为中心阶段，婴儿的交往更多地集中在玩具或物品上，而不是对方本身。6~8个月的婴儿通常还互不理睬，只有短暂的接触，如看一看、笑一笑或抓抓同伴。在第一年，大部分社交行为都是单方面发起的，一个婴儿的社交行为往往不能引起另一个婴儿的反应。

（2）简单交往阶段。在简单交往阶段，婴儿能够对同伴的行为做出反应，经常企图去控制同伴的行为，婴儿的行为有了应答的性质，是"社交指向行为"。如微笑和大笑、发声和说话、给或拿玩具、身体接触（如抚摸、轻拍同伴的身体，推，拉等）以及较大的动作（如走到同伴旁边，然后跑开）等。

（3）互补性交往阶段。在互补性交往阶段，儿童间的行为趋于互补，出现了更多、更复杂的社交行为，相互间模仿已较普遍，婴儿不仅能较好地控制自己的行动，而且可以与同伴开展需要合作的游戏。这个时期婴儿交往最主要的特征是同伴之间社会性游戏的数量有了明显的增长。

2. 3~6岁儿童同伴关系的发展

学前儿童同伴交往的发展不仅表现在兴趣的提高上，还表现在同伴互动形式的变化上。由于象征功能和语言能力的发展，学前儿童越来越喜欢社会性刺激，喜欢从事社会性游戏，并且其游戏行为表现出明显的复杂性。美国学者帕顿根据学前儿童在游戏中的社会性参与水平，将游戏分为六种形式：

（1）无所用心的行为：这是一种无目的的活动，如在房间里把布娃娃丢来丢去。

（2）袖手旁观的行为：只是站在游戏场外远远地观望同伴的活动，始终不愿意加入。

（3）独自游戏：不与任何人发生关系的独自游戏。

（4）平行游戏：与同伴玩同样的玩具或游戏，但相互之间没有任何交往。

（5）联合游戏：无组织的共同游戏，有时候相互之间会借玩具或交换玩具。

（6）合作游戏：有组织、有规则、有小组领袖的共同活动。

3. 学前儿童同伴交往的性别特征

学前儿童同伴交往的特点存在性别差异。学前儿童的同伴交往主要是与同性别的其他学前儿童交往，而且，随着年龄的增长，这一特征越来越明显，选择同性别同伴的数量从幼儿园小班向大班呈增长趋势。女孩更明显地表现出交往的选择性，其偏好更加固定。女孩在游戏中的交往水平高于男孩，表现在女孩的合作游戏明显多于男孩，对同伴的反应也比较积极，而男孩对同伴的消极反应明显多于女孩。在解决冲突上，男孩倾向于通过武力解决，而女孩会通过礼貌协商解决。

（三）学前儿童同伴交往的类型

不同的学前儿童在与同伴交往的过程中，其行为方式有很大差异，同伴对其反应也不尽相同，因此学前儿童同伴之间存在着不同的交往类型，显示出学前儿童不同的社交地位。学前儿童同伴交往一般有四种类型。

1. 受欢迎型

这类儿童一般具有友好、外向的人格特征，擅长双向交往和群体交往，在活动中没有明显的攻击性行为，他们往往有着更为有效的交往策略。

2. 被拒绝型

这类儿童一般体质强、力气大、行为表现消极、不友好、积极行为很少、能力较强、聪明、会玩、性格外向、脾气急躁、容易冲动、过于活泼好动、喜欢交往。在交往中，他们积极主动，但很不善于交往；对自己的社交地位缺乏正确评价，往往估计过高；对没有朋友一起玩不太在乎。他们在同伴交往中常常表现为拒绝、排斥、争执，采取的行为方式具有攻击性、敌对性，在同伴群体中处于被排斥、拒绝的地位。

3. 被忽视型

这类儿童一般体质弱、力气小、能力较差；积极行为与消极行为均较少，性格内向、好静、不太活泼、胆小、不爱说话，常常退缩、回避，交往的主动性、积极性差。在交往中，缺乏积极主动性，且不善交往；孤独感较强，对没有同伴与自己玩感到比较难过与不安。他们既得不到同伴的认可，也得不到同伴的批评，在同伴群体中处于被忽视、不受关注的社交地位。

4. 一般型

这类儿童在同伴交往中行为表现一般，既不是特别主动、友好，也不是特别不主动或不友好；同伴有的喜欢他们，有的不喜欢他们，他们既非为同伴所特别地喜爱、接纳，也非特别地被忽视和拒绝，因而在同伴心目中的地位一般。

从发展的角度看，在4~6岁范围内，随着儿童年龄的增长，受欢迎的儿童人数呈增多趋势，而被拒绝、被忽视的儿童人数呈减少趋势。研究还发现，在性别维度上，以上四种类型的分布表现得颇为有趣。在受欢迎的儿童中，女孩明显多于男孩；在被拒绝的儿童中，男孩则明显多于女孩；而在被忽视的儿童中，女孩又多于男孩（男孩也占一定比例）。被拒绝和被忽视的儿童在与同伴交往中处于不利地位，被忽视的儿童并不像被拒绝的儿童那样感到孤独，而被拒绝的儿童比被忽视的儿童更易在今后的生活中遇到严重的适应问题，因此更应该引起教育者的关注。

（四）影响学前儿童同伴关系发展的因素

影响学前儿童同伴关系发展的因素诸多，其中，家长的教养方式、出生顺序、认知技能，以及姓名、身体特征、与人交往的方式等都对同伴关系有一定程度的影响。归纳起来主要来自三个方面：家庭、幼儿园和儿童自身。

1. 家庭因素：早期的亲子交往经验及家庭居住环境

家长的教养方式影响着早期的亲子交往。早期亲子之间的交往经验，无疑会给儿童的同伴交往带来影响。父母的言行是儿童效仿的榜样，他们通过观察，从父母那里学习如何与不同的对象交往、如何处理不同的情形。儿童对同伴的态度和行为特征大多是其父母与人交往特征的"翻版"。热情、敏感型和权威型的家长培养的儿童容易与同伴形成稳定和依恋的关系，与成人、同伴都能建立良好的关系；忽视型和溺爱型的家长容易培养出有敌意、有攻击性行为的儿童；而专制型的家长培养出的儿童容易对同伴表现出焦虑、严厉和喜怒无常的心理和行为。

此外，居住环境也对儿童的同伴交往机会有极大影响。现代住宅大多是单元结构，独门独户，同时家庭中缺少兄弟姐妹，儿童所有的行为几乎都受到家长保护，使儿童和同伴交往的机会越来越少，导致许多儿童不会和同伴一起玩，甚至根本不想和同伴一起玩。这应当引起教育工作者以及儿童父母的重视。

2. 托幼机构因素：教师及活动性质

儿童进入幼儿园以后，开始了新的人际交往——儿童与教师之间的师幼交往。在日常的教育活动中，教师的表扬或批评会直接影响儿童在同伴中的社会地位和受欢迎程度。如果某儿童经常受到表扬，这个儿童在集体中的社会地位无形中便会提高；如果某儿童经常受到批评，这个儿童在集体中的地位无形之中便会降低。除此之外，教师对儿童行为问题的处理方式、对儿童的信任程度，也会影响儿童在同伴中的社会地位和受欢迎程度。

此外，活动材料，特别是玩具，是学前儿童同伴交往的一个不可忽视的影响因素，尤其是婴儿期到幼儿前期，学前儿童之间的交往大多围绕玩具发生。而活动性质对同伴交往的影响主要体现在自由游戏的情境下，不同社交类型的学前儿童表现出交往行为上的巨大差异，而在有一定任务的情境下，如在表演游戏或集体活动中，即使是不受同伴欢迎的学前儿童，也能与同伴进行一定的配合、协作，因为活动情境本身已规定了同伴间的作用关系，对其行为有许多制约性。

3．儿童自身特征：外貌、社交技能、性格等

1）外貌特征

对于学前儿童来说，他们的外貌特征是影响同伴交往的一个重要因素。如许多学前儿童在选择交往的对象时，往往将外貌、衣着作为是否接纳或排斥其他学前儿童的一条重要标准。研究发现，3~5岁的学前儿童就能区分漂亮和不漂亮，并且他们对身体特点的判断基础与成人相同。还有研究发现，漂亮对女孩的同伴接纳比对男孩更重要。

2）社交技能

学前儿童在与同伴交往中的社会性行为是影响同伴接纳程度的重要因素。行为特征是儿童社会能力的重要体现。不同类型男孩的同伴关系研究表明，受欢迎的男孩的亲社会行为较多，而攻击性行为较少，他们帮助建立群体的准则和规范；被排斥的男孩是令人回避的、具有攻击性的、过度活跃的；被忽视的男孩则攻击性较弱、少言寡语、容易退缩。可见，在学前儿童的同伴交往中，儿童自身对交往的主动性和交往的能力是影响同伴接纳性的主要因素。

3）性格特征

性格的好坏决定了儿童是否容易被其他儿童认同、接纳。此外，研究发现，影响学前儿童同伴交往的主要性格特点有：是否友好、爱帮助他人、爱分享、爱合作、谦让，以及性子急慢、脾气大小、活泼程度、爱说话程度、胆子大小等。

（五）良好同伴关系的建立

学前儿童的同伴交往对其社会化的顺利进行起到重要的作用。虽然学前儿童与同伴间的交往态度在很大程度上由学前儿童群体的自身特征决定，但教师完全可以通过深入细致地观察学前儿童的各种表现，了解每个学前儿童的交往过程和群体交往关系的特点，积极地为他们创设一个良好的交往环境，有针对性地支持他们之间的交往。

1．创设社交环境，为学前儿童提供同伴交往的机会

学前儿童的交往能力是在不断交往的实践活动中发展起来的。在组织学前儿童的教育活动、游戏活动和日常活动时，要多为他们提供与同伴交往的条件和机会，让学前儿童在实践中得到锻炼和提高。例如，为学前儿童提供充分的游戏时间和空间。学前儿童的同伴交往往往是建立在游戏的基础上的。研究表明，幼儿园同伴互动的频率从高到低依次是：游戏活动、生活活动、学习活动。发生在游戏活动中的同伴互动占全部互动的一半左右，这段时间教师的控制相对较少，气氛比较自由、和谐，易于同伴互动的发生。

2．引导学前儿童学会关心同伴，发展其社交技能

在教育部印发的《3~6岁儿童学习与发展指南》关于社会领域的发展目标中，第二项即"能与同伴友好相处"，具体内容如表7-1所示。

表 7-1 能与同伴友好相处

3~4 岁	4~5 岁	5~6 岁
1. 想加入同伴的游戏时，能友好地提出请求 2. 在成人指导下，不争抢、不独霸玩具 3. 与同伴发生冲突时，能听从成人的劝解	1. 会运用介绍自己、交换玩具等简单技巧加入同伴的游戏 2. 对大家都喜欢的东西能做到轮流玩、互相分享 3. 与同伴发生冲突时，能在他人帮助下和平解决 4. 活动时愿意接受同伴的意见和建议 5. 不欺负弱小	1. 能想办法吸引同伴和自己一起游戏 2. 活动时能与同伴分工合作，遇到困难能一起克服 3. 与同伴发生冲突时能通过协商解决 4. 知道别人的想法有时和自己不一样，能倾听和接受别人的意见，不能接受时会说明理由 5. 不欺负别人，也不允许别人欺负自己

（资料来源：教育部关于印发《3~6 岁儿童学习与发展指南》的通知。）

研究表明，社会技能水平直接影响着学前儿童的社会交往水平。通过活动，学前儿童可以体验他人丰富的情感，获得良好的移情能力，学会与同伴友善交往，从而提高同伴交往能力。学前儿童的观察能力比较差，尤其是还存在以自我为中心的倾向，对别人的情绪、需要等不善觉察，缺乏对他人的了解。教师有效的引导会产生积极的影响。如当发现有学前儿童情绪低落时，要提醒其他学前儿童去询问、去关心，了解他的心思，把问题说出来，同伴们共同讨论、分析，老师在旁边不时地"穿针引线"，在真实的生活情境中来引导学前儿童学会关心别人。因此，社会技能的学习是帮助学前儿童改善同伴关系的重要手段。

3. 适当倡导异龄交往，促进学前儿童良好个性的发展

与同龄同伴交往相比，异龄同伴交往表现出非对称相依性、非竞争性和角色匹配适宜性等特征，这些特征使得异龄同伴交往活动成为改善同伴地位的一种十分有效的方式。当下，随着蒙台梭利教学思想的传播，混龄教育逐渐为越来越多的人所接受。倘若条件允许，教育者不妨为学前儿童创设与异龄同伴交往的机会，并注意做好相关的支持性工作。在交往中，当年长的同伴发现年幼同伴的能力不如自己，并且经常需要自己的帮助时，就会体验到一种成就感。

良好个性不仅是学前儿童成长发展的重要方面，在建立良好的同伴关系中也是至关重要的因素。学前儿童的性格特征是在社会生活条件的影响下，在个人生活实践过程中逐渐形成和发展的。学前期是儿童的性格开始形成和趋于稳定的时期，父母和教师应该重视对其性格的塑造和培养，要结合教学活动、游戏活动和日常生活活动等，有意识地培养儿童热情开朗、自信的性格品质，为同伴交往奠定基础。

三、学前儿童的师幼关系

（一）师幼关系的含义

师幼关系是指在幼儿园中教师与学前儿童在活动过程中形成的较为亲密的人际关系。

学前儿童入园后，白天的大部分时间都是和教师一起度过的，教师相当于学前儿童的第二任父母。因此，教师和学前儿童之间建立亲密的互动关系，对学前儿童健全人格的培养和人际认知的发展具有重要意义。

（二）师幼关系的类型

与亲子关系的自然性不同，师幼关系是一种职务性人际关系，也是一种"教学"关系，带有明显的情感性特征。根据姜勇等学者的观点，对师幼关系的研究可以从五个维度展开，即师幼交往中的主要关注点、情感互动、理解和宽容程度、教师向学前儿童学习的程度以及表情与动作的运用。据此，师幼关系可以划分为四种类型。

1. 严厉型

在这种类型的师幼关系中，活动的目的较为明确，教师能明确区分学前儿童的优、缺点，并能相应地运用合理的表情和动作。教师在交往中的宽容性、情感性和互动性较弱，表现为在交往中缺少对学前儿童的情感支持，通常比较严肃，批评和惩罚相对较多。

2. 灌输型

在这种类型的师幼关系中，教师对于学前儿童的宽容程度略高于严厉型，但其他方面都较弱，特别是在师幼交往的目的性、情感性上与其他类型相差很大。这类教师多看重知识的传授，很少根据学前儿童的实际情况调整教育活动；教师在集体活动中总是说得多，往往造成学前儿童的自主探究少，对学前儿童的自我成长不利。

3. 开放型

在这种类型的师幼关系中，教师在交往方式、宽容性和情感性等方面表现得比以上两种类型好，他们对学前儿童较为宽容，和学前儿童情感互动较多；在交往的目的性上，表现为重视和鼓励学前儿童的自主探究和自我发现。

4. 民主型

在这种类型的师幼关系中，教师在各方面的得分都较高，特别是在师幼交往的目的性、发现意识方面处于高水平，表现为更重视学前儿童的全面发展，并能充分理解和尊重学前儿童的兴趣和需要。

（三）师幼关系对学前儿童的影响

《幼儿园教育指导纲要》明确指出：教师要以关怀、接纳、尊重的态度与学前儿童交往，耐心倾听，努力理解学前儿童的想法与感受，支持、鼓励他们大胆地探索与表达。关注学前儿童在活动中的表现和反应，敏感地觉察他们的需要，及时以适当的方式应答，形成合作探索式的师幼互动关系。因此，作为学前儿童最重要的情感伙伴之一，教师只有与学前儿童建立起信任关系，才能更好地承担引导学前儿童的职责。

1. 良好师幼关系有利于学前儿童的心理健康

人际关系是对人的心理发展最具影响力的心理环境，大量事实表明，师幼关系适应良好的学前儿童，其心理会健康发展；反之，师幼关系适应不好的学前儿童会有敌对思想、自卑感，从而对其心理健康产生不良影响。大量的调查结果也表明，师幼关系适应良好是学前儿童心理健康的重要标志之一。

2. 良好的师幼关系是有效引导学前儿童的前提

建立良好师幼关系的根本目的是在良好的师幼关系状态中开展教育教学活动。构成教育教学活动过程的主要因素是人，是教师与学前儿童通过他们之间的相互关系形成的一定的教育教学过程。这种过程以一定的教育教学活动内容为中介，教师和学前儿童相互倾听、相互理解。教师的榜样作用主要是指教师要通过明确表达自己对事物的看法、想法，对学前儿童产生预期的影响。教师希望通过自己的言行、态度、感受来影响学前儿童，这是教育的一种方式，而且必须通过一定的师幼关系来实现。

3. 良好的师幼关系有利于促进学前儿童的社会性发展

首先，师幼关系影响着学前儿童人际交往能力的发展。通过交往，教师会有意识地引导学前儿童学习一定的社会性行为规范，如分享、友好、谦让、移情；同时学前儿童也通过观察、模仿，无意识地把老师的某些社会性行为纳入自己的经验体系之中。其次，师幼关系影响着学前儿童的亲子关系与同伴关系，甚至可能成为影响学前儿童发展的决定性因素。研究表明，积极的师幼关系对学前儿童安全依恋的亲子关系有促进作用，对不安全依恋的亲子关系有弥补或调整作用。学前儿童往往有意无意地模仿成人的态度或行为，通过他们去了解社会的期望和规范，教师在"有意无意"中就充当了"榜样"的角色。处于良好师幼关系中的学前儿童对同伴更友善，更易为同伴所接纳，而这种良好的社会交往行为又会给学前儿童带来积极的反馈。相反，那些在师幼交往中被冷淡、常受斥责的调皮学前儿童常被同伴排斥。

（四）良好师幼关系的建立

1. 尊重学前儿童的人格和权利

学前儿童的生活经验少、知识贫乏，但他们是独立的个体，有自己的想法，他们和教师在人格上是平等的。学前教育的一个重要理念是把儿童看成具有自觉主观意识和独立人格的主体。这就要求教师从领导者的位置上走下来，蹲下身，带着一颗充满好奇的童心与学前儿童交流，站在学前儿童的角度去观察他们，了解学前儿童的想法。只有这样，学前儿童才能把教师视为他们中的一分子，才愿意把自己的真实想法与教师分享。

2. 对学前儿童表现出接受、重视和支持

对学前儿童的接受、重视和支持是建立师幼积极关系的基础，也是进一步培养学前儿童良好社会性行为的基本条件。教师要善于理解学前儿童的各种情绪、情感的需要，不对学前儿童有偏见，公平对待每位学前儿童。教师要不吝惜自己的赞美、不吝惜自己的笑容、不吝惜自己的抚慰，让学前儿童感觉到老师是喜欢自己的、信任自己的。这样学前儿童就会有安全感、被接受感，就会感到快乐幸福，就会充分表现自己，好奇心、求知欲就会被激发，大胆活泼的性格就会慢慢地培养起来。

3. 对学前儿童的错误要理解与宽容

在教育实践中不难发现，如果教师过于严厉地批评犯错误的学前儿童，甚至对经常犯错误的学前儿童动辄训斥，其结果或者是学前儿童害怕教师并与教师疏远，或者是学前儿童产生逆反心理，进而与教师对立。可见，教师对学前儿童错误的不当处理会对和谐师幼关系的建立产生消极影响。那么教师应如何对待学前儿童的错误呢？教师应认识到：学前

儿童是成长中的个体,其身心发展尚不成熟,因此,犯错误是正常的、在所难免的。但是,理解与宽容并不意味着放任或放纵。教师在理解学前儿童的基础上还应对其进行有计划的、及时的、适宜的指导和帮助,使学前儿童能在改正错误的过程中不断成长。

第二节 学前儿童的社会性行为

> 天天是一个聪明、活泼的儿童,他的爸爸、妈妈特别重视对他的教育。前段时间,天天和小伙伴出去玩的时候学了许多"坏毛病",比如说些粗鲁的话、向别人做鬼脸、打架等,爸爸、妈妈很生气,担心天天和外面的小伙伴一起玩耍会削弱自己家庭教育的作用,因此禁止他和伙伴们进行交往。渐渐地,爸爸、妈妈发现天天越来越沉默,不懂得怎么与人交往,有时候又非常任性。

社会性行为是人们在交往活动中对他人或某一事件表现出的态度、言语和行为反应,它在交往中产生,并指向交往的另一方。根据其动机和目的不同,可以分为亲社会行为和反社会行为两大类。亲社会行为又称为积极的社会行为,指一个人帮助或打算帮助他人,做有益于他人的事的行为和倾向,更多地表现为分享、合作、助人、安慰等行为;反社会行为也称消极的社会行为,是指可能对他人或群体造成损害的行为和倾向,其中最具代表性、在学前儿童中最突出的是攻击性行为。

 一、学前儿童的亲社会行为

(一)亲社会行为的含义

亲社会行为是指对他人有益或对社会有积极影响的行为,包括分享、合作、助人、安慰、捐赠等。马森和艾森伯格将亲社会行为定义为"帮助或使另一个人或一群人受益而行为者不期待获得外部奖酬的行为,这类行为经常需要行为者一方付出一些代价、做出自我牺牲或冒一些风险"。亲社会行为的发展是学前儿童道德发展的核心,是提高集体意识、建立良好人际关系等的重要条件。亲社会行为既是个体社会化的重要指标,又是社会化的结果。

亲社会行为可分为自主的利他行为和规范的利他行为。从对他人和社会有益的社会效果看,这两种行为的含义是一样的。但从动机看,分属不同层次和水平,其中自主的利他行为是高层次的亲社会行为,因为它是人们自愿的亲社会行为,并不企图得到任何报酬或奖赏,而后者期待个人报偿或避免批评。

(二)学前儿童亲社会行为的发展

学前儿童的亲社会行为在生命早期就已出现,尤其是同情、帮助和分享等利他行为。不同年龄段的儿童其亲社会行为的表现是不同的。

第七章 学前儿童社会性的发展

1. 亲社会行为的萌芽（2岁左右）

亲社会行为的出现与学前儿童自我意识的发展、社会认知能力的发展关系密切。儿童在出生后第一年就能通过多种方式表现出亲社会行为，尤其是同情、帮助和分享等行为，如对他人的困境做出哭泣反应。儿童1岁左右时，还有可能做出一些积极的安抚动作，如轻拍或抚摸一下对方；1.5~2岁儿童的安慰行为有时甚至可以十分精细，如将创可贴敷在别人的伤口上或将毛毯盖在他人身上。将玩具递给母亲、父亲或陌生人的行为在1.5岁儿童中也很常见，并且这种分享活动并不要求鼓励和奖赏。

2. 亲社会行为迅速发展，并表现出明显的个体差异（3~6岁）

1) 合作行为

合作是学前儿童亲社会性发展的最直接和初始的体现，也是发生频率最高的亲社会行为。合作在儿童3~4岁时发展最快，在4~6岁时变化不大。之所以学前儿童的合作行为发展最为迅速，这是因为对他们而言，同伴间的交往和游戏是他们最基本的活动，为保持同伴交往和游戏的顺利进行，必须彼此谦让与合作，因此他们在这些行为上的体验较多，经验也较为丰富；同时，学前儿童的这些行为又常由于同伴的接纳和活动的顺利开展而得到进一步的强化，因此学前儿童的合群行为出现较多。此外，在幼儿园中，女孩的合作行为水平明显高于男孩，尤其是在大班，性别差异非常显著。

2) 分享行为

分享行为是学前儿童亲社会行为发展的主要方面，分享行为因物品的特点、数量、分享对象的不同而变化。学前儿童分享行为的发展具有如下特点：①均分观念占主导地位，5~6岁时随着分享水平的提高，学前儿童表现出更多的慷慨行为；②学前儿童的分享水平受分享物品数量的影响，利他观念并不稳定，当分享物品与分享人数相等时，几乎所有学前儿童都做出均分反应；③当分享对象不同时，学前儿童的分享反应也不同，当分享对象是家长且物品少的时候，学前儿童的慷慨反应较对同伴的多；④对食物而言，学前儿童的均分反应多，而慷慨行为少，对于玩具则慷慨反应稍多。

3) 同情心

在个体心理发展中，同情心不仅可以抑制攻击性行为，而且被看成亲社会行为最主要的动机源。学前儿童最初的情感共鸣就是最早的同情心的表现。同情心的培养有助于学前儿童自我道德的内化和形成。学前儿童的同情行为在3~4岁时发展最快，这是因为3~4岁学前儿童的移情能力逐渐有了很大的发展，他们开始能站在他人的立场上感受情境，理解他人的感情。同情行为在学前儿童4~5岁时平稳发展，5~6岁时趋于稳定。而中班阶段是培养学前儿童同情行为的关键阶段，中班儿童同情行为的迅速发展与这个时期学前儿童的各种心理变化密切相关。

3. 学前儿童亲社会行为指向对象的特点

1) 学前儿童亲社会行为较多指向同伴，较少指向教师

学前儿童的亲社会行为主要发生在自由活动时间，交往对象基本是同伴，而且其与同伴地位、能力一致。学前儿童在幼儿园的亲社会行为大多是指向同伴，指向教师和无明确指向对象的亲社会行为较少。学前儿童的亲社会行为主要发生在自由活动时间，这是因为在自由活动时，学前儿童的交往对象基本上是地位平等、能力接近、兴趣一致的同伴，而

学前儿童与教师之间是服从与权威、受教育者与教育者的关系。在学前儿童与教师的交往中，学前儿童一般处于接受教育的地位，更多地表现出遵从行为，而较少有机会做出亲社会行为。因此，学前儿童的亲社会行为指向教师的较少。

2）学前儿童亲社会行为的指向对象在不断变化

在学前儿童所做出的指向同伴的亲社会行为中，既有指向同性同伴的亲社会行为，也有指向异性同伴的亲社会行为。学前儿童的亲社会行为指向同性、异性同伴的比例随着年龄的增长而变化。在幼儿园小班，学前儿童的亲社会行为指向同性、异性同伴的人次之间不存在差异，而在中班和大班，学前儿童的亲社会行为指向同性同伴的人次显著多于指向异性同伴的人次。

3）学前儿童亲社会行为的指向对象存在年龄差异

学前儿童亲社会行为的这一年龄特点与其性别角色认知的发展有密切关系。小班儿童的性别角色认知处于同一性阶段，他们并不能严格地根据性别来选择交往对象，因此他们的亲社会行为指向同性同伴和异性同伴的人次之间也就不存在显著差异。而从中班起，学前儿童的性别角色认知已相当稳定，他们开始更多地选择同性学前儿童作为交往对象，因此他们的亲社会行为自然也就更多指向同性同伴。

（三）学前儿童亲社会行为的影响因素

影响学前儿童亲社会行为的因素者多，它是在生物学因素和环境因素的共同作用下产生和发展的，同时也受学前儿童自身的内在因素制约。

1. 生物学因素

1）遗传基础

人类的亲社会行为有一定的遗传基础。著名的社会生物学家威尔逊指出："我们可以有一定把握地做出结论：人类的各种利他行为，尽管在社会中表现为不同的文化形式，但在总体上是有遗传基础的。"在漫长的生物进化历程中，人类为了维持自身的生存和发展，逐渐形成了一些亲社会性的反应模式和行为倾向，如微笑、乐群性等。这些逐渐成为亲社会行为的遗传基础。

2）激素的作用

一般情况下，愉快的心境有利于亲社会行为的发生，而挫折感、焦虑、烦躁等消极心境容易诱发攻击性行为。这是因为愉快的心情具有扩散作用，而且亲社会行为能延长这种好心情。当人们心情不好时，会将注意力局限于自身，一方面减少助人的欲望，另一方面又渴望改变不良心境，因而也会做出亲社会行为，这是因为亲社会行为具有自我奖励的意义。

3）个性特征

在个性的三个主要特征中，气质与生物学因素的关系最密切。儿童从出生之日起，便开始与周围环境相互作用。父母和其他成人对学前儿童特别的抚育方式，也决定着他们在交往中采用的具体的行为方式。爱社交、容易对周围事物表现出关心的学前儿童，其助人行为多于害羞的学前儿童。慷慨大方的学前儿童比吝啬的学前儿童更容易获得同伴的接纳和赞许，与同伴的分享行为也较多。

2. 环境因素

环境因素主要包括家庭环境、社会文化环境和同伴关系等。

1）家庭环境

父母对学前儿童社会性行为的影响通过自身的教养方式实现。通常，民主型父母有利于培养学前儿童的亲社会行为。此外，早期亲子交往的经验对学前儿童与他人（包括同伴）的交往有着极为明显的影响，父母对待学前儿童的态度、行为方式影响着学前儿童随后对同伴的态度和行为方式，甚至会影响到学前儿童成年以后的人际交往态度和行为。

2）社会文化环境

社会文化环境包括社会文化传统和大众传媒等。社会文化传统对于学前儿童社会性行为的影响主要体现在：不同国家和地区对待亲社会行为的态度存在程度上的差异。例如，东方文化强调团结、和谐、分享等，这使得成人鼓励学前儿童形成这类亲社会行为。此外，经济文化水平各不相同的国家和地区对利他和合作行为的鼓励程度也不同。工业化水平较低的国家和地区，更多地鼓励学前儿童友好、合作、关心他人的社会性行为；而工业化程度高或经济比较发达的国家和地区，则更多地鼓励人与人之间的竞争和个人的独立奋斗。可以说，亲社会行为是社会文化的产物。

大众传播媒介是社会传递文化和渗透道德价值观的主要途径。电影、电视、报纸、杂志等对学前儿童社会性行为的性质和具体形式都具有重要的影响。研究表明，学前儿童在观察榜样的分享和助人行为以后，他们的类似行为会增多。然而，并不是所有的榜样都能被学前儿童模仿，那些被学前儿童认为是更有权威、更有能力或更重要的榜样的行为更易被学前儿童模仿。

3）同伴关系

同伴关系是学前儿童亲社会行为发展的基本途径。沙利文在其人格理论中明确指出，如果学前儿童不能在一定的群体中确定自己的位置，就会产生低人一等的感觉，从而引起心理上的"不幸福"感。缺乏同伴支持的学前儿童，会产生"孤独感"。所以，学前儿童正是在同伴群体中第一次体验到"自我效能感"。这种感受大部分产生于同伴给予自己的关注和认同。

3. 学前儿童自身的内在因素

1）认知因素

认知因素对学前儿童社会性行为发展有很大影响。影响学前儿童亲社会行为的认知因素，主要包括学前儿童的智力水平、对社会性行为的认识等。认知发展学派认为，随着学前儿童智力的发展，重要的认知技能的获得对学前儿童关于亲社会问题的推理和最终是否采取亲社会行为很重要。学前儿童的亲社会行为随着年龄的增长而减少，这是由于他们掌握了多维推理能力和学习到更多社会规则，将更多的因素考虑到自己的决策过程中，比如"老师说了，不能走开""即使我不去帮他，别人也会去帮他"。再者，对情境信号的识别主要是指学前儿童对交往事件的理解和对他人情绪感受的识别，即必须具有对他人是否需要帮助的知觉和认识的敏感性。

2）移情能力

移情是指在人际交往中，当一个人感知到对方的某种情绪时，他自己也能体验到相应的情绪，即因他人的情绪、情感而引起自己的与之一致的情绪、情感反应。实践证明，移情是一种十分重要的社会性情感，它有助于人格的完善、亲社会行为的形成。

美国著名心理学家霍夫曼对学前儿童移情及其与行为的关系进行了多年的实验研究。他指出，移情在学前儿童亲社会行为的产生中具有极其重要的意义，是学前儿童亲社会行为产生、形成和发展的重要驱动力。具有良好移情能力的学前儿童能更好、更频繁地做出亲社会行为，对周围成人和同伴亲切友好；移情能力较差的学前儿童，亲社会行为很少，而消极的、不友好的行为较多。移情训练可促进学前儿童的亲社会行为发展，目的是在学前儿童与生俱来的基本移情能力的基础上，提高他们体察他人情绪、理解他人感受和进一步产生相应感受的能力。移情训练的具体方法有：听故事、引导理解、续编故事、扮演角色等等。

二、学前儿童的攻击性行为

南南在建构区和小朋友一起玩给小猪盖房子的游戏，他把小猪模型的玩具都拿了过来，反复地摆弄，这时同伴搭好了一座房子，拿起了其中的两个小猪玩具，他立刻争抢，边大哭边一把推倒了同伴。

攻击是一种在学前儿童中常见的社会性行为。学前儿童一旦形成攻击性行为倾向，就很难改正，而且会影响到其成年以后的社会性的发展，不利于良好人际关系的形成，长此以往甚至会走向犯罪的道路。因此，应尽量避免学前儿童形成攻击性行为倾向。

（一）攻击性行为的含义与类型

攻击性行为也称侵犯性行为，是一种以伤害他人身心或破坏他物为目的的行为。依据不同角度，攻击性行为可分为以下类型：

1. 根据行为的动机划分

哈吐普根据攻击者的动机把攻击性行为划分为工具性攻击和敌意性攻击。工具性攻击是个体为了获取物品、空间等而做出的抢夺、推搡等动作、行为；敌意性攻击是直接以人为指向的，以打击、伤害他人身心为根本目的的攻击性行为。

2. 根据行为的起因划分

道奇和考依根据行为的起因把攻击性行为划分为主动性攻击和反应性攻击。主动性攻击是指攻击者在未受激惹的情况下主动发起的攻击性行为，主要表现为物品的获取、欺负和控制同伴等；反应性攻击是指攻击者在受到他人攻击或激惹之后所做出的攻击反应，主要表现为愤怒、发脾气或失去控制等。

3. 根据行为的表现形式划分

Lagerspet根据行为的表现形式和类型学知识把攻击性行为划分为身体攻击、言语攻击和间接攻击。身体攻击是指攻击者一方利用身体动作直接对受攻击者实施的攻击性行为，如打人、踢人和损坏、抢夺他人财物等;言语攻击是指攻击者一方通过口头言语形式直接对受攻击者实施的行为,如骂人、羞辱、嘲笑、讽刺、起外号等;间接攻击又称心理攻击,它不是面对面的行为,而是攻击者一方通过操纵第三方间接对受攻击者实施的行为,其主要形式为造谣离间和社会排斥。

(二)学前儿童攻击性行为的产生和发展

1. 学前儿童攻击性行为的产生

学前儿童与同伴之间的社会性冲突在出生后的第二年就开始了。美国心理学家霍姆伯格发现,在12~16个月的婴儿中,其相互之间的行为大约有一半可被看作破坏性的或冲突性的。随着学前儿童年龄的增大,学前儿童之间的冲突性行为呈下降趋势,到了2.5岁,学前儿童之间的冲突性交往只有最初的20%。

婴儿和较小幼儿的攻击与冲突主要是由争夺物品或空间引起的,由具有社会意义的事件而引起的攻击所占比例很小;到了4.5岁时,由具有社会意义的事件,如游戏规则、社会性比较等,所引发的攻击性行为与由物品和空间问题引发的攻击性行为首次达到平衡。

2. 学前儿童攻击性行为的发展特点

1)学前儿童的攻击性行为有非常明显的性别差异

男孩的攻击性行为多于女孩,这种性别差异在2~2.5岁时就会表现出来。在攻击类型上,男孩多为身体攻击,而且他们很容易在受到攻击后采取报复行为;而女孩多为言语攻击,在受攻击后更多地选择向老师报告或哭泣,很少采取报复行为。男孩还经常唆使同伴采用攻击性行为,或亲自加入同伴之间的争斗。

2)中班学前儿童的攻击性行为多于小班与大班学前儿童

学前儿童攻击性行为频繁,主要表现为因争夺玩具或其他物品而争吵、打架,更多地依靠身体上的攻击,而不是言语攻击。4岁前学前儿童的攻击性行为随年龄增长而逐渐增多。中班是学前儿童发生攻击性行为最多的年龄段,但此后随着年龄增长,其攻击性行为逐渐减少。尤其是学前儿童身上常见的无缘无故发脾气、扔东西、抓人、推开他人的行为逐渐减少。这种现象主要与学前儿童心理发展由"自我中心化"到"去自我中心化"这一过程以及同伴之间交往的变化相关。

3)学前儿童攻击性行为的表现方式及性质逐渐发生变化

从攻击性行为的具体表现方式来看,多数学前儿童常采用身体动作的方式,如推、拉、踢、咬、抓等。尤其是小班的学前儿童,常常为争抢座位、玩具等而出手抓人、打人、推人,甚至用整个身体去挤撞"妨碍"自己的人。而到了中班,随着言语的逐步发展,学前儿童的言语攻击逐渐增多,如"打死你""我不跟你玩了,你是大笨蛋"等带有攻击性的言语在人际冲突中越来越多,而身体动作的攻击性行为逐渐减少。

(三)学前儿童攻击性行为的影响因素

1. 生物学因素

首先,与大脑的协同功能有关。行为是大脑认知的直接结果,而大脑的功能是认知活动的物质基础。研究表明,有攻击性行为的学前儿童与正常学前儿童比较,大脑两半球均衡性发展较差，显示左半球抗干扰能力较弱，右半球完形认知能力较弱，这可能是学前儿童产生攻击性行为的某些神经心理学基础。

其次，与激素水平相关。研究证明，攻击性行为倾向与雄性激素的水平有关。不仅人类如此，在关于动物的研究中也发现，雄性动物在受到威胁或被激怒时，比雌性更容易产生攻击性反应。这可以在一定程度上解释男女学前儿童在攻击性上的性别差异，即激素与男女之间存在的某些生理和行为差异有关。

最后，与学前儿童的气质有关。困难气质的学前儿童经常发脾气、爱哭闹，也容易受激怒，这些人格方面的特征在整个童年时期都是很稳定的。由此我们可以推断，困难气质和攻击性行为的发展有一定的关系。

2. 社会环境因素

社会环境因素主要包括家庭、幼儿园、同伴关系与大众传媒的影响。

家庭作为学前儿童社会化的最初环境，对学前儿童早期社会性行为的塑造起关键作用。研究表明，缺乏温暖的家庭、不良的家庭管教方式以及对学前儿童缺乏明确的行为指导和活动监督都可能造成学前儿童以后的高攻击性。相关研究发现，对男孩而言，母亲的情感支持行为能减轻男孩的社交退缩、违纪和攻击性行为；对女孩而言，母亲过分严厉的惩罚、发脾气等极端不支持行为会导致女孩不安好动、攻击性强、固执粗暴等行为问题和心理障碍。

幼儿园在学前儿童行为社会化的过程中起主导性作用。教师的教育观念、教学行为、对学前儿童的评价，以及对攻击性行为的处理方式都影响学前儿童攻击性行为的发展。

同伴关系也是影响学前儿童攻击性行为的重要因素。研究表明，群体的相互作用，可以导致人们攻击性行为的增加。同伴群体的感染作用、去个性化作用等，会导致学前儿童相互模仿、降低攻击他人产生的负罪感，从而直接增加学前儿童的攻击性行为。

大众传媒中的暴力传播会引发学前儿童的攻击性行为。当今的儿童读物或影视作品等多含有暴力情节，且细节描述越来越细致，传媒中的暴力渲染也是导致学前儿童攻击性增强的一个重要因素。

3. 个体因素

个体因素对学前儿童攻击性行为的影响更是不可忽视。首先，与学前儿童的道德发展水平和自我控制水平有关。研究表明，道德水平越高，学前儿童就越容易从他人利益的立场思考问题，行为也就越趋近于正好与攻击相反的亲社会方向。其次，与学前儿童的社交技能水平有关。研究发现，与受欢迎的同伴相比，攻击性男孩对冲突性社会情境的解决办法较少，并且所提办法效果也更差。陈世平的研究也发现，经常采用问题解决策略来处理人际冲突的学前儿童较少卷入欺负行为问题。

4. 挫折

挫折是指人在某种动机的推动下所要达到的目标受到阻碍，因无法克服而产生的紧张状态和情绪反应。挫折常发生在为达到目标而采取行动的过程中。造成学前儿童挫折的因素有自然环境因素、社会因素和个体自身的内在因素，其中，个体自身的内在因素是最为关键的。个体自身的内在因素包括个体对内外各种刺激因素的认知、评价、容忍力以及解决问题的能力，也包括个体对目标的期望程度等。学前儿童在受到挫折以后，会在行为上

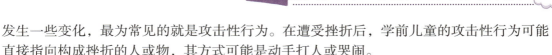

发生一些变化，最为常见的就是攻击性行为。在遭受挫折后，学前儿童的攻击性行为可能直接指向构成挫折的人或物，其方式可能是动手打人或哭闹。

5. 榜样与强化

社会学习理论家认为，榜样和行为的强化会教会学前儿童攻击性行为。社会学习理论的创始人班杜拉曾做过一个经典实验：将3~6岁的学前儿童分成三组，对第一组学前儿童，先让他们观看一个成年男子（榜样）对一个如成人大小的洋娃娃实施几种攻击性行为，演示之后，另一个成年人表扬了这种行为，并奖励榜样一些果汁和糖果；对第二组学前儿童，第二个成年人斥责了榜样的攻击性行为，并给予惩罚；第三组学前儿童只看到演示未看到行为后果。然后，将这些学前儿童带入一个装玩具的房间，玩具中包括洋娃娃。在10分钟之内，观察并记录他们的行为。结果表明，观察榜样受到强化（奖励），对学前儿童攻击性行为的次数有显著的影响，这就是说，观察榜样受正强化的学前儿童倾向于增加攻击性行为；而观察惩罚榜样的学前儿童显示出较少的攻击性行为。该实验表明，攻击是通过观察和强化习得的。可以说，学前儿童攻击性行为主要是从社会中习得的，学前儿童所处的幼儿园的风气、同伴群体和大众传媒对学前儿童攻击性行为的产生有重要的影响。

 三、学前儿童社会性行为的培养与训练

（一）学前儿童亲社会行为的培养

学前儿童社会性行为发展的研究成果表明，学前儿童的亲社会行为不是与生俱来的，而是通过后天的教育和培养获得的。

1. 交往技能和合作行为技能训练

（1）所谓交往技能，是指采用恰当方式解决交往中所遇问题的策略和技巧。许多学前儿童之所以在交往中表现出不恰当的交往行为，往往是因为缺乏相应的技能。交往技能训练，首先要使学前儿童学会识别交往中存在问题的原因和特点，比如为什么我的要求得不到满足，为什么他不和我玩等。对较大的学前儿童而言，教会他们根据交往的具体情境和问题的具体情况来选择合适的反应是完全可行的。比如，当一个小朋友来抢你手里的图书时，较好的方式是对他说："你别抢，咱们一起玩。"成人应帮助学前儿童认识到这是比较好的处理方式。

（2）合作行为技能训练。首先，教给学前儿童礼貌用语。比如，在想和别人一起玩游戏时使用礼貌用语："我和你们一起玩，好吗？"其次，引导学前儿童学会简单的合作方式。教师可融入学前儿童中间作为玩伴，蹲下来引导他们进行分工和配合，循序渐进地教学前儿童进行有效的交流、分工和配合。

2. 组织游戏活动

游戏是培养学前儿童亲社会行为最好的方法之一。在游戏中，学前儿童通过扮演不同的游戏角色，体验到不同角色的情感和态度，学习社会角色应有的行为方式，从而理解他人、理解社会。此外，游戏要正常进行，就需要参与游戏的学前儿童共同遵守游戏规则。

如果学前儿童在游戏中发生冲突或出现争执的情况，教师要及时给予引导，启发学前儿童找到正确的解决问题的办法，避免采用攻击性行为的方式，而是学会用谦让、合作、共享等亲社会行为方式去解决问题。

> **案例**
>
> 在角色游戏区中，姗姗在玩到"娃娃家"做客的游戏，教师先以客人的身份介入游戏，她轻轻地敲门问"家里有人吗？我是××"，再向"小主人"问好，而"小主人"热情地招呼"客人"说："请进，请坐，请喝水。"并把相应的物品递给客人。

在此过程中，学前儿童学会了交往语言、友善待人，发展了亲社会行为。通过游戏情境，学前儿童仿佛身临其境，在真实的生活环境中体验助人和被助、爱人和被爱、合作与分享的快乐。因此，成人要利用游戏这一有效的手段让学前儿童反复练习、反复实践，逐步形成稳定的亲社会行为。

3. 善用精神奖励

所谓精神奖励，是指通过对学前儿童的欣赏、肯定、鼓励、表扬等方式，强化和巩固他们的亲社会倾向。恰当地运用精神奖励，能有效地促进学前儿童亲社会行为的发展，并在一定程度上抑制学前儿童的攻击性行为。奖励带来的积极体验能增加学前儿童的利他行为。当学前儿童认为自己"这样做是对的"以后，他就很想得到他人的肯定与奖励，虽然这种迫于外制作用表现出来的亲社会行为往往是有限的，而且很多情况下不是真正的亲社会行为，但成人如果利用好这个契机，恰当地实施教育，往往会取得良好的效果。如一个学前儿童与其他学前儿童分享自己的玩具时受到成人的表扬，尤其是他敬重和喜爱的成人，那么他会倾向于再次做出这种行为。

精神奖励作为一种外在强化手段，恰当运用有其积极作用。但若不恰当运用，也会出现负效应，因此不宜频繁使用，更不应将学前儿童的注意力集中在"大红花""五角星"上，而应理性引导学前儿童真正欣赏亲社会行为。

4. 树立榜样

学前儿童亲社会行为的发展，主要是通过观察学习和模仿实现的。因此，设置一定的社会情境，树立一定的榜样，使学前儿童在不经意间进行模仿，可以有效促进学前儿童亲社会行为的发展。

榜样的突出特征是：①一个个高大的榜样形象与身边具体的事迹结合，能为学前儿童塑造一幅具体的活生生的榜样群像。可利用学前儿童好模仿的心理特点，激发学前儿童效仿榜样的需要，如教师赞扬某位小朋友的优秀表现，予以口头表扬或奖励等。②以情境故事的形式呈现榜样事迹，有助于学前儿童把握榜样助人的情境、助人的方式，通过具体的行为表现把握榜样的助人动机。③使学前儿童把榜样在具体情境中体现的助人原则、规范与自己的行为选择相对照，从而降低榜样学习的难度，增强学习者与榜样的相似性。这是榜样学习的核心要素。

（二）学前儿童攻击性行为的矫正

1. 消除或避免引起攻击性行为的环境因素

为学前儿童布置和安排的活动场所和玩具能影响学前儿童的攻击性行为，改变学前儿童的活动场所及组织方式，可以影响其攻击性水平。同伴压力、空间拥挤、对不充足资源的竞争会增加学前儿童的攻击性，例如活动场地狭小、密度过大等都会使学前儿童的社会性交往和游戏中的攻击性行为增多。成人应提供足够大的游戏空间来减少可以诱发攻击性事件的身体碰撞，或者提供足够多的玩具来避免争玩具而引起的冲突，尽量为学前儿童创造一个不存在潜在冲突的环境。此外，玩具的性质也是易引发攻击性行为的因素。如枪、刀等玩具所引发的游戏主题多是攻击性的，成人应避免让学前儿童过多接触。

2. 提高学前儿童认知水平

1）帮助学前儿童识别无意性攻击性行为

被无意攻击的受害者常常把它看作有意的攻击性行为来做出反应。为学前儿童提供充分准确的信息，使其改变对行为目的的认识，可以减少报复行为的发生。成人可通过表达自己对受害者情感反应的理解并向他澄清事件的意外性来消除紧张状况。例如："你被球打到的时候吓了一跳吧，我知道你很疼，但是他不是故意伤害你的，他只是想控制住球。"这样的说法并不是为攻击性行为找借口，而是试图解释它的非有意性。利用这样的方法来帮助学前儿童更好地了解事情的前因后果，可以避免某一攻击性行为引起另一攻击性行为的恶性循环。

2）指导学前儿童的交往技能

攻击性行为产生的一个主要根源是当学前儿童面对冲突情境时不能想出其他可供选择的解决方法。学前儿童仅掌握有限的几种方法使别人了解他们的想法，而他们常常认为最快、最容易的方法就是某种攻击性行为。而具有攻击性行为的学前儿童在同伴间的社交地位较低，不易为同伴所接纳，其在解决一些社会问题，如参与同伴的游戏，常常会因为采用的策略不恰当而遭受同伴的拒绝，同伴的拒绝更会导致攻击性学前儿童出现攻击性行为，以此来达到他的目的，所以成人要教给学前儿童一些社交方法并鼓励他们与同伴交往，通过提高学前儿童的社交技能来减少攻击性行为。如当玩具数量不多时，可以引导学前儿童采取轮流玩的方式；当某一学前儿童有好玩的玩具时，让其与别人一起分享；当想参加同伴的游戏时，要让他学会采用礼貌的请求用语"我能和你一起玩吗"。社交技能提高后，能融入同伴群体之中，同伴广泛的接纳能减少学前儿童的攻击性。

3）让学前儿童了解攻击性行为的后果，明确攻击性行为是不允许的

当身体或语言攻击发生时，成人必须在学前儿童体验到这种通过消极否定的途径获得的满足感之前进行干预。而且对成人来说，这也是一个极好的机会，可以用来帮助学前儿童认清并采取合适的行为来达到他们的目标。成人可以让他们认识到无法通过攻击性行为获得奖赏，从而在学前儿童中确立起攻击性行为是不允许的观念，这样即使在成人没有立即出现的情况下，暴力事件也会减少。

3. 教会学前儿童应对攻击性行为的策略

1）允许学前儿童合理宣泄

宣泄是一种保护身心的办法，但若宣泄方式不当，则会带来新的情绪困扰，甚至导致攻击性行为的出现。所谓合理宣泄，即以缓和的方式释放恐惧、紧张或其他消极情感。在日常生活中，应允许学前儿童采取合理的方式进行心理宣泄，以此来取代攻击性行为。如学前儿童玩橡皮泥时用力地挤、压、扭、捏等动作，和最后一下将橡皮泥使劲地摔在桌子上的动作，都具有宣泄的功能；"扔沙包游戏""扔纸球游戏"里的"扔"，以及用力地捶打羊角球等，这些行为都有利于学前儿童把不良情绪通过这种"破坏性"游戏释放出来，从而维持心理平衡。此外，成人还可以根据学前儿童的不同喜好组织不同的游戏来满足他们。比如，对于喜欢奔跑的学前儿童可以组织他们踢足球、练武术、赛跑等；对于喜欢叫嚷的学前儿童可让他们朗读、表演等。

2）指导学前儿童应对攻击的策略

许多学前儿童遭受挫折是因为当他们被别人嘲笑、伤害、辱骂时不知道如何应对。他们或者向攻击者屈服或者进行反击，这都会导致进一步的攻击性行为。如果成人认真对待学前儿童对攻击性行为的抱怨，直接干预，指导学前儿童适当地处理这类问题，就会减少学前儿童的攻击性行为。此外，成人如果能够了解一些总是遭到攻击的学前儿童的想法，也可以有的放矢地进行指导，经常受到攻击的受害者由于感到孤独或害怕继续挨欺负，常常容忍针对他们的攻击性行为，导致攻击者的行为得到强化，帮助受害者树立正确的认识可以摆脱其弱势的地位。

4. 树立积极榜样，消除对攻击性行为的奖赏和关注

由于学前儿童有时表现攻击性行为是为了吸引注意，所以减少攻击性行为的一个策略就是不予理睬，只有当学前儿童采取合作性行为时才给予注意。当学前儿童发生争执时，成人应给予受害者注意而不去理会攻击者。成人可以对被攻击的学前儿童进行安抚，安排他做一些有趣的事，或者告诉他如何以非攻击性的方式应对来自他人的攻击。在这样的过程中，实施攻击性行为的学前儿童没有得到任何好处，既没有得到成人的注意，也没有得到他想要的结果，他会发现攻击或许不是解决问题最好的方法。当受到攻击的学前儿童没有采取攻击形式予以报复，而是采取较为合理的非攻击方式解决问题时，如向老师请求帮助，成人应予以表扬，树立正面的榜样。

5. 实施家庭干预，采用科学的教养方式

家庭的情感气氛和教育方式与学前儿童攻击性行为的产生有极大的关系，因此对父母教养方式的训练是矫正学前儿童攻击性行为的较为有效的方法之一。父母应学会用更有效的方式与孩子交往，减少消极评论的使用，例如威胁和命令等，多使用积极的评论和对亲社会行为的口头赞许。如果父母能采取上述做法，那么他们给孩子施加的这些影响必然会减少其攻击性行为。在家庭生活中，家长应注重为孩子展示友善、助人、合作等利他行为，并明确指出这是与攻击性行为截然相反的，是受到欢迎和肯定的。当家长积极地指导孩子采取这些行为时，孩子的攻击性行为就会减少或消失。

第三节 学前儿童性别角色的发展

> 4岁男孩同同戴着一个发卡到了幼儿园，另一个男孩指责他是个女孩，因为"只有女孩才戴发卡"。同同脱下裤子来证明他真是个男孩，他的小伙伴却说："那是人人都有的，只有女孩才戴发卡。"

显然，学前儿童这时还不懂得性别的恒常性。性别角色行为在学前儿童形成稳定的性别恒常性观念以前就已经产生了。儿童关于性别稳定性或恒常性的认知会经历一个发展的过程。学前儿童性别角色的发展是其在后天的社会生活中，在与社会环境的相互作用中发展起来的。

一、性别角色和性别化的概念

性别是根据生物学特征对人类群体的基本界定，即通常所称的"男性"或"女性"。所谓性别角色，是指特定社会对男性和女性社会成员所期待的适当行为的总和。性别角色属于一种社会规范。男性儿童通过对同性别长者的模仿而形成的自己这一性别所特有的行为模式，即性别行为。而性别化是指在特定文化中，学前儿童获得适合某一性别的价值观、动机和行为的过程，它是儿童个性和社会化发展的一个重要方面。

性别角色标准是指社会成员公认的适合某一性别的价值、动机、行为方式和性别特征等。它体现了一种社会文化对男性和女性的不同期望，反映了社会区分男性与女性、以不同方式对待男性与女性的一般标准。许多社会文化（虽然不是所有的社会文化）中都存在社会标准和性别角色要求（Williams & Best，1990）。在同一社会文化之间，公认的性别角色行为标准有着相当大的一致性，即所谓的"性别相适行为"，它是指我们的文化中被认为更具男性或女性特点的行为。

拯救男孩

当下，很多父母都有这样一个共同的感受：现在的女孩越来越厉害，男孩却显得越来越不起眼，还常常成为女孩欺负的对象。到底女孩厉害在哪里？不难发现，在幼儿园里，当老师提问时，女孩总是抢在前面发言，班上的小班长常常是女孩，受到老师夸赞的往往也是女孩。

其实，这些现象的背后反映出女孩和男孩的性别差异，女孩的言语能力比男孩发展得早，对于成人的命令更乐意听从，因此更容易获得老师的喜爱和重视。对于很多"望子成龙"的父母而言，面对同一班级里男孩较女孩发展显得稍稍落后的现象，所需要做的便是耐心等待。

我国学者孙云晓为家有男孩的父母提出三条建议。

1. 改变对男孩的态度

父母与教师要努力做到三个改变。

（1）改变看待男孩的视角。男孩有缺点，也有优点，但更多的是不同于女孩的特点。

（2）改变对待男孩的方式。当男孩表现出胆怯时，不应一味指责男孩，而要让男孩在接受自己胆怯的基础上学习如何勇敢，如何成为一个真正的男子汉。

（3）改变对男孩的要求，变苛刻为宽容。当男孩在学业上暂时落后时，理解男孩，不放弃对男孩的信心。

2. 充分发挥父亲的作用

父亲是男孩教育的第一资源，也是最重要的男子汉启蒙老师。

（1）父亲要以亲密朋友的身份回到儿童的身边，就如何成为真正的男子汉给儿子做出榜样。

（2）母亲要注意维护父亲的形象，促进男孩对自己性别角色的认同，激发他对于成长为男子汉的向往，鼓励其勇于在实践中承担自己的责任。

3. 把男孩教育与运动教育紧密结合起来

就像雄鹰需要天空、骏马需要草原一样，男孩的天性决定了他必须与运动相伴终身。没有运动就没有男孩，更没有男子汉。运动可以强身健体，更可以强心健魄，甚至可以成为儿童社会化最有效的途径。体育比赛中讲标准、讲规则、讲团队精神的要求，不正是儿童社会化最重要的内容吗？

（资料来源：孙云晓，李文道，赵霞. 拯救男孩［M］. 北京：作家出版社，2010.）

二、学前儿童性别概念的发展

学前儿童的性别概念主要包括三个成分：性别认同、性别稳定性和性别恒常性。性别认同是儿童对自己和他人性别的正确标定；性别稳定性是儿童对人一生性别保持不变的认识；性别恒常性是对人的性别不因其外表（如发型、服饰）和活动的改变而改变的认识。每个成分在儿童年龄上的表现又是不同的，见表7-2。

表 7-2　儿童性别概念发展的顺序

步骤	年龄（岁）	测验问题	特　点
性别认同	1.5~2	你是个男孩还是女孩？	正确地把自己和他人认作男性或女性
性别稳定性	3~4	你长大后是当妈妈还是当爸爸？	理解人一生性别保持不变
性别恒常性	6~7	如果一个男孩穿上女孩的衣服，他会是一个女孩吗？	意识到性别不依赖外表

（一）性别认同

性别认同是儿童对自己和他人在生理特征上属于某一种性别的理解和接受。在生命的初期，儿童不知道自己的性别，到 2 岁左右，儿童开始获得最初的性别认同，但是水平很低。一项研究表明，大部分 2~3 岁的儿童已有性别认同，但是认同水平低。在性别认同所依据的线索方面，儿童与成人是有差异的。成人在确定他人性别时首先依据生殖器官，其次是身体的轮廓等线索，最后是服饰特点；儿童则是先依据头发的长短，其次是服饰的特点，最后是生理特点来确定人的性别。儿童性别认同的发展影响其性别行为。谢弗（Schaffer）的研究发现，能够进行性别认同的儿童的性别行为显著地多于不能进行性别认同的儿童。性别认同早（27 个月以前）的儿童对性别的认知好于性别认同晚的儿童。

（二）性别稳定性

性别稳定性是儿童对自己的性别不随年龄、情境等的变化而改变这一特征的认识。一般在 3~4 岁就具有性别稳定性。斯莱比和弗雷（Slabey & Frey）在研究儿童性别认知稳定性发生的年龄时，向儿童提问："当你是个婴儿时，你是个男孩还是个女孩？""当你长大后你是当妈妈还是当爸爸？"用这些问题判断儿童性别认知的稳定性。研究结果表明，直到 4 岁儿童才能对以上问题做出正确回答，并认识到一个人的性别在一生中是稳定不变的。

贝姆（Bem）设计了这样一个实验来研究儿童性别认同的发展。他首先给 3~5 岁的儿童看一张裸体幼男和裸体幼女的照片，了解儿童对性器官的认识情况；然后给儿童看刚才照片上幼男和幼女穿了衣服的照片（有的穿上与性别相符的衣服，有的则是穿了与性别相反的衣服）。他发现在看过前后两种照片的儿童中有 40% 的儿童能正确辨认出穿上男孩裤子的女孩或穿上女孩裙子的男孩照片；在认识性器官差异的儿童中有 60% 能正确回答这个问题，而在无法认识性器官差异的儿童中仅有 10% 能正确回答。研究表明，儿童认识性器官有助于性别稳定性的发展。

（三）性别恒常性

性别恒常性是指儿童对一个人不管外表发生什么变化，其性别都保持不变的认识。例如获得性别恒常性的儿童能够知道自己无论穿什么衣服、留什么样的发型，自己的性别都保持不变。科尔伯格（Kohlberg）认为，性别恒常性是儿童性别认识发展中的一个重要里程碑。5~7 岁儿童首先对自己的认识产生性别恒常性，然后才能应用到他人身上，发展顺序大致表现为：自身的性别恒常性→与自己相同性别的他人的性别恒常性→异性他人的性别恒常性。

总的来说，儿童性别认同、性别稳定性与性别恒常性的关系具有三方面的特征：一是性别认同的产生早于性别稳定性；二是性别恒常性出现最晚，儿童所处的生活情境对其性别恒常性的发展影响不大；三是在9岁左右，儿童开始能够用语言解释性别的稳定性和恒常性。

三、学前儿童性别角色的获得与发展

儿童性别角色是在其性别角色社会化，即性别化的过程中获得与发展的，儿童性别角色的发展要经历四个发展阶段。对学前儿童而言，主要经历前三个阶段的发展。

1. 第一阶段：知道自己的性别，并初步掌握性别角色知识（2~3岁）

这个阶段儿童已经能区别出一个人是男的还是女的，说明他已经具有了性别概念。儿童的性别概念包括两方面：一是对自己性别的认识，二是对他人性别的认识。儿童对他人性别的认识是从2岁开始的，但这时还不能准确说出自己是男孩还是女孩。2.5~3岁时，绝大多数儿童能准确说出自己的性别。同时，这个年龄的儿童已经有了一些关于性别角色的初步知识，如女孩要玩娃娃、男孩要玩汽车等。

2. 第二阶段：自我中心地认识性别角色（3~4岁）

此阶段的儿童已经能明确分辨自己是男还是女，并对性别角色的知识逐渐增多，如男孩和女孩在穿衣服和喜欢的游戏、玩具方面的不同等。但对3~4岁的儿童来说，他们能接受各种与性别习惯不符的行为偏差，如认为男孩穿裙子也很好，几乎不会认为这是违反了常规。这说明他们对性别角色的认识还不很明确，具有明显的自我中心的特点。

3. 第三阶段：刻板地认识性别角色（5~7岁）

在前一阶段发展的基础上，儿童不仅对男孩和女孩在行为方面的区别认识越来越清楚，同时开始认识到一些与性别有关的心理因素，如男孩要胆大、勇敢、不能哭，女孩要文静、不能粗野等。但与儿童对其他方面的认识发展规律一样，他们对性别角色的认识也表现出刻板性，认为违反性别角色习惯是错误的，并会受到惩罚和耻笑。如一个男孩玩娃娃就会遭到同性别儿童的反对，认为不符合男子汉的行为。

四、学前儿童性别行为的发展

学前儿童已经表现出一些性别差异，这种差异明显体现在学前儿童的游戏活动中。

（一）玩具偏爱

在14~22个月的儿童中，通常男孩在所有玩具中更喜欢卡车和小汽车，而女孩更喜欢洋娃娃或柔软的玩具。玩具的种类也规定了男孩和女孩的游戏内容，男孩更喜欢参与运动性、竞赛性游戏，女孩则更喜欢"过家家"的角色游戏。

第七章 学前儿童社会性的发展

（二）玩伴选择偏爱

儿童对同性别玩伴的偏好也出现得很早。在托幼机构中，2岁的女孩就表现出更喜欢与其他女孩玩，而不喜欢跟吵吵闹闹的男孩玩。到了3岁，男孩明显地选择男孩而不选择女孩作为玩伴。

（三）个性与社会性差异

学前儿童已经开始有了个性方面比较明显的性别差异，且这种差异在不断发展中。研究显示，4岁女孩在独立能力、自控能力、关心人与物等三个方面优于同龄男孩；6岁男孩的好奇心和情绪稳定性优于女孩，而6岁女孩对人与物的关心仍优于男孩；在6岁儿童的观察力方面，男孩也优于女孩。

五、影响学前儿童性别角色发展的因素

儿童从不知道自己的性别到知道自己的性别，从不知道性别是不变的到知道性别是不变的，并形成一系列与自己性别相应的观念和行为，在此过程中，有哪些因素在起作用？概括地讲，影响学前儿童性别角色发展的因素有生物学因素和社会因素。生物学因素主要是指受性激素和大脑功能分化的影响；社会因素包括文化、父母、幼儿园教师等因素。

（一）生物学因素

生物学因素是性别心理和行为差异的基础。男女性别的生理或自然差异会反映在不同方面，如解剖结构、生理过程、大脑组织及活动水平等等。影响性别角色的生物学因素主要是遗传基因、性激素和大脑三方面。

激素是高度特异化的化学物质，它能与接受激素信息并对其做出反应的细胞发生相互作用。雄性激素是男性的主要激素，雌性激素和孕激素是女性的激素。雄性激素和雌性激素虽然同时存在于男女两性的体内，但是二者在男女两性体内的分布是不均等的。不过这种差异在学前期和小学儿童身上不是那么明显。性激素对于性行为和攻击性行为会产生影响。研究发现，在胎儿期雄性激素过多的女孩，在抚养过程中虽然按女孩来养，但依旧具有典型的"假小子"特征。

胚胎期的激素不仅影响性器官发育，还影响同在生长中的脑组织和脑垂体的发育，成为日后两性行为差异的根据。也就是说，两性的大脑从胚胎时就有了性别差异。引起差异的主要因素是雄激素睾酮。行为在一定程度上决定于大脑两半球的组织方式。通常，大脑右半球以空间信息加工为主，左半球则以言语信息加工为主。大脑的功能随着年龄的增长而日益分化、日益特异化。女孩比男孩的大脑"双侧化"程度要高，换言之，女孩大脑的单侧化程度较低（Witelson，1978）。如果说人类个体的最初成长主要由遗传决定，那么，在后来的成长中，越来越多的环境因素加入，影响了人类个体的性别认同和性别角色。

（二）社会因素

儿童出生后，社会因素就开始发挥重要的作用，具体来说，主要是家庭、学校以及社

会文化因素的影响。

1. 家庭影响

社会学习理论特别强调在性别角色学习中，父母作为榜样和强化者的重要性，特别是对学前儿童而言，由于其发展水平较低，因此外界的引导对他们起着至关重要的作用。儿童出生后，父母一旦知道了儿童的性别，儿童的性别角色社会化便开始了。同样是哭叫，父母会认为男孩哭是因为饿了，而女孩哭是因为害怕与恐惧；父母总喜欢说他们的儿子是如何活泼淘气，他们的女儿是如何乖巧漂亮。一方面，父母是儿童性别化环境的选择者和组织者，父母为儿童选择的衣服、玩具和房间装饰等都在不知不觉中塑造着儿童"恰当的"性别角色。此外，父母更为关注女儿的身体状况。他们更多地鼓励女儿的依赖性、与家庭的紧密联系，而更多地鼓励男孩的早期探索、成就、独立性、竞争性。在很多文化背景下，父母，特别是父亲，对男孩的成就和职业地位的期望都高于女孩。这些行为反映着父母对男孩和女孩的不同期待，为男孩和女孩的成长创造了一种"明确分化"的环境。

另一方面，父母的特点和儿童对同性别父母的模仿是儿童性别角色发展的重要动因。尽管父母的温暖和关爱可以让儿童更多地学习同性别父母的性别角色行为，但父母的权威对儿童的性别分化起着更为重要的影响，对男孩尤其如此。研究表明，支配型的母亲和被动型的父亲不利于男孩性别认同的发展，而对女孩的女性化影响不大。换言之，如果一个男孩的父亲软弱而母亲具有支配性，他就有可能表现出女性化特征。高度男性化的男孩，其父亲在实施奖惩时往往是果断而有支配性的，对儿子的管教起着重要的作用。只有当父亲同时具有关怀慈爱和支配权威时，父亲的惩罚才能促进男孩的性别化。父母的权威与男孩的男性化发展具有密切的关系，但对女孩的女性化发展没有什么影响（Hertherington，1967）。

2. 学校因素

"过家家"是女孩的专属？

在许多幼儿园的游戏区角，最吸引女孩而非男孩的是"娃娃家"和"蛋糕房"游戏区角，其中一个很重要的原因是其环境创设。"娃娃家"布置得很温馨：芭比娃娃、家电、家具和生活用品都很全，粉色的墙壁上挂满儿童做的各种手工品，简直就是一个小公主的房间；"蛋糕房"里的布置也很漂亮，墙壁上贴满各种颜色的"蛋糕"，蛋糕盘里画着各色花朵和各种动物图案，整齐地摆在货架上。正是这种偏女性化的环境促使女孩一般都喜欢"娃娃家"和"蛋糕房"。

学校对男性和女性所持的不同标准、对男性与女性行为的不同反馈，与独立性和成就的性别差异密切相关。其中，教师对学生性别角色的形成具有至关重要的影响，能够促进学生性别角色的分化。如，儿童入学初期从家庭进入学校，适应新环境时需要得到更多的关照。女教师比男教师更为体贴，不会像男教师那样容易引起入学儿童的紧张，她们能替代母亲的形象，有助于儿童顺利适应学校新生活。但如果教师队伍女性化，就会对儿童性别角色带来消极影响。女教师倾向于用女性的性别模式要求学生，奖励整洁、安静和顺从，批评带有攻击倾向的行为。这样，女孩只需要学习同性别的性别角色，男孩不是因好动的本性而遭教师批评惩罚，就是带上女性行为和气质来顺从要求。同时，男孩的一些"跨性别"的行为经常会受到老师和同伴的批评（如打扮、玩布娃娃），女孩的"跨性别"行为则较少受到老师和同伴的批评。因此女孩通常比男孩更喜欢学校，并且表现较好。

3. 社会文化的影响

一个人的行为具有性别化特征，更是一个社会影响的结果。文化对性别角色的影响主要体现在性别刻板印象上。性别刻板印象，是社会历史发展的结果，是特定文化传承的积淀，是社会对性别行为的建构。心理学家通过调查研究发现：从古至今，世界各国都普遍存在着性别刻板印象。通常，男性受到更高评价；大体上，男性具有坚强、自信、能干、理智、成就动机等品质，而女性具有敏感、柔弱、被动、顺从等品质。如中国传统社会要求女性的"三从四德"，甚至裹小脚等，都是建构出来强加给女性的行为方式。因此，任何个体的性别化行为，或更有男性化特征，或更有女性化特征，或两者兼有，都是社会评价和社会影响的结果。

媒体对儿童性别化的发展也具有普遍而深刻的影响。研究表明，在电视和儿童故事中出现的男性角色和女性角色，往往是按照性别分化的方式来描述的。电视上的男性往往表现出更强的攻击性、决断性、职业竞争性、更理智、稳重、有力量，更能忍耐。相反，女性则更多地被描写为从事家务或没有专门的工作、抚养儿童、充满热情、善于社交、容易动感情、更快乐。众多研究证实了电视荧屏上所呈现的传统性别角色对儿童的影响。看电视多的儿童更倾向于接受或认同传统的性别观和种族观，并且他们更认同与文化相适应的性别刻板印象（Leary et al.，1982）。让儿童观看那些非传统的性别角色的电视节目，可以减少儿童在活动、职业、家庭角色方面的性别刻板印象（Comstock，1991；Huston & Wright，1998）。

总之，生物学因素虽然是构成某些性别差异的基础，但并不是决定一个人性别认同和性别化行为的唯一因素。个体行为的性别类型，除了生育行为具有绝对差别之外，没有哪种行为是绝对的男性行为或绝对的女性行为。生物学因素与社会因素以复杂的相互作用影响着学前儿童性别差异和性别角色的发展。

六、双性化与双性化教育

近年来，性别角色的双性化正引起社会学、教育学界的关注。

（一）何谓"双性化"

美国心理学家在对2 000余名儿童调查的基础上发现，过于男性化的男孩和过于女性化的女孩，其智力、体力和性格的发展一般都比较片面，智商、情商都比较低。相反，那些兼有温柔、细致等气质的男孩和兼有刚强、勇敢等气质的女孩，却大多智力、体力和性格发展全面，文、理科成绩都比较好，往往受到老师和同学的喜爱。成年后，兼有"两性之长"的男女在现代社会的激烈竞争中也往往更能占据优势地位。

性别角色的"双性化"（也叫无性化）是指一个人同时具有较多的男性气质和较多的女性气质的人格特征，即一个人兼有男性化和女性化气质。根据传统对男女角色差异的理解，男子要有男性气质，如勇敢、坚强、果断、勇于承担责任、主动等；女子要有女性气质，如柔韧、细腻、委婉、依赖他人等。这些社会刻板印象通过家庭教育、学校教育以及自我角色扮演代代相传。双性化性别角色由于家庭、学校、朋辈等因素的相反影响，使个体的性别角色同时具有两性优点特征。

（二）双性化教育

所谓"双性化教育"，意思是摈弃传统的、绝对的、偏重男性化的"单性化教育"，提倡一种性别期待混合与平衡的新型家庭教育，寻求能动性（Agency）与合群性（Communion）两方面的协调。研究者认为，在学前儿童的家庭教育中，过于严格而绝对的性别定型（如男孩只培养其粗犷、刚强等男性化气质，女孩只培养其温柔、细致等女性化特点），只会限制他们智力、个性的健康全面发展，而且可能令男孩过于粗犷、勇猛而缺少平和、细腻的气质，无法学会关心体贴他人及拥有细腻的情感世界；令女孩过于柔弱、内敛而缺少勇气、自立精神，缺乏竞争心及刚强的心理素质，最终在社会适应、情绪调控、压力化解以及处理包括家庭关系在内的各种人际关系上，都劣于那些"双性化"的男孩和女孩。为此，家庭对儿童的性别教育，要摈弃传统的性别化教育，鼓励儿童向异性学习，增加男女儿童接触的机会，顺其自然地鼓励儿童向两性都应具备的热情活泼、独立自主、有责任感等品质和行为发展。

"双性化教育"

如何开展"双性化教育"，美国专家提出了如下建议：

1. 鼓励儿童向异性学习

不论是男孩还是女孩，都应在发挥自己性别优势的同时，注意向异性学习，克服自己性格上的弱项，促进身心的全面发展和人格的完善。如：男孩应多学习女孩的细心、善于表达和善解人意，女孩则应多学习男孩的刚毅、坚定和开朗。

2. 增加男孩和女孩接触的机会

儿童向异性学习应通过自然而然的接触，故应为他们提供共同交流、一起玩耍的机会。

3. 不宜将性别特征区分过清

不少性格或行为特征（如热情活泼、独立自主、富有责任心、善解人意、无私善良等），应是男女两性都必须具备的，不宜被视为某种性别专有的。家长在培养儿童时不宜区分过清，而应兼收并蓄——这正是"双性化教育"内涵的重要组成部分。

第七章 学前儿童社会性的发展

4. 顺其自然

在鼓励儿童向异性学习时，必须顺其自然，切忌威逼强迫，不然效果会适得其反。

5. 避免走向极端

鼓励儿童向异性学习也要有分寸。如果男孩学过了头，就会显得"娘娘腔"；如果女孩学过了头，就会成为"假小子"——这自然就不是"双性化教育"的初衷了。

（资料来源：吴航红. 儿童的气质靠培养［M］. 北京：北京工业大学出版社，2012：112.）

然而，"双性化"教育并不是提倡"男女无差别"，也不是提倡"中性化人格"。双性化教育提倡的培养学前儿童同时具备两性别各自的类型化优点，能够使男孩和女孩更好地适应社会环境的复杂与竞争。

 检测你的学习

1. 单项选择题

（1）在儿童发展过程中，最早经历的人际关系是（　　）。

A. 同伴关系　　　　B. 师幼关系　　　　C. 亲子关系　　　　D. 手足关系

（2）父母对儿童和蔼可亲，善于与儿童交流，尊重儿童的需要，但同时对儿童有一定的控制，常对儿童提出明确而合理的要求，并给予引导。这种亲子关系属于（　　）。

A. 民主型　　　　　B. 专制型　　　　　C. 放任型　　　　　D. 溺爱型

（3）在儿童的交往关系类型中，被拒绝型儿童主要表现出的特点是（　　）。

A. 社会交往的积极性很差

B. 既漂亮又聪明，总是得到教师的特殊关照，鹤立鸡群

C. 长相难看，衣着陈旧，不爱干净

D. 精力充沛，社会交往积极性很高，常有攻击性行为

（4）导致儿童亲社会行为的根本的、内在因素是（　　）。

A. 社会文化影响　　　　　　　　　　B. 移情

C. 性别角色认知　　　　　　　　　　D. 同伴的相互作用

（5）幼儿园攻击性行为的特点之一是（　　）。

A. 攻击性行为无明显的性别差异　　　B. 从敌意性攻击向工具性攻击转化

C. 较多依靠言语的攻击　　　　　　　D. 从工具性攻击向敌意性攻击转化

（6）有些儿童看多了电视上打打杀杀的镜头，很容易增加其以后的攻击性行为。在此，影响儿童攻击性行为的因素主要是（　　）。

　　A.挫折　　　　　　B.榜样　　　　　　C.强化　　　　　　D.惩罚

（7）在性别角色发展的过程中，5岁的学前儿童可能发生的事情是（　　）。

　　A.知道自己的性别　　　　　　B.明显的自我中心

　　C.认为男孩穿裙子也很好　　　D.认为男孩要胆大，女孩要文静

2.简答题

（1）什么是社会性？学前儿童社会性发展的内容是什么？

（2）学前儿童的亲子交往有什么意义？

（3）同伴交往对学前儿童的影响是什么？

（4）你认为应该如何培养学前儿童的社会性？

（5）什么是亲社会行为？什么是攻击性行为？

（6）你认为学前儿童亲社会行为的特点有哪些？并尝试提出教材外你认为有效的培养策略。

（7）学前儿童攻击性行为的表现和特点有哪些？如何有效地控制、调节各种环境因素的影响，以减少学前儿童的攻击性行为？

（8）想一想在日常生活中，你听到的哪些言论包含着性别刻板印象？这些言论具有哪些合理成分和不合理成分？可能对一个人的行为产生怎样的影响？

（9）如何看待性别角色双性化发展？请根据你的理解，谈谈你认为对小女孩性别角色发展比较恰当的期望是怎样的，对小男孩性别角色发展比较恰当的期望是怎样的。

3.材料分析题

　　阅读以下材料，分析在该事件中学前儿童出现攻击性行为的原因，以及应如何针对原因提出合理的教育策略。

儿童之间的"战争"

　　小班的诗诗和班里大多数小朋友一样，刚适应了幼儿园的生活。早上来到幼儿园后，诗诗拿了一个娃娃坐在轩轩旁边玩。玩了一会儿，诗诗觉得轩轩的玩具汽车好，于是放下手中的娃娃，坐在旁边看轩轩玩汽车，看了一小会儿，她突然伸手去拿轩轩手中的玩具，轩轩自然不让，嘴里说着："我的，我的。"诗诗和轩轩就这样僵持着，诗诗发现汽车抢不过来，情急之下，一口咬在轩轩的手臂上，轩轩马上哇哇大哭起来。老师见状连忙把两人拉开，为轩轩处理了伤口，并当众批评了诗诗。原以为事情平息了，可是过了10分钟，诗诗抱着会发射"子弹"的玩具来到轩轩身边，突然将玩具凑到轩轩脸旁并快速按动发射按钮，小子弹一下子打中了轩轩的脸。老师立即检查轩轩的伤势，幸好没有事。老师要求诗诗向轩轩道歉，诗诗倒是很配合，但她的脸上没有一点内疚的表情。

参考文献

［1］宋专茂．学前儿童发展心理学［M］．北京：中央广播电视大学出版社，2016．
［2］陈帼眉．学前心理学［M］．北京：北京师范大学出版社，2015．
［3］李燕，赵燕，许玳．学前儿童发展［M］．上海：华东师范大学出版社，2015．
［4］陈帼眉．学前心理学［M］．北京：人民教育出版社，2015．
［5］林崇德．发展心理学［M］．北京：人民教育出版社，2015．
［6］孙杰，张永红．幼儿心理发展概论［M］．北京：北京师范大学出版社，2014．
［7］刘新学，唐雪梅．学前心理学［M］．北京：北京师范大学出版社，2014．
［8］［美］库恩，等．心理学导论：思想与行为的认识之路（第13版）［M］．郑钢，等，译．北京：中国轻工业出版社，2014．
［9］刘万伦．学前儿童发展心理学［M］．上海：复旦大学出版社，2014．
［10］冯夏婷．透视幼儿心理世界［M］．北京：中国轻工业出版社，2014．
［11］胡英娣，张玉暖，李龙启．学前儿童发展心理学［M］．苏州：江苏大学出版社，2014．
［12］刘爱书，庞爱莲．发展心理学［M］．北京：清华大学出版社，2013．
［13］［美］劳拉·E·伯克．伯克毕生发展心理学（第4版）［M］．北京：中国人民大学出版社，2013．
［14］孙瑞雪．捕捉儿童敏感期［M］．北京：中国妇女出版社，2013．
［15］陈帼眉，冯晓霞，庞丽娟．学前儿童发展心理学［M］．北京：北京师范大学出版社，2013．
［16］胡孝义．幼儿心理发展概论［M］．武汉：华中师范大学出版社，2012．
［17］［美］杰弗里·特拉威克·史密斯．儿童早期发展：基于多元文化视角（第5版）［M］．鲁明易，张豫，张凤，译．南京：南京师范大学出版社，2012．
［18］［美］埃萨．幼儿问题行为的识别与应对：教师篇（第6版）［M］．王玲艳，张凤，刘昊，译．北京：中国轻工业出版社，2011．
［19］罗家英．学前儿童发展心理学［M］．北京：科学出版社，2011．
［20］张永红．学前儿童发展心理学［M］．北京：高等教育出版社，2011．
［21］王振宇．学前儿童心理学［M］．北京：人民教育出版社，2011．
［22］王萍．学前心理学［M］．长春：东北师范大学出版社，2011．
［23］林崇德．发展心理学［M］．北京：人民教育出版社，2011．
［24］汪乃铭，钱峰．学前心理学［M］．上海：复旦大学出版社，2011．
［25］杨丽珠．现代家庭教育智慧丛书（3~5岁幼儿版）［M］．北京：法律出版社，2011．

[26] 叶奕乾，何存道，梁宁建．普通心理学［M］．上海：华东师范大学出版社，2010．

[27] 桑标．幼儿发展心理学［M］．北京：高等教育出版社，2009．

[28] 杨丽珠，刘文．毕生发展心理学［M］．北京：高等教育出版社，2009．

[29] 但菲，刘彦华．婴幼儿心理发展与教育［M］．北京：人民出版社，2008．

[30] 杨丽珠．幼儿人格发展与教育的研究［M］．大连：大连海事大学出版社，2008．

[31] ［美］Carole Sharman，等．观察儿童［M］．单敏月，等，译．上海：华东师范大学出版社，2008．

[32] 闻素霞．心理学教程［M］．上海：华东师范大学出版社，2007．

[33] 李红．幼儿心理学［M］．北京：人民教育出版社，2007．

[34] ［美］罗伯特·费尔德曼．发展心理学：人的毕生发展（第4版）［M］．苏彦捷，等，译．北京：世界图书出版公司，2007．

[35] 高玉祥．个性心理学［M］．北京：北京师范大学出版社，2007．

[36] ［美］约翰·桑切克．教育心理学（第2版）［M］．广州：世界图书出版公司，2007．

[37] 陈帼眉，姜勇．幼儿教育心理学［M］．北京：北京师范大学出版社，2007．

[38] 池瑾，冉亮．学前儿童发展［M］．北京：中国社会科学出版社，2007．

[39] 周念丽．学前儿童发展心理学［M］．上海：华东师范大学出版社，2006．

[40] ［美］谢弗．发展心理学：儿童与青少年（第6版）［M］．邹泓，等，译．北京：中国轻工业出版社，2005．

[41] 方富熹，方格．儿童发展心理学［M］．北京：人民教育出版社，2005．

[42] ［美］Newman．发展心理学（第8版）［M］．白学军，等，译．西安：陕西师范大学出版社，2005．

[43] ［英］鲁道夫·谢弗．儿童心理学［M］．王莉，译．北京：电子工业出版社，2005．

[44] 汪乃铭，钱峰．学前心理学［M］．上海：复旦大学出版社，2005．

[45] 刘儒德．教育中的心理效应［M］．上海：华东师范大学出版社，2005．

[46] 李幼穗．幼儿社会性发展及其培养［M］．上海：华东师范大学出版社，2005．

[47] 彭聃龄．普通心理学［M］．北京：北京师范大学出版社，2004．

[48] 林崇德，杨治良，黄希庭．心理学大辞典［M］．上海：上海教育出版社，2003．

[49] 方富熹，方格，林佩芬．幼儿认知发展与教育［M］．北京：北京师范大学出版社，2003．

[50] 庞丽娟，李辉．婴儿心理学［M］．杭州：浙江教育出版社，2003．

[51] 王雁．普通心理学［M］．北京：人民教育出版社，2002．

[52] 林崇德．发展心理学［M］．杭州：浙江教育出版社，2002．

[53] 张文新．幼儿社会性发展［M］．北京：北京师范大学出版社，2002．

[54] 朱智贤．朱智贤全集（第4卷）：儿童心理学［M］．北京：北京师范大学出版社，2002．

[55] 翁亦诗．幼儿创造教育［M］．北京：北京师范大学出版社，2001．

［56］刘金花．儿童发展心理学［M］．上海：华东师范大学出版社，2001．

［57］庞丽娟．婴儿心理学［M］．杭州：浙江教育出版社，1998．

［58］孟昭兰．婴儿心理学［M］．北京：北京大学出版社，1997．

［59］朱智贤．儿童心理学［M］．北京：人民教育出版社，1993．

［60］黄希庭．心理学导论［M］．北京：人民教育出版社，1991．

［61］袁茵，杨丽珠．促进幼儿好奇心发展的教育现场实验研究［J］．教育科学，2005（6）．

［62］张永红．多元智力理论与幼儿教师专业发展［J］．学前教育研究，2005（4）．

［63］韦开军．简述儿童心理理论［J］．福建教育学院学报，2010（3）．

［64］智银利，刘丽．幼儿攻击性行为研究综述［J］．教育理论与实践，2003（7）．

［65］陈世平．幼儿人际冲突解决策略与欺负行为的关系［J］．心理科学，2001（2）．

［66］冯晓杭，张向葵．自我意识情绪：人类高级情绪［J］．心理科学进展，2007（6）．

［67］张向葵，冯晓杭．自豪感的概念、功能及其影响因素［J］．心理科学，2009（6）．

［68］竭婧，杨丽珠．三种羞耻感发展理论述评［J］．辽宁师范大学学报（社会科学版），2009（1）．

［69］徐琴美，张晓贤．儿童自我意识情绪的发展［J］．心理科学，2003（6）．

［70］杨丽珠，董光恒．依恋对婴幼儿情绪调节能力发展的影响及其教育启示［J］．儿童发展与教育，2006（4）．

［71］王美萍，张文新．COMT基因多态性与攻击行为的关系［J］．心理科学进展，2010，18（8）．

［72］杨丽珠，董光恒，金欣俐．积极情绪和消极情绪的大脑反应差异研究综述［J］．心理与行为研究，2007（5）．

［73］冯慧敏，岳亿玲，等．不同气质特点儿童的早期干预方式研究［J］．中国妇幼保健，2009（24）．

［74］叶一舵，白丽英．国内外关于亲子关系及其对儿童心理发展影响的研究［J］．福建师范大学学报，2002（2）．

［75］强清，武建芬．"父婴依恋"对儿童发展的作用及其教育启示［J］．幼儿教育（教育科学），2011（6）．

［76］杨丽珠，辛晓莲，胡金生．促进幼儿同情心发展的教育现场实验研究［J］．学前教育研究，2005（5）．

［77］廖红，张素艳．儿童友谊质量研究［J］．辽宁师范大学学报（社会科学版），2002．

［78］Campos J J，Banet K C，Lamb M E，et al．Socioemotional development［J］．John Wiley & Sons，1983．

［79］Klinnert M D，Campos J J，Sorce J F，et al．Emotions as behavior regulators: social referencing in infancy［M］// Emotions in early development．Elsevier Inc，1983．

［80］Rothbart M K，Derryberry D．Development of individual differences in temperament［J］．Advances in Developmental Psychology，1981．

［81］Thomas A，Chess S. Temperament and personality［J］. Journal of Personality & Social Psychology，1989.

［82］Buss A H，Plomin R. Temperament: early developing personality traits［M］. L. Erlbaum Associates，1984.

［83］Goldsmith H H，Campos J J. Toward a theory of infant temperament［M］//The development of attachment and affiliative systems. Springer US，1982.

［84］Strelau J. Temperament personality activity［M］. Academic Press，1983.

［85］Berndt T J，Perry T B. Children's perceptions of friendships as supportive relationships［J］. Developmental Psychology，1986.

［86］Rutter M，Garmezy N. Developmental psycholpathology［M］. New York: Wiley，1983: 775-911.

［87］Berndt T J，Keefe K. Friends 'influence on adolescents' perceptions of themselves at school［J］. 1992.

［88］Dona M K，Kenneth E S. Beliefs and behaviours of kindergarten teachers［J］. Educational Research，1988.